计算机科学与技术丛书

控制系统建模与仿真

基于MATLAB/Simulink的分析与实现

（第2版）

姜增如◎编著

清华大学出版社

北京

内 容 简 介

本书以自动控制原理为基础,通过 MATLAB 函数、Simulink 仿真模块及 App 界面设计,研究控制系统的稳定性和控制系统优化设计方法,力求解决自动化工程应用问题。本书共分为 11 章,200 多个案例贯穿全书,案例中内嵌程序命令、注释、说明和运行结果,图文并茂,使抽象的理论变得生动形象。

本书基于 MATLAB R2023a 操作平台,书中不仅有大量.m 文件案例,还有 Simulink 仿真及 App 界面设计内容,以提高读者软件操作技能、综合应用能力和创新能力。本书减少了繁杂的理论和抽象公式的计算,只要读者有基本控制理论、数学和编程基础,无须预修任何课程即可使用本书。本书在案例中对自动控制理论知识做了分析、注释,易读性强,节省了读者大量的手动计算、绘图及分析问题的时间。根据被控对象,读者可使用书中的程序进行建模、绘图、仿真、判断系统的稳定性、输出系统的动态特色参数、设计控制器等。

本书是学习自动控制理论的好帮手,特别理想的受众是控制科学、机械自动化、化工自动化、电气自动化等专业的本科生、研究生,也可供工程技术人员参考,还可作为控制理论和开放实验课程的本科教材。

图书在版编目(CIP)数据

控制系统建模与仿真:基于 MATLAB/Simulink 的分析与实现/姜增如编著.—2 版.—北京:清华大学出版社,2024.2(2024.11重印)
(计算机科学与技术丛书)
ISBN 978-7-302-65412-4

Ⅰ.①控… Ⅱ.①姜… Ⅲ.①自动控制系统－系统建模－Matlab 软件 ②自动控制系统－系统仿真－Matlab 软件 Ⅳ.①TP273

中国国家版本馆 CIP 数据核字(2024)第 038225 号

策划编辑:盛东亮
责任编辑:钟志芳
封面设计:李召霞
责任校对:申晓焕
责任印制:沈　露

出版发行:清华大学出版社
　　　　网　　　址:https://www.tup.com.cn,https://www.wqxuetang.com
　　　　地　　　址:北京清华大学学研大厦 A 座　　邮　　编:100084
　　　　社 总 机:010-83470000　　　　　　　　邮　　购:010-62786544
　　　　投稿与读者服务:010-62776969,c-service@tup.tsinghua.edu.cn
　　　　质量反馈:010-62772015,zhiliang@tup.tsinghua.edu.cn
　　　　课件下载:https://www.tup.com.cn,010-83470236
印 装 者:三河市天利华印刷装订有限公司
经　　销:全国新华书店
开　　本:186mm×240mm　　印　张:23.25　　　　字　　数:525 千字
版　　次:2020 年 12 月第 1 版　　2024 年 3 月第 2 版　　印　　次:2024 年 11 月第 2 次印刷
印　　数:1501~2500
定　　价:79.00 元

产品编号:102602-01

利用 MATLAB 矩阵运算、函数及工具箱,解决自动化工程应用问题是本书的宗旨,将控制理论中难以计算的问题借助程序、仿真解决,是本书的特色。随着计算机和网络技术的迅速发展,以计算机为主导,解决数学计算、系统建模、理论验证、仿真、控制器设计等问题的思想体现在本书的各章节中。

本书内容介绍如下:

第 1~3 章介绍了 MATLAB 基本应用,包括矩阵与数组应用、高等数学计算,通过 90 多个案例说明了 MATLAB 的使用方法。

第 4~6 章介绍了 MATLAB 在控制理论中的应用,包括自动控制系统理论,控制系统时域、频域、根轨迹分析,不仅含有稳定性分析函数,还涵盖了 MATLAB 程序设计方法。

第 7、8 章介绍了 PID 控制器设计、状态空间分析方法,包括控制理论的公式及 MATLAB 的绘图应用。

第 9 章介绍了 Simulink 仿真应用,通过 14 个案例说明控制理论中的模型搭建、串联校正仿真设计、PID 控制仿真及工程中 PID 控制器设计的仿真方法。

第 10 章介绍了 App 的界面设计,编写了 42 个案例展示人机交互功能,通过编辑字段、按钮、列表、图像、坐标区、表格、树、超链接及菜单、对话框等组件,增加了控制理论中的交互及视觉效果。

第 11 章结合控制理论及过程控制的建模应用,列举了 10 个典型案例,分析了建模方法、步骤,分别使用机理和实验数据建模的方法,通过 MATLAB 编程建立了传递函数的数学模型,并绘制了相应的阶跃响应曲线。

本书编写的案例包括控制理论中涉及时域的二阶系统阶跃响应、峰值时间、稳态时间、上升时间、超调量、稳态误差等动态特性参数分析,稳定性判断,频域中的幅值裕度、相位裕度、穿越频率、频域法校正、根轨迹校正、状态空间极点配置求解方法及 PID 参数设计等内容,一方面帮助读者学习 MATLAB 编程,另一方面为读者学习自动控制理论提供有力支持。

本书的讲解由浅入深,通俗易懂,在 MATLAB R2023a 软件应用基础上,讲解了变量、程序文件、函数使用的命令规则,Simulink 的图形化仿真步骤、App 人机交互界面的设计方法及建立数学模型——传递函数的方法,非常适合初学者阅读。

前言

　　本书的最大特色是将 MATLAB 软件与自动化工程应用融为一体。作者结合多年的教学经验,对自动控制理论中的知识点及典型实验在书中进行了总结,非常有参考价值。由于编者水平有限,书中难免存在不足之处,敬请读者批评指正。

姜增如

2024 年 1 月

目录

目录

目录

目录

目录

目录

微课视频
Micro-Video

第 1 章 MATLAB/Simulink 概述

第 2 章 MATLAB 矩阵与数组应用

第 3 章 MATLAB 高等数学计算

第 4 章自动控制系统理论基础

第 5 章控制系统时域分析的 MATLAB 实现

第 6 章控制系统频域分析、根轨迹分析与设计的 MATLAB 实现

MATLAB R2023a 是使用简单、功能丰富及高效的软件,它不仅提供了大量数学符号、函数、计算公式和 Simulink 图形化仿真工具,还涵盖大数据、可视化、分组工作流程、数据导入分析和实时运行测试结果等功能,广泛应用于工程计算、控制系统设计、信号处理与通信、图像处理、信号检测、金融建模设计与分析等领域中。MATLAB R2023a 为实现数据处理、系统设计、仿真和人机交互提供了一种全面的解决方案,被誉为工程类应用软件首屈一指的平台。

1.1 MATLAB 的主要功能

MATLAB 主要功能包括:

(1) 使用命令窗口可实时编辑、运行命令和函数,并直接获取结果。使用脚本编辑器编写命令语句、结构控制语句,并进行函数调用建立.m 程序文件,单击"运行"按钮可查看结果。

(2) 使用 Simulink 建立各种复杂模型,模拟各种被控对象,使用多种输入/输出模块进行仿真,并实时查看仿真图形及结果。

(3) 使用 appdesigner 或单击 APP 选项卡可构建具有 2D 和 3D 图形的用户界面,包括标签、文本、下拉列表、组合框、按钮、坐标轴、仪表、分挡旋钮及模拟仪器等组件,能够建立模拟仪器操作平台的用户图形界面,并自动存储为.mlapp 文件和.fig 文件,同时自动生成.m 程序文件,通过回调函数完成数据交互。

(4) 使用 C/C++语言、Python 语言可在 MATLAB 中调用相应接口函数,完成相应语言的跨平台数据交互;与其他软件系统集成并可将应用部署到云平台中。

(5) 使用信号处理、图像处理、通信、鲁棒控制、频域系统辨识、偏微分方程、控制系统及优化等近百个工具箱,不需编程即可实现复杂的计算、绘图和数据处理功能。

(6) 使用深度学习神经网络功能,可完成数值计算、数学建模、图像处理、控制系统设计、动态仿真、语音处理和数字信号处理以及人工智能的优化控制。

1.2　MATLAB R2023a界面组成

MATLAB R2023a 的界面由标题栏、选项卡、工具栏、当前文件夹、命令窗口及工作区窗口等组成。单击"新建脚本"命令,在命令窗口上面可增加一个编辑程序文件的脚本编辑器窗口,此时程序运行结果及错误信息均可在命令窗口显示。

1.2.1　主界面

打开 MATLAB R2023a 即可进入主界面,其中命令窗口是应用程序处理的主窗口,用户可以在该窗口中编辑运行简单命令或小段代码,回车即可执行并能查看运行结果及出错信息,命令窗口的代码执行后不可修改,是一体化管理窗口。主界面如图 1.1 所示。

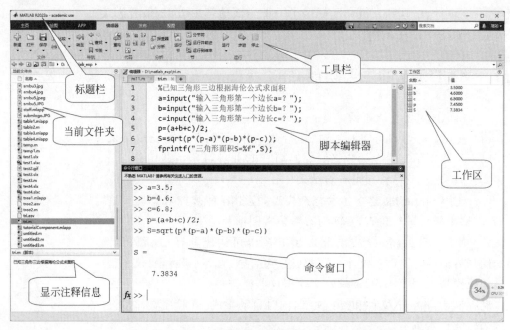

图 1.1　MATLAB R2023a 主界面

说明:

(1) 启动 MATLAB 即可打开命令窗口,该窗口除用于输入命令、表达式、函数、数组、计算公式外,还可显示图形以外的所有计算结果及错误信息。在窗口中所有函数和命令都在">>"提示符下输入,用到的变量以矩阵形式出现,且无须定义即可使用。语句书写如同在稿纸中书写数学算式一样简单快捷,可使用系统函数替代复杂公式。若输入一个三角形三边值,求面积的简单数学算式,按回车,即可看到计算结果,如图 1.2 所示。

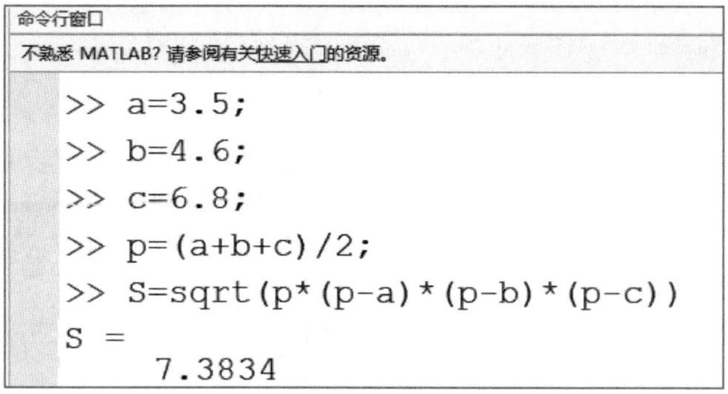

```
命令行窗口
不熟悉 MATLAB? 请参阅有关快速入门的资源。
>> a=3.5;
>> b=4.6;
>> c=6.8;
>> p=(a+b+c)/2;
>> S=sqrt(p*(p-a)*(p-b)*(p-c))
S =
      7.3834
```

图 1.2　命令窗口

（2）顶部工具栏分若干功能模块，包括文件设置、变量设置、代码分析、Simulink、环境设置、资源设置、帮助信息等。例如，可通过变量设置模块导入其他文件中的数据或打开现有变量。

（3）左侧"当前文件夹"显示当前文件夹及文件夹下的文件，包括文件名、文件类型、最后修改时间以及该文件的说明信息。MATLAB 只执行当前文件夹或搜索路径下的命令、函数与文件。

（4）下方的"详细信息"及工作区分别用于选择文件查看详细信息及显示根工作空间内容，工作区独立于所有函数之外，MATLAB 启动时就创建了工作空间。

1.2.2　工具栏

MATLAB R2023a 的工具栏在主窗口的顶部，默认打开主页选项卡，如图 1.3 所示。

图 1.3　工具栏

1. 新建脚本

单击工具栏"新建脚本"按钮，打开.m 文件编辑器，可以编写程序。

2. 新建实时脚本

单击"新建实时脚本"按钮，创建组合输出格式扩展名为.mlx 的脚本文件，它将代码划分成可以单独运行的可管理片段，可在编辑框查看代码和结果，并可通过函数参数、文件名等内容的上下文提示来帮助编写程序代码。还可使用实时编辑器中的任务完成分析中的步骤,以互动方式浏览参数和选项,并立即查看结果。最后可将实时编辑器中的任务另存为实时脚本的一部分,以便共享或后续使用。实时编辑器右侧是系统提供的多个编程案例,单击即可打开,如图 1.4 所示。

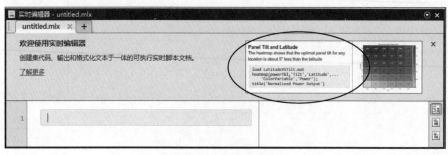

图 1.4　实时编辑器窗口

3. 新建

单击"新建"按钮打开下拉菜单,可创建脚本.m 程序文件、实时脚本、函数、类等文件,如图 1.5 所示。

说明:

(1) 脚本:与"新建脚本"相同;实时脚本:与"新建实时脚本"相同。

(2) 实时脚本:以扩展名为.mlx 的新文件格式存储在线脚本,可在编辑框查看代码和结果。

(3) 函数:使用 function…end 框架构造的函数或函数文件。

(4) 实时函数:展示系统描述编程规则的示例。

(5) 类:使用 classdef…end 框架构造的类或类文件。

(6) 测试类:用于创建一个继承 matlab.unittest.TestCase 的测试类。

图 1.5　新建菜单

(7) System object:构造系统对象,包括类、函数、属性等。

(8) 工程:用于建模、仿真和分析动态系统的软件包。

(9) 图窗:用于建立绘图的窗口。

(10) App:用于设计仪器操作 UI 界面以及制作人机交互接口。

(11) Simulink 模型:用于建立、打开模型仿真文件。

4. 打开和查找文件

"打开"用于打开已经建立的脚本文件或组合文件。"查找文件"用于查找已经存在的文件。

5. 导入数据

在编写程序时,经常需要从外部读入数据,可将.mat 文件再次导入工作区,或通过其他程序调用导入工作区中作为公共变量使用。

6. 保存工作区

用户可将工作区变量以.mat文件的形式保存，以备需要时再次导入。保存工作区可以通过菜单选项、save命令或快捷菜单进行。在工作区中右击需要保存的变量名，选择Save As，则可将该变量以.mat文件保存到当前文件夹中。

7. 新建变量

可在工作区中建立公共数组变量，此时可在打开的表格中输入数组的值，默认变量名为unnamed，可右击选择"重命名"修改变量名，此时工作区出现a1{1×5}的变量，如图1.6所示。

unnamed ×	a1 ×						
1×5 double							
	1	2	3	4	5	6	7	8
1	10	1	7	2	11			
2								
3								

图1.6　新建变量

8. Simulink

（1）单击Simulink按钮可打开"创建仿真"对话框，可选择"空白模型"创建仿真模型，或使用系统提供的模板创建，若选择提供的示例"使用PID Controller模块进行抗饱和控制"，即可打开模板，单击"帮助"可打开详细的说明，如图1.7所示。

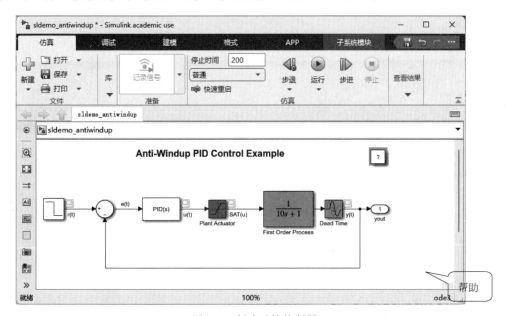

图1.7　创建反馈控制器

（2）在打开的模板上可进行简单修改,例如添加一个示波器,并引入输入信号,单击"运行"按钮,仿真图及结果如图1.8所示。

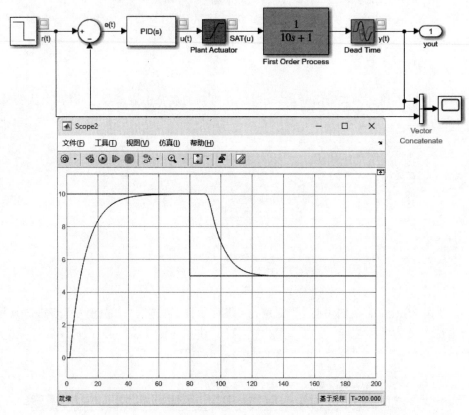

图1.8　使用模板示例进行仿真

9. 预设

单击工具栏的"预设项"按钮出现"预设项"对话框,可进行环境、格式的显示设置,包括各个窗口的颜色、字体、编辑、调试、帮助、附加功能、快捷键的环境设置,如图1.9所示。

该对话框包括两个窗口,左侧为设置项,右侧为设置参数,选择设置项即可设置对应参数。

（1）单击"字体"选项可对命令窗口和脚本编辑器窗口的字体进行设置。默认为10号字,可以在下拉菜单中选择24号字,将显示字体放大用于教学,如图1.10所示。

（2）单击"键盘"选项下的"快捷方式",可以设置各种命令的快捷键,使用快捷键可以大大提高工作效率,如图1.11所示。

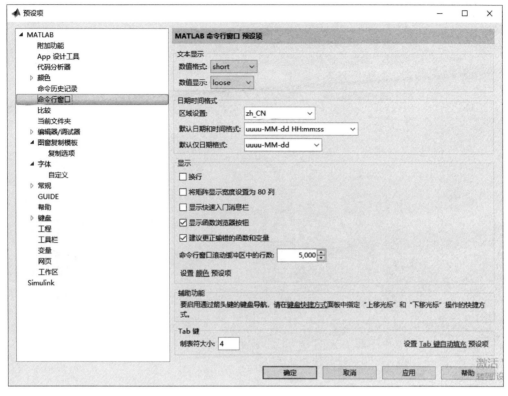

图 1.9 "预设项"对话框

图 1.10 字体参数设置

10. 附加功能

附加功能包括为特定任务、交互式应用程序和资源管理的扩展功能,如图 1.12 所示。

说明:

(1) 获取附加功能:可打开 MATLAB 的资源管理器,可在线添加所需的功能模块。

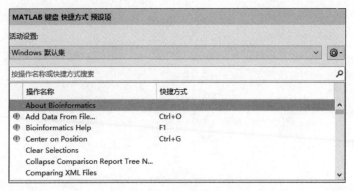

图 1.11　快捷方式参数设置

（2）管理附加功能：可查看已经安装的 MATLAB 功能模块，包括文件名、类型和日期等，并能随时更新和删除。

（3）打包为工具箱：可自行编写程序并打包为文件箱，供他人和今后使用。

（4）App 打包：可自行将编写的程序打包为安装文件。

（5）获取硬件支持包：可在线获取更多系统提供的芯片、设备硬件支持功能模块。

图 1.12　附加功能

11. 帮助

（1）MATLAB 有很完善的帮助功能，单击工具栏的"?"帮助按钮，即可打开"帮助中心"对话框，如图 1.13 所示。可根据需求，单击不同按钮以得到帮助。

图 1.13　"帮助中心"对话框

（2）若选择 MATLAB，可打开 MATLAB 帮助中心，其中左侧窗口按照"目录"选择帮助，右侧按照选项卡，例如"文档""示例""函数"和 App 选择帮助，单击"示例"选项卡可看到 MATLAB 快速入门下的"矩阵和数组""函数调用""二维图和三维图"等多个帮助选项，如图 1.14 所示。

图 1.14 MATLAB 帮助中心

（3）若选择 Simulink，可打开 Simulink 帮助中心，左侧窗口按照"目录"选择帮助，右侧按照选项卡，例如"文档""示例""函数""模块"和 App 进一步选择，单击"示例"可看到多个实际应用案例，如图 1.15 所示。

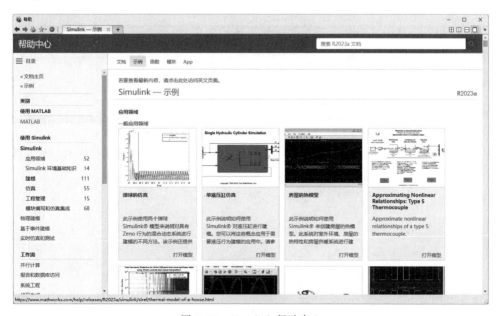

图 1.15 Simulink 帮助中心

1.3 MATLAB 窗口操作

MATLAB 命令窗口是进行操作的主要窗口,当输入一条命令后,系统按照检查该命令是否为变量、内部函数或.m 文件的顺序进行操作,其中.m 文件必须在当前操作目录中。

1.3.1 MATLAB 常用操作命令

MATLAB 常用操作命令如表 1.1 所示。

表 1.1 MATLAB 常用操作命令

命令	说 明	命令	说 明
clc	清除窗口命令	dir	查看当前工作文件夹的文件
clf	清除图形对象	save	保存工作区或工作区中任何指定文件
clear	清除工作区所有变量,释放内存	load	将.mat 文件导入工作区
type	显示指定文件的所有内容	hold	控制当前图形窗口对象是否被刷新
clear all	清除工作区所有变量和函数	quit/exit	退出 MATLAB 软件
whos	列出工作空间中的变量名、大小和类型	close	关闭指定窗口
who	只列出工作空间中的变量名	which	列出文件所在的文件夹
what	列出当前文件夹下的.m 和.mat 文件	path	启动搜索路径
delete	删除指定文件	%	注释语句
help	显示帮助信息	cd	显示当前文件夹

说明:

(1) 在命令窗口输入命令并按回车键即可执行命令,每行可写入一条或多条命令,用分号隔开,但添加分号后的变量结果不显示在屏幕上。

例如:

```
clear x,y,z          % 清除指定的 x,y,z 变量
```

(2) save 命令可将工作区中的所有变量保存在 matlab.mat 文件中。

(3) 输入命令并按回车键后则不能修改命令,若命令有错误必须重新输入,输入的命令和结果不能保存。

【例 1-1】 计算 $y = \dfrac{3\cos(\pi/3) + 12^3}{5 + \sqrt{29}}$。

程序命令:

```
clc;                            % 清除屏幕
y = (3 * cos(pi/3) + 12^3)/(1 + sqrt(29))    % 公式转换为函数
```

结果:

```
y =   270.8622
```

说明：pi 表示 π，sqrt( ) 是求平方根函数，"^"表示求幂。

【例 1-2】 保存命令 save 和导入命令 load 的使用。

程序命令：

```
x = [0 : 0.1 : 5]            % x 从 0 到 5，每隔 0.1 取一个值
y = cos(x)                   % 计算每个 x 的余弦值
save filexy x y              % 把变量 x,y 存入 filexy.mat 文件中
z = 'study MATLAB2016a'      % 将字符串赋给 z 变量
save filexy z - append       % 把变量追加存入 filexy.mat 文件中
clear                        % 清空工作间所有变量
load filexy                  % 导入 filexy.mat 文件到工作间
save filexy - ascii          % 把 filexy 文件存储为文本文件
```

说明：使用保存命令前需要先右击选择"以管理员方式打开"，否则会出现"错误使用 save，无法写入文件 filexy：权限被拒绝"的提示信息。

1.3.2　MATLAB 常用快捷键

MATLAB 常用快捷键如表 1.2 所示。

表 1.2　常用快捷键

快捷键	说　　明	快捷键	说　　明
Ctrl+Z	返回上一项操作	Ctrl+C	中断正在执行的命令
Ctrl+B	光标向前移动一个字符	Ctrl+K	删除至行尾
Ctrl+Q	强行退出 MATLAB 软件和环境	Ctrl+U	清除光标所在行
Ctrl+E	光标移到行尾	Ctrl+P	调用打印窗口
Home	光标移到行首	End	光标移到行尾

1.4　Simulink 简介

Simulink 是基于 MATLAB 框图设计环境下的可视化仿真工具，不需要大量编程，仅拖动工具组件即可搭建仿真环境并实现仿真、建模和查看结果的目的。它是 MATLAB 的一个重要组件，被广泛应用于线性/非线性系统、数字控制及数字信号处理的建模和仿真中。

1.4.1　Simulink 的组成结构

1. 基本组成

Simulink 包括诸多模块和仿真工具箱。在动态系统建模、仿真和综合分析中，通常使

输入模块 → 状态变量 → 输出模块

图 1.16　仿真示意图

用输入模块、状态变量和输出模块三部分进行,如图 1.16 所示。

其中,输入模块为输入信号源模块,常使用脉冲波、阶跃信号、三角波、斜波和正弦波作为输入;状态模块为系统建模的核心模块,用于模拟连续系统、离散系统及非线性系统等被控对象;输出模块为信号显示模块,常使用示波器显示、数字显示、输出到工作区作为图形和数据输出方式。

2. Simulink 模块库

Simulink 包括连续、离散、逻辑和位操作、数学运算操作、输入/输出信号源、字符串、信号和线路、端口和子系统、控制系统工具箱、状态流等近 30 个模块库,可分为基本模块和各种应用工具箱两大部分。对于控制系统应用,主要使用基本模块和控制系统工具箱完成,利用这些模块的仿真分析对自动控制理论学习有极大的促进作用。选择工具栏的 Simulink,打开仿真模型编辑器,再单击顶部工具栏 Simulink Library Browser 按钮,即可打开模块库,其中左侧为模块库列表,右侧为对应的模块,每个模块由示意图标和下方注释组成。若选择 Continuous 库,打开的对话框如图 1.17 所示。

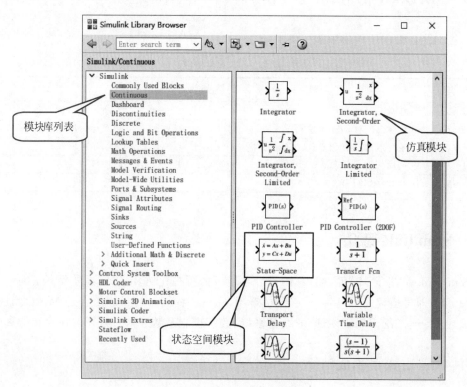

图 1.17　Simulink 仿真模块库

1.4.2　Simulink 仿真示例

【例 1-3】　针对二阶系统被控对象的状态空间传递函数：

$$A = \begin{bmatrix} -3 & -100 \\ 1 & 0 \end{bmatrix}, \quad B = \begin{bmatrix} 1 \\ 0 \end{bmatrix}, \quad C = \begin{bmatrix} 0 & 100 \end{bmatrix}, \quad D = 0$$

要求：输出原系统的阶跃响应曲线，并搭建 PID 负反馈控制系统，通过试凑 K_p、K_i、K_d 参数，分别在示波器和工作空间输出阶跃响应曲线和数据。

步骤：

（1）搭建原系统仿真结构：分别选择图 1.17 中右侧模块类列表中的 Sources、Continuous 和 Sinks，加入阶跃（Step）信号、状态空间（State Space）模型和示波器（Scope）；搭建原系统的仿真模型，再双击状态空间模型打开对话框输入参数，如图 1.18(a) 和图 1.18(b) 所示。

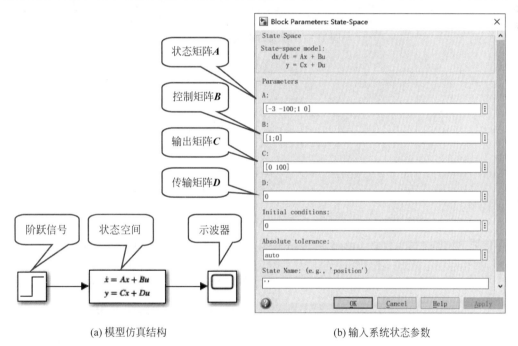

(a) 模型仿真结构　　　　　　　　　　　　(b) 输入系统状态参数

图 1.18　原二阶系统的仿真模型及输入参数对话框

（2）查看仿真结果：单击工具栏的"运行"按钮进行仿真，双击示波器可查看仿真结果，如图 1.19 所示。从图中看出，该系统是稳定的，具有较大的超调量。

（3）搭建 PID 仿真结构：分别从图 1.17 中的模块库列表选择 Continuous 和 Math Operations 库加入 PID Controller 和 sum，再从 Sinks 中加入 To WorkSpace，搭建的二阶系统 PID 仿真结构如图 1.20 所示。

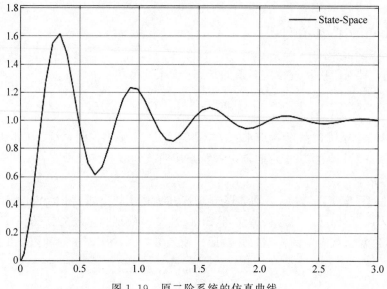

图 1.19　原二阶系统的仿真曲线

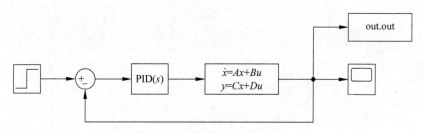

图 1.20　二阶系统 PID 仿真结构

（4）添加仿真参数查看结果：PID 参数 $K_p = 3$，$K_i = 18$，$K_d = 0.2$ 时，单击"运行"按钮进行仿真，示波器和工作区 out 变量的结果如图 1.21(a)和图 1.21(b)所示。

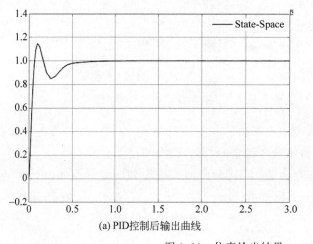

时间	数据:1
0.0014	0.0021
0.0068	0.0439
0.0149	0.1681
0.0245	0.3531
0.0355	0.5650
0.0481	0.7734
0.0627	0.9544

(a) PID控制后输出曲线　　　　(b) 工作区输出数据

图 1.21　仿真输出结果

（5）结论：从图 1.19 和图 1.21 的仿真曲线可看出，加入 PID 控制后，输出的动态指标有了很大改变。

【例 1-4】 使用 Simulink 创建微分方程模型 $\ddot{x} = 2u(t) + 3x + 4\dot{x}$，通过仿真观察输出结果。

步骤：

（1）搭建仿真结构：分别选择图 1.17 模块库列表的 Continuous 加入积分器（Integrator），从 Math Operations 加入比例器（Gain）和加法器（Add），再添加输入/输出模块，构建的系统仿真模型如图 1.22 所示。

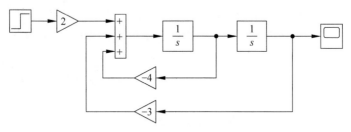

图 1.22 微分方程仿真结构

（2）查看结果：单击"运行"按钮进行仿真，再双击示波器查看该模型输出结果，如图 1.23 所示。

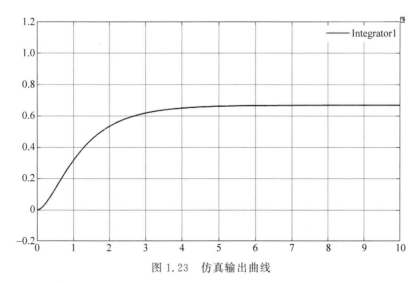

图 1.23 仿真输出曲线

（3）结论：从仿真结果可以看出，该系统是个稳定系统，且有较好的动态特性。

通过上述示例可以看出，使用 Simulink 无须书写大量程序，通过简单直观的鼠标操作即可构造出复杂的系统模型，通过仿真曲线和结果能快速了解系统的动态特征，帮助用户做下一步的优化和决策。

第2章 MATLAB矩阵与数组应用

MATLAB是基于矩阵运算的高级语言,每个变量均为矩阵,且无须预先定义矩阵维数。矩阵和数组没有严格区别,计算机语言中常把数组定义为存储相同数据类型元素的集合,将矩阵看作按照长方形阵列排列的复数或实数集合。MATLAB中矩阵和数组元素既可以是字符,也可以是数值,数值运算必须满足线性代数的运算规则。例如,加减法运算要求参与运算的变量具有相同的维数,乘法运算则要求前一个矩阵的列数等于后一个矩阵的行数,除非其中一个变量是标量。

2.1 常量与变量的使用

MATLAB编程区分常量和变量。常量是不变化的量,例如 π、极小值等。基础变量包括数值变量、符号变量和字符串变量。数值变量都是矩阵形式,赋值时用方括号括起来,中间用逗号或空格分隔行元素,用分号分隔列元素。

2.1.1 常量表示

MATLAB的系统常量表示如表2.1所示。

表 2.1　常量表示

符　号	说　　明
pi	圆周率 π 的双精度浮点表示
Inf	无穷大,正无穷为 Inf,负无穷为 −Inf
NaN	不定式,代表"非数值量",通常由 0/0 或 Inf/Inf 运算得出
eps	正的极小值,eps$=2^{-32}$,大约是 2.22×10^{-16}
realmin	realmin 为最小正实数(realmax 为最大正实数)
i,j	若 i 和 j 不被定义,则它们表示纯虚数量,即 i=sqrt(−1)
ans	默认为表达式的运算结果变量

说明：在定义变量时，如果定义了系统同名变量，则将覆盖系统常量。例如，若定义了 i，j 为循环变量，则 $\sqrt{-1}$（纯虚数）将不起作用。因此，定义变量时应尽量避免与系统常量重名。若已经改变系统常量的值，可通过命令"clear＋变量名"来恢复它的初始值，也可以通过重新启动 MATLAB 恢复初始值。

2.1.2　新建变量

变量工作区的菜单项包括导入数据、保存工作区、新建变量、打开变量和清除工作区的功能。其中，单击"新建变量"则打开一个二维表，类似 Excel 表，可建立矩阵或数组变量，默认文件名是 unnamed1，unnamed2，…，使用该方法可批量导入变量到 MATLAB 中。创建 2×3 的矩阵变量，如图 2.1 所示。

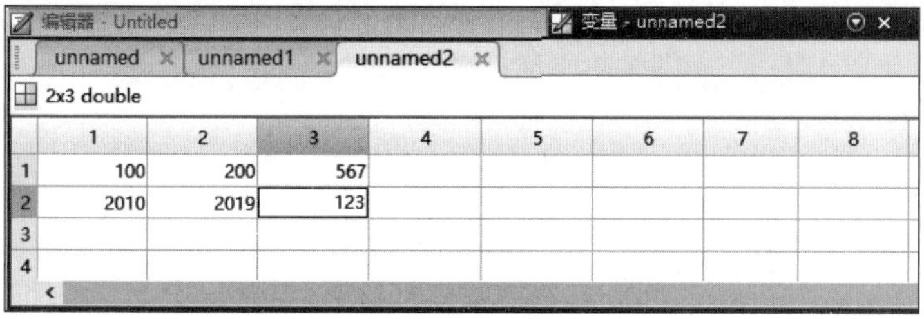

图 2.1　新建变量

2.1.3　变量命名规则

MATLAB 变量名、函数名及文件名由英文字母、数字或下画线组成。字母大小写不同的变量，例如 myVar 与 myvar 表示两个不同的变量。变量命名基本规则包括：

（1）避免与系统预定义的变量名、函数名、保留字同名；

（2）变量名首字符必须是字母，后面可以包含字母、下画线和数字；

（3）变量名长度不能大于 63 个字符；

（4）若运算结果没有赋予任何变量，则系统将其赋予特殊变量 ans，ans 变量只保留最新值。

2.1.4　全局变量

全局变量的作用域是整个 MATLAB 工作空间。若在函数文件中定义为局部变量，则只在本函数内有效。函数返回后，局部变量会自动被工作空间清除。

语法格式：

```
global <变量名>                              ％定义一个全局变量
```

说明：

（1）如果没有特别声明，则函数变量只能在函数内部使用，为局部变量。一般仅在某个内存空间使用一次的变量为局部变量。可将两个或更多函数共用的变量，或主程序、子程序的同名变量用 global 声明为全局变量。全局变量可减少参数传递次数，合理引用全局变量能提高程序执行效率，而使用太多的全局变量则会带来维护的困难，原则上全局变量名全部使用大写字母，以免和其他变量混淆。

（2）由于各个函数之间、命令窗口的工作空间以及内存空间都是独立的，因此，在一个内存空间里声明的 global 变量，在另一个内存空间里使用时需要再次声明为 global，各内存空间仅需声明一次。当全局变量影响内存空间变量时，可使用 clear 命令清除变量名。

（3）若需要使用其他函数的变量，需要在主程序、子程序中分别声明全局变量才可实现数据传递，否则函数体内的变量均被视为局部变量。

2.1.5　数据类型

MATLAB 中有 15 种基本数据类型，分别是单精度浮点型、双精度浮点型、逻辑型、字符串型、元胞数组型、结构体型、函数句柄型和 8 种整型数据，如图 2.2 所示。

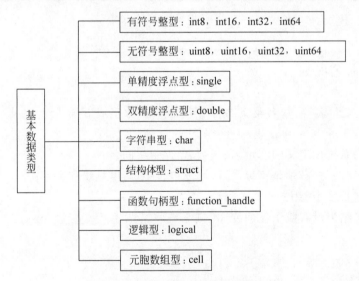

图 2.2　MATLAB 基本数据类型

说明：

（1）整数：对含有小数的数据自动进行四舍五入处理，使用有符号或无符号整型变量表示；

（2）浮点数：MATLAB 将所有的数都看作双精度变量，即直接输入的变量属于 double

类型,若需要创建 single 类型变量,需要使用转换函数。其他类型可以利用转换函数存储为需要的类型,其表示方法如表 2.2 所示。

表 2.2　数据类型表示

表　　示	说　　明	表　　示	说　　明
uchar	无符号字符	uint16	16 位无符号整数
schar	有符号字符	uint32	32 位无符号整数
int8	8 位有符号整数	uint64	64 位无符号整数
int16	16 位有符号整数	float32	32 位浮点数
int32	32 位有符号整数	float64	64 位浮点数
int64	64 位有符号整数	double	64 位双精度数
uint8	8 位无符号整数	single	32 位浮点数

【例 2-1】　在脚本编辑器中输入下列程序命令,运行后查看并保存结果。

程序命令:

```
a1 = int8(10); a2 = int16( - 20); a3 = int32( - 30); a4 = int64(40)
b1 = uint8(50); b2 = uint16(60); b3 = uint32(70); b4 = uint64(80)
c1 = single( - 90.99); d1 = double(3.14159); f1 = 'Hello'
g1. name = 'jiang'; h1 = @sind ; i1 = true; j1 {2,1} = 100;
```

输入 whos 命令(查看内存变量)后的结果:

```
Name        Size        Bytes       Class               Attributes
a1          1×1         1           int8
a2          1×1         2           int16
a3          1×1         4           int32
a4          1×1         8           int64
ans         1×1         8           double
b1          1×1         1           uint8
b2          1×1         2           uint16
b3          1×1         4           uint32
b4          1×1         8           uint64
c1          1×1         4           single
d1          1×1         8           double
f1          1×5         10          char
g1          1×1         186         struct
h1          1×1         32          function_handle
i1          1×1         1           logical
j1          2×1         128         cell
```

说明:当双精度浮点数参与运算时,返回值类型取决于参与运算的其他变量的数据类型。当双精度浮点数与逻辑型、字符型数据进行运算时,返回结果为双精度浮点型,而与整型数据进行运算时,返回结果为相应的整数类型,与单精度浮点型数据运算时,返回单精度浮点型;单精度浮点型与逻辑型、字符型和任何其他浮点型数据进行运算时,返回结果都是单精度浮点型。

例如：

```
clc; b = int16(23); c = 6.28 ; z = b + c
Z = class(z)                 % 结果 Z 为矩阵 z 的数据类型
```

结果：

```
z = 29
Z =  int16
```

注意：单精度浮点型数据不能和整型数据进行算术运算，整数只能与相同类型的整数或双精度标量进行运算。例如：

```
a = single(3.14);   b = int16(23);   c = a + b
```

结果将显示"错误使用＋，整数只能与同类的整数或双精度标量值组合使用。"的信息提示。

2.1.6   常用标点符号及功能

MATLAB 常用的标点符号及其功能如表 2.3 所示。

表 2.3   常用标点符号及其功能

名称	符号	功　　能
空格		输入变量之间的分隔符以及数组行元素之间的分隔符
逗号	,	输入变量之间的分隔符或矩阵行元素之间的分隔符，也可用于显示计算结果分隔符
点号	.	数值中的小数点
分号	;	用于矩阵或数组元素行之间的分隔符或不显示计算结果
冒号	:	生成一维数值数组，表示一维数组的全部元素或多维数组的某一维的全部元素
百分号	%	注释符，在它后面的命令不需要执行
单引号	' '	表示字符串变量
圆括号	( )	引用矩阵或数组元素；用于函数输入变量列表；用于确定算术运算的先后次序
方括号	[ ]	构成向量和矩阵；用于函数输出列表
花括号	{ }	构成元胞数组
下画线	_	变量、函数或文件名中的连字符
续行号	…	将一行长命令分成多行时用于一行尾部的符号
at 号	@	放在函数名前形成函数句柄；放在文件夹名前形成用户对象类目录

2.2   矩阵表示

MATLAB 矩阵元素必须在方括号内，行元素用空格或逗号隔开，列元素用分号或回车符隔开，矩阵中元素可以是数值、变量、表达式或函数，矩阵的维度不必预先定义即可直接使用。

2.2.1　矩阵的建立方法

【例 2-2】　根据 $A=\begin{bmatrix} 10 & 20 & 30 \\ 4 & 5 & 6 \\ 7 & -1 & 0 \end{bmatrix}, B=\begin{bmatrix} 1+2i & 2+5i \\ 3+7i & 5+9i \\ i & 8i \end{bmatrix}$ 建立实数矩阵和复数矩阵。

程序命令：

```
A = [10 20 30; 4 5 6; 7 - 1 0]
B = [1 + 2i,2 + 5i; 3 + 7i,5 + 9i; i,8i]
```

结果：

```
A =   10    20    30
       4     5     6
       7    -1     0
B = 1.0000 + 2.0000i   2.0000 + 5.0000i
    3.0000 + 7.0000i   5.0000 + 9.0000i
    0.0000 + 1.0000i   0.0000 + 8.0000i
```

2.2.2　向量的建立方法

1. 向量的表示

MATLAB 的向量与数组表示在本质上没有任何区别，均为 $1 \times n$ 或 $n \times 1$ 的矩阵，可生成线性等间距向量矩阵，格式为"初值：步长：终值"。

例如：

```
a = [1: 3: 15]
```

结果：

```
a =   1 4 7 10 13
```

2. 线性向量

语法格式：

```
linspace(n1,n2,k)          % 其中,n1 为初始值,n2 为终值,k 为元素个数
```

例如：

```
b = linspace(3,18,4)
```

结果：

b =   3   8   13   18

3. 对数向量

语法格式：

logspace(n1,n2,n)   %其中,行向量的值范围为$10^{n1}\sim10^{n2}$,数据个数为n,默认n为50;常用这
                                    %种方法建立对数频域坐标

例如：

c = logspace(1,3,3)

结果：

c =   10   100   1000

2.2.3 常用特殊矩阵

1. 特殊矩阵函数

特殊矩阵函数如表 2.4 所示。

表 2.4 特殊矩阵函数

函 数	含 义	函 数	含 义
zeros(m,n)	$m\times n$ 全零矩阵	company(m,n)	$m\times n$ 伴随矩阵
zeros(m)	$m\times m$ 全零矩阵	pascal(n)	$n\times n$ 杨辉三角阵
eye(m,n)	$m\times n$ 单位矩阵	magic(n)	$n\times n$ 魔方阵
eye(m)	$m\times m$ 单位矩阵	diag(V)	以 V 为对角元素的对角阵
ones(m,n)	$m\times n$ 全一矩阵	tril(A)	矩阵 A 的下三角阵
ones(m)	$m\times m$ 全一矩阵	triu(A)	矩阵 A 的上三角阵
rand(m,n)	$m\times n$ 的均匀分布的随机矩阵	rot90(A)	将矩阵 A 旋转 $90°$
fliplr(A)	矩阵 A 的左右翻转	flipud(A)	矩阵 A 的上下翻转
hilb(n)	n 阶希尔伯特矩阵	toeplitz(m,n)	$m\times n$ 的托普利兹矩阵

说明：

（1）magic(n)为 n 阶魔方阵,它的行、列、对角线元素的和相等,且必须是 n 阶方阵。

（2）pascal(n)为杨辉三角阵(也称为帕斯卡矩阵),是$(x+y)^n$ 的系数随 n 增大的三角形表。

（3）toeplitz(m,n)为托普利兹矩阵,除第 1 行第 1 列元素外,其他每个元素与它的左上角元素相等。

（4）triu(**A**)为上三角阵，它保存矩阵 **A** 的上三角阵为原值，下三角阵为 0。

（5）triu(**A**,k)将矩阵 **A** 的第 k 条对角线以上的元素变成上三角阵。

2．特殊矩阵的使用

$\begin{bmatrix} 0 & 0 & 0 \\ 0 & 0 & 0 \\ 0 & 0 & 0 \end{bmatrix}$ 全零矩阵函数 zeros(m,n)为 m×n 矩阵，3 维方阵可通过 zeros(3)生成。

$\begin{bmatrix} 1 & 1 & 1 \\ 1 & 1 & 1 \\ 1 & 1 & 1 \end{bmatrix}$ 全一矩阵函数 ones(m,n)为 m×n 矩阵，3 维方阵可通过 ones(3)生成。

$\begin{bmatrix} 1 & 0 & 0 \\ 0 & 1 & 0 \\ 0 & 0 & 1 \end{bmatrix}$ 单位矩阵函数 eye(m,n)为 m×n 矩阵，3 维方阵可通过 eye(3)生成。

$\begin{bmatrix} 1 & 0 & 0 \\ 0 & 2 & 0 \\ 0 & 0 & 3 \end{bmatrix}$ 生成对角阵时须先输入对角元素的值 **V**＝[1 2 3]；再使用函数 diag(**V**)。

【例 2-3】 输出 3×4 的全一矩阵、4×5 的均匀分布的随机矩阵、4 维魔方阵、4 维杨辉三角阵和 4×4 的托普利兹矩阵，并根据一元 4 次方程 $x^4+3x^3+7x^2+5x-9=0$ 求解伴随矩阵。

程序命令：

```
Y = ones(3,4)              %3×4 的全一矩阵
Z = rand(4,5)              %4×5 的均匀分布的随机矩阵
K = magic(4)               %魔方阵必须是方阵
L = pascal(4)              %杨辉三角阵必须是方阵
M = toeplitz(1: 4)         %托普利兹矩阵
A = [1 3 7 5 -9];          %方程系数
B = company(A)             %求解伴随矩阵
```

结果：

```
Y =
    1    1    1    1
    1    1    1    1
    1    1    1    1
Z =
    0.8147    0.6324    0.9575    0.9572    0.4218
    0.9058    0.0975    0.9649    0.4854    0.9157
    0.1270    0.2785    0.1576    0.8003    0.7922
    0.9134    0.5469    0.9706    0.1419    0.9595
K =
    16    2    3    13
```

```
            5      11     10      8
            9       7      6     12
            4      14     15      1

L =

            1       1      1      1
            1       2      3      4
            1       3      6     10
            1       4     10     20

M =

            1       2      3      4
            2       1      2      3
            3       2      1      2
            4       3      2      1

B =

           -3      -7     -5      9
            1       0      0      0
            0       1      0      0
            0       0      1      0
```

2.2.4 稀疏矩阵

若矩阵中非零元素的个数远远小于矩阵元素的总数,且非零元素的分布没有规律,则定义这种矩阵为稀疏矩阵(Sparse Matrix)。

1. 创建稀疏矩阵

语法格式:

```
S = sparse(A)            % 将矩阵 A 中所有零元素去除,非零元素及其列组成矩阵 S
S = sparse(i,j,s,m,n,maxn)  % 由向量 i,j,s 生成一个 m×n 的含有 maxn 个非零元素的稀疏矩阵
                         % S,且满足 S(i(k),j(k)) = s(k),向量 i,j 和 s 有相同的长度,
                         % 对应向量 i 和 j 的值 s 中任何零元素将被忽略,s 在 i 和 j 处的
                         % 重复值将被叠加
```

说明:

(1) 创建的稀疏矩阵只显示非零元素行、列值,可用命令 full(S) 显示所有矩阵元素。

(2) 如果 i 或 j 任意一个元素大于最大整数值 $2^{31}-1$,则稀疏矩阵不能被创建。

(3) 若 S=sparse(i,j,s),令 m=max(i) 和 n=max(j),在 s 中零元素被移除前计算最大值,[i,j,s]中其中一行可能为[m n 0]。

(4) sparse([],[],[],m,n,0)将生成 m * n 的所有元素都是 0 的稀疏矩阵。

(5) 当构造的矩阵比较大而非零元素位置又比较有规律时,可以考虑使用 sparse 函数,首先构造向量 i,j,s,再自动生成矩阵。

(6) 稀疏矩阵存储特点是占用内存少,运算速度快。

【例 2-4】 已知向量 $i=[2\ 2\ 3\ 3\ 3\ 4]$,$j=[2\ 4\ 3\ 2\ 1\ 4]$,$A=[2\ 3\ 7\ 1\ 4\ 6]$,创建稀疏矩阵

程序命令:

```
i = [2 2 3 3 3 4]; j = [2 4 3 2 1 4];
A = [2 3 7 1 4 6];
S = sparse(i,j,A,4,4)
A = full(S)
```

结果:

```
S =
    (3,1)        4
    (2,2)        2
    (3,2)        1
    (3,3)        7
    (2,4)        3
    (4,4)        6
A =
    0    0    0    0
    0    2    0    3
    4    1    7    0
    0    0    0    6
```

2. 创建带状稀疏矩阵

语法格式:

```
S = spdiags(A,d,m,n) % 生成 m×n 的所有非零元素均在对角线上,且对角线元素有规律的稀疏矩阵
```

其中,A 表示全元素矩阵,d 是长度为 p 的整数向量,指定 S 矩阵对角线位置,m,n 表示构造的系数矩阵的行列数。

【例 2-5】 创建一个 5×5 的对角矩阵。

程序命令:

```
A = rand(5);
A = floor(100 * A);
S = spdiags(A,[0 1],5,5);
S1 = full(S)
```

结果:

```
S1 =    34    83     0     0     0
         0    19    58     0     0
         0     0    25    54     0
         0     0     0    61    91
         0     0     0     0    47
```

3. 稀疏矩阵操作函数

语法格式:

```
nnz(S)                    % 查看 S 稀疏矩阵非零元素的个数
nonzeros(S)               % 获取 S 稀疏矩阵非零元素的值
nzmax(S)                  % 获取 S 稀疏矩阵存储非零元素所需要的空间长度
spy(S):                   % 对稀疏矩阵 S 的非零元素进行图形化显示
```

【例 2-6】 输出一个 5×5 的带状稀疏矩阵,获取非零元素的个数 A、非零元素的值 B 及非零元素的空间长度 n,并图形化显示该稀疏矩阵。

程序命令:

```
a = rand(5); b = floor(100 * a); S = spdiags(b,[0 1],5,5)
S1 = full(S)
A = nnz(S1)
B = nonzeros(S1)
n = nzmax(S1)
spy(S)                    % spy(S)函数可以画出矩阵 S 中非零元素的分布情况
```

结果:

```
S1 =      96      67       0       0       0
           0      54      39       0       0
           0       0      52      36       0
           0       0       0      23      98
           0       0       0       0      48
A =        9
B =       96
          67
          54
          39
          52
          36
          23
          98
          48
n =       25
```

该稀疏矩阵的图形化显示如图 2.3 所示。

2.2.5 矩阵拆分

语法格式:

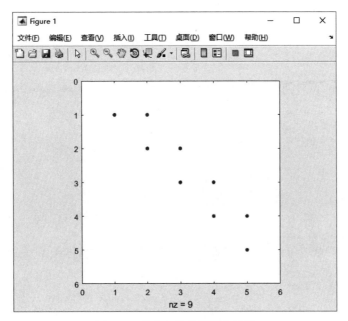

图 2.3　稀疏矩阵的图形化显示

```
A(m,n)              % 提取第 m 行、第 n 列元素
A(:,n)              % 提取矩阵 A 第 n 列元素
A(m,:)              % 提取矩阵 A 第 m 行元素
A(m1:m2,n1:n2)      % 提取矩阵 A 第 m1 行到第 m2 行和第 n1 列到第 n2 列的所有元素(提取子块)
A(:)                % 按矩阵 A 元素的列排列向量
```

矩阵扩展：如果在原矩阵不存在的地址中设定值，则该矩阵会自动扩展行列数，并在指定位置添加该数，且在其他没有指定的位置上补零。

【**例 2-7**】　拆分输出下列矩阵 **A** 的行和列元素。

$$\boldsymbol{A} = \begin{bmatrix} 1 & 2 & 3 & 4 & 5 \\ 6 & 7 & 8 & 9 & 10 \\ 11 & 12 & 13 & 14 & 15 \end{bmatrix}$$

程序命令：

```
A = [1 2 3 4 5; 6 7 8 9 10; 11 12 13 14 15]
B = A(2,:)          % 取第 2 行元素
C = A(1:2,3:4)      % 取 1～2 行的 3～4 列元素
```

结果：

```
A =    1       2       3       4       5
       6       7       8       9       10
       11      12      13      14      15
B =
```

```
          6      7      8      9     10
C =
          3      4
          8      9
```

【例 2-8】 矩阵扩展的应用。

程序命令：

```
A = [1 2 3; 4 5 6]
A(3,4) = 20
```

结果：

```
A =   1      2      3
      4      5      6
A =   1      2      3      0
      4      5      6      0
      0      0      0     20
```

2.3   矩阵的基本运算

矩阵的基本运算除了加法、减法、乘法、除法和乘方运算外,还包括求秩、求逆、求迹、求条件数、求最大值、求最小值、求平均值和排序等多种运算。

2.3.1   求矩阵的秩、迹和条件数

1. 矩阵的秩

对矩阵进行初等行变换后,非零行的个数称为矩阵的行秩;对其进行初等列变换后,非零列的个数称为矩阵的列秩。矩阵的秩是方阵经过初等行变换或者列变换后的行秩或列秩,方阵的列秩和行秩总是相等的,才称为矩阵的秩。若矩阵的秩等于行数,则称矩阵满秩。可使用函数 rank()求矩阵的秩。

语法格式：

```
rank(A)          % 矩阵 A 必须是方阵才能求秩
```

2. 矩阵的迹

在线性代数中,把矩阵的对角线元素之和称为矩阵的迹。只有方阵才可以求迹。

语法格式：

```
trace(A)          % 求矩阵 A 的迹
```

3. 矩阵的条件数

矩阵 A 的条件数等于 A 的范数与 A 的逆矩阵范数乘积,它表征矩阵计算对于误差的敏感性。对于线性方程组 $Ax=b$,如果 A 的条件数大,则 b 的微小改变就能引起解 x 较大的改变,数值稳定性差;如果 A 的条件数小,b 有微小的改变,则 x 的改变也很微小,数值稳定性好。矩阵 A 的条件数也可以表示 b 不变且 A 有微小改变时,x 的变化情况。

语法格式:

```
cond(A)              % 求矩阵 A 的条件数
```

【例 2-9】 已知矩阵 A,求矩阵 A 的秩、迹和条件数。

$$A = \begin{bmatrix} 1 & 3 & 9 \\ 0 & 5 & 7 \\ 11 & 13 & 10 \end{bmatrix}$$

程序命令:

```
A = [1 3 9; 0 5 7; 11 13 10]
a = rank(A)
b = trace(A)
c = cond(A)
```

结果:

```
a =      3
b =      16
c =      11.6364
```

2.3.2 求矩阵的逆

已知矩阵 A 和矩阵 B,若存在 $A \cdot B = B \cdot A = E$,则称 A 和 B 互为逆矩阵,计算矩阵的逆可使用函数 inv()。

语法格式:

```
inv(A)               % 要求矩阵 A 满秩
```

【例 2-10】 使用逆矩阵求解下列线性方程组的解。

$$\begin{cases} 2x + 3y + 5z = 5 \\ x + 4y + 8z = -1 \\ x + 3y + 27z = 6 \end{cases}$$

因为 $Ax = B$,因此 $X = A^{-1}B$。

程序命令:

```
A = [2 3 5; 1 4 8; 1 3 27]
```

```
B = [5 - 1 6]
x = inv(A) * B
```

结果:

```
x = 4.8113
  - 1.9811
    0.2642
```

2.3.3　求矩阵的特征值和特征向量

矩阵的特征值与特征向量是线性代数中的重要概念。对于一个 n 阶方阵 A，若存在非零 n 维向量 x 与常数 λ，使得 $\lambda x = Ax$，则称 λ 是 A 的一个特征值，x 是属于特征值 λ 的特征向量。可以使用 $|\lambda E - A| = 0$ 先求解出 A 的特征值，再代入等量关系求解特征向量(不唯一)。

语法格式:

```
E = eig(A)          % 求矩阵 A 的全部特征值,构成向量 E
[V,D] = eig(A)      % 求矩阵 A 的全部特征值,构成对角阵 D,并求 A 的特征向量构成 V 的列向量
```

【例 2-11】　利用矩阵 $A = \begin{bmatrix} 1 & 2 & 3 & 4 \\ 6 & 7 & 8 & 9 \\ 11 & 12 & 13 & 14 \\ 0 & 12 & 17 & 13 \end{bmatrix}$ 构成对角阵 D，并求 A 的特征向量构成的列向量 V。

程序命令:

```
A = [1 2 3 4; 6 7 8 9; 11 12 13 14; 0 12 17 13];
[V,D] = eig(A)
```

结果:

```
V =
  - 0.1465 + 0.0000i    0.1107 + 0.2881i    0.1107 - 0.2881i    0.2512 + 0.0000i
  - 0.3923 + 0.0000i    0.2826 + 0.0574i    0.2826 - 0.0574i   - 0.6977 + 0.0000i
  - 0.6381 + 0.0000i    0.4546 - 0.1732i    0.4546 + 0.1732i    0.6419 + 0.0000i
  - 0.6461 + 0.0000i   - 0.7648 + 0.0000i   - 0.7648 + 0.0000i   - 0.1954 + 0.0000i
D =
  37.0763 + 0.0000i    0.0000 + 0.0000i    0.0000 + 0.0000i   0.0000 + 0.0000i
   0.0000 + 0.0000i   - 1.5382 + 2.9483i   0.0000 + 0.0000i   0.0000 + 0.0000i
   0.0000 + 0.0000i    0.0000 + 0.0000i   - 1.5382 - 2.9483i   0.0000 + 0.0000i
   0.0000 + 0.0000i    0.0000 + 0.0000i    0.0000 + 0.0000i   0.0000 + 0.0000i
```

2.3.4　矩阵的算术运算

1. 算术运算

常用算术运算符如表 2.5 所示。

表 2.5　常用算术运算符

运算符	说　明	运算符	说　明
+	矩阵相加	\	矩阵左除
－	矩阵相减	.\	矩阵点左除
*	矩阵相乘	../	矩阵点右除
.*	矩阵点乘	^	矩阵乘方
/	矩阵右除	.^	矩阵点乘方

说明：

（1）矩阵进行加法和减法运算时，应具有相同的维数，对应各元素相加减。矩阵与标量进行加减法运算时，矩阵的各元素都将与该标量进行运算。

（2）点运算是一种特殊的运算，其运算符是在有关算术运算符前面加点，运算符有".*"".∕"".\"和".^"，分别表示点乘、点右除、点左除和点乘方。两矩阵进行点运算是指对应元素进行相关运算，要求两矩阵的维数必须相同。

（3）左除：A 左除 $B(A\backslash B)$ 表示矩阵 A 的逆乘以矩阵 B，即 $\mathrm{inv}(A)*B$；当 A 为非奇异矩阵时，则 $X = A\backslash B$ 是方程 $A*X = B$ 的解，而 $X = B/A$ 是方程 $X*A = B$ 的解。$A\backslash B = A^{-1}*B$，左除时阶数的检验条件为两矩阵的行数必须相等。$A.\backslash B$ 表示矩阵 B 中每个元素除以矩阵 A 的对应元素。

（4）右除：A 右除 $B(A/B)$ 表示矩阵 A 乘以矩阵 B 的逆，即 $A*\mathrm{inv}(B)$。$B/A = B*A^{-1}$，右除时阶数的检验条件为两矩阵的列数必须相等。$A./B$ 表示矩阵 A 中每个元素除以矩阵 B 的对应元素。

（5）一个矩阵的乘方运算可以表示成 $A^{\wedge}x$，要求 A 为方阵，x 为标量。

【例 2-12】 已知矩阵 A 和 B，求两个矩阵的加法、减法、乘法、除法和 A 点乘 B、A 点除 B 及 A 的 2 次乘方。

$$A = \begin{bmatrix} 1 & 2 & 3 \\ 4 & 5 & 6 \\ 7 & 8 & 9 \end{bmatrix} \quad B = \begin{bmatrix} 1 & 0 & 3 \\ 5 & 9 & 13 \\ 7 & 12 & 11 \end{bmatrix}$$

程序命令：

```
A = [1 2 3; 4 5 6; 7 8 9];
B = [1 0 3; 5 9 13; 7 12 11];
C = A + B
D = A － B
E = A * B
F = A. * B
G = A/B              % 右除
G1 = A * inv(B)      % 与 G 等价
H = A\B              % 左除
H1 = inv(A) * B      % 与 H 等价
I = A./B             % 点右除
```

```
J = A.\B              % 点左除
K = A^2               % A 的 2 次乘方,相当于 A * A
```

结果:

```
C =                              D =
    2     2     6                    0     2     0
    9    14    19                   -1    -4    -7
   14    20    20                    0    -4    -2
E =                              F =
   32    54    62                    1     0     9
   71   117   143                   20    45    78
  110   180   224                   49    96    99
G =                              G1 =
  -0.0909    0.3030   -0.0606        -0.0909    0.3030   -0.0606
   1.0000   -0.3333    0.6667         1.0000   -0.3333    0.6667
   2.0909   -0.9697    1.3939         2.0909   -0.9697    1.3939
H =   1.0e + 16 *                H1 =   1.0e + 16 *
  -0.6305   -1.8915   -3.7830       -0.6305   -1.8915   -3.7830
   1.2610    3.7830    7.5660        1.2610    3.7830    7.5660
  -0.6305   -1.8915   -3.7830       -0.6305   -1.8915   -3.7830
I =                              J =
   1.0000     Inf    1.0000         1.0000        0    1.0000
   0.8000   0.5556   0.4615         1.2500   1.8000   2.1667
   1.0000   0.6667   0.8182         1.0000   1.5000   1.2222
K =
   30    36    42
   66    81    96
  102   126   150
```

【例 2-13】 根据例 2-12 中 A 的值,计算 $A * A$、A^2 与 $A.$^2。

程序命令:

```
A1 = A * A
B1 = A^2
L = A.^2              % A 的 2 次乘方,加点表示对应元素平方
```

结果:

```
A1 =                          B1 =
   30    36    42                30    36    42
   66    81    96                66    81    96
  102   126   150              102   126   150
L =
    1     4     9
   16    25    36
   49    64    81
```

结论：$A * A$ 等价于 $A\hat{\ }2$，但不等价于 $A.\hat{\ }2$。

【例 2-14】 利用左除法求下列方程组的解。

$$\begin{cases} 6x_1 + 3x_2 + 4x_3 = 3 \\ -2x_1 + 5x_2 + 7x_3 = -4 \\ 8x_1 - 4x_2 - 3x_3 = -7 \end{cases}$$

程序命令：

```
A = [6 3 4; -2 5 7; 8 -4 -3];
B = [3; -4; -7];
x = A\B                %左除求解
```

结果：

```
x =    0.6000
       7.0000
      -5.4000
```

2. 复数运算

MATLAB 把复数作为一个整体，像实数运算一样进行复数运算，复数表示为

```
z = a + bi;           %a,b 为实数，i 表示虚数
```

【例 2-15】 已知复数 $z_1 = 3 + 4i$，$z_2 = 1 + 2i$，$z_3 = 2e^{\pi i/6}$，计算 $z = z_1 * z_2/z_3$。
程序命令：

```
z1 = 3 + 4 * i;
z2 = 1 + 2 * i;
z3 = 2 * exp(i * pi/6);
z = z1 * z2/z3
```

结果：

```
z =
   0.3349 + 5.5801i
```

对于复数矩阵，常用两种输入方法，其结果相同。
程序命令：

```
A = [1,2; 3,4] + i * [5,6; 7,8]
B = [1 + 5i  2 + 6i; 3 + 7i  4 + 8i]
```

结果：

```
A =
   1.0000 + 5.0000i  2.0000 + 6.0000i
   3.0000 + 7.0000i  4.0000 + 8.0000i
```

```
B =
    1.0000 + 5.0000i  2.0000 + 6.0000i
    3.0000 + 7.0000i  4.0000 + 8.0000i
```

说明: *A* 与 *B* 的结果是相同的。

3. 关系运算

关系运算符如表 2.6 所示。

表 2.6 关系运算符

运算符	说　明	运算符	说　明
>	大于	<=	小于或等于
>=	大于或等于	==	等于
<	小于	~=	不等于

【例 2-16】 关系运算的使用。

程序命令:

```
y = [7,2,9] > 5
A = rand(3)
B = A < 0.5
```

结果:

```
y =
    1    0    1
A =
    0.3922    0.7060    0.0462
    0.6555    0.0318    0.0971
    0.1712    0.2769    0.8235
B =
    1    0    1
    0    1    1
    1    1    0
```

4. 逻辑运算

逻辑运算符如表 2.7 所示。

表 2.7 逻辑运算符

运算符	说　明	运算符	说　明	运算符	说　明
&	与运算	|	或运算	~	非运算

说明：关系运算和逻辑运算的结果都是逻辑值，结果或元素为真，则用 1 表示，为假则用 0 表示。"&"和"|"操作符可比较两个标量或两个同阶矩阵。如果 A 和 B 都是 0—1 矩阵，则 $A \& B$ 或 $A | B$ 也都是 0—1 矩阵，且 0—1 矩阵的元素是 A 和 B 对应元素的逻辑运算值。一般逻辑值在条件语句和数组索引中使用。

【例 2-17】 逻辑运算的应用。

程序命令：

```
X = [true, false, true]
K = rand(3)
L = rand(3)
Y1 = K | L
Y2 = K&~K
```

结果：

```
X =
    1      0      1
K =                                  L =
    0.0759    0.7792    0.5688          0.3371    0.3112    0.6020
    0.0540    0.9340    0.4694          0.1622    0.5285    0.2630
    0.5308    0.1299    0.0119          0.7943    0.1656    0.6541
Y1 =                                 Y2 =
    1      1      1                      0      0      0
    1      1      1                      0      0      0
    1      1      1                      0      0      0
```

2.3.5 求序列数据的最大值、最小值及矩阵的排序

MATLAB 提供了求序列数据的最大值、最小值和排序函数。

1. 求向量的最大值和最小值

语法格式：

```
Y = max(X)      % Y 为向量 X 的最大值;若 X 包含复数,则按模数取最大值;若 X 是矩阵,则返回矩阵
                % 每列的最大值
[Y,I] = max(X)  % Y 为最大值,I 为最大值序号;若向量 X 包含复数,则按模取最大值
Y = max(X,[],dim)  % Y 为最大值,dim 表示维数.dim = 1 时,同 max(X); dim = 2 时,若 X 为向量则
                   % 直接取最大值,若 X 是矩阵则返回矩阵每行的最大值
```

说明：求向量 X 的最小值的函数是 $\min(X)$，用法和 $\max(X)$ 完全相同。

【例 2-18】 已知向量 $X = [12, 56, 4; 0, 19, 100; -1, 20, 30]$，求 X 的最大和最小值。

程序命令：

```
X = [12,56,4; 0,19,100; -1,20,30];
A = max(X)
B = min(X)
[M1,I] = max(X)
[M2,I] = min(X)
C = max(X,[ ],2)
```

结果:

```
A =  12    56   100
B = -1    19    4
M1 =  12    56   100
I =   1    1    2
M2 = -1    19    4
I =   3    2    1
C =  56
     100
      30
```

2. 求矩阵的最大值和最小值

【例2-19】 求下列矩阵 X 的最大值和最小值。

$$X = \begin{bmatrix} 12 & 56 & 4 \\ 0 & 19 & 100 \\ -1 & 20 & 30 \end{bmatrix}$$

程序命令:

```
X = [12,56,4; 0,19,100; -1,20,30];
A = max(X)
B = min(X)
[M1,I] = max(X)
[M2,I] = min(X)
C = max(X,[ ],2)
```

结果:

```
A =    12    56   100
B =    -1    19    4
M1 =   12    56   100
I =    1    1    2
M2 =   -1    19    4
I =    3    2    1
C =    56
      100
       30
```

3. 矩阵的排序

1) sort 函数

排序函数 sort( ) 可以对向量、矩阵、数组等元素进行升序或降序排列。当 X 是矩阵时，sort(X) 对 X 的每一列进行升序或降序排序。

语法格式：

```
Y = sort(A)              % 若为矩阵,则按照列进行升序排序
Y = sort(A,dim,mode)     % 若 A 是二维矩阵,当 dim = 1 (默认)时,表示对 A 的每一列进行排序; 当
                         % dim = 2 时,表示对 A 的每一行进行排序.mode 表示排列方式,mode = 'ascend'
                         % 时进行升序排序,mode = 'descend'时进行降序排序,默认为升序
```

【例 2-20】 对下列矩阵 A 进行升序和降序排列。

$$A = \begin{bmatrix} 74 & 22 & 82 \\ 7 & 45 & 91 \\ 53 & 44 & 8 \end{bmatrix}$$

程序命令：

```
A = [74 22 82; 7 45 91; 53 44 8]
B = sort(A)                  % 按矩阵列升序排列
C = sort(A,2)                % 按矩阵行升序排列
D = sort(A,2,'descend')      % 按矩阵行降序排列
```

结果：

```
A =    74    22    82
        7    45    91
       53    44     8
B =     7    22     8
       53    44    82
       74    45    91
C =    22    74    82
        7    45    91
        8    44    53
D =    82    74    22
       91    45     7
       53    44     8
```

2) sortrows 函数

sortrows( ) 函数可以使用选定的列值对矩阵行进行排序。

语法格式：

```
[Y,I] = sortrows(A,Column)   % A 是待排序的矩阵,Column 是列的序号,指定按照第几列进行排序,
                             % 正数表示按照升序进行排序,负数表示按照降序进行排序,Y 是排
                             % 序后的矩阵,I 是排序后的行在之前矩阵中的行标值
```

例如：

```
E = sortrows(A, - 2)              %对例 2-20 中的矩阵 A 的第 2 列进行降序排列
```

结果：

```
E =     7    45    91
       53    44     8
       74    22    82
```

2.3.6　求矩阵的平均值和中值

求序列数据平均值和中值的函数是 mean() 和 median()。

语法格式：

```
mean(X)          %返回向量 X 的算术平均值；若 X 为矩阵,则返回列向量平均值
median(X)        %返回向量 X 的中值；若 X 为矩阵,则返回列向量中值
mean(X,dim)      %当 dim 为 1 时,返回 X 列向量平均值；当 dim 为 2 时,返回行向量平均值
```

【例 2-21】　求下列矩阵 A 的平均值和中值。

$$A = \begin{bmatrix} 1 & 12 & 3 \\ 24 & 5 & 65 \\ 37 & 8 & 59 \end{bmatrix}$$

程序命令：

```
X = [1 12 3; 24 5 65; 37 8 59];
M1 = mean(X)
M2 = median(X)
M3 = mean(X, 2)
```

结果：

```
M1 =   20.6667    8.3333  42.3333
M2 =     24     8    59
M3 =    5.3333
       31.3333
       34.6667
```

2.3.7　求矩阵元素的和与积

数组、向量或矩阵求和与求积的函数分别是 sum() 和 prod()。

语法格式：

```
S = sum(X)        %若 X 为向量,则求 X 的元素和；若 X 为矩阵,则返回列向量的和
```

```
S = sum(X,1)        % 若 X 为向量,则列出 X 的元素; 若 X 为矩阵,则返回列向量的和
S = sum(X,2)        % 若 X 为向量,则求 X 的元素和; 若 X 为矩阵,则返回行向量的和
S = sum(sum(A))     % 求矩阵 A 所有元素的和
S₁ = prod(X)        % 若 X 为向量,则求 X 的元素积; 若 X 为矩阵,则返回列向量的积
S₁ = prod(X,1)      % 若 X 为向量,则列出 X 的元素; 若 X 为矩阵,则返回列向量的积
S₁ = prod(X,2)      % 若 X 为向量,则求 X 的元素积; 若 X 为矩阵,则返回行向量的积
S₁ = prod(prod(A))  % 求矩阵 A 所有元素的积
```

【例 2-22】　求向量 $X = [1\ 2\ 3\ 4\ 5\ 6\ 7\ 8\ 9]$ 与矩阵 A 元素的和与积。

$$X = [1\ 2\ 3\ 4\ 5\ 6\ 7\ 8\ 9] \qquad A = \begin{bmatrix} 1 & 2 & 3 \\ 4 & 5 & 6 \\ 7 & 8 & 9 \end{bmatrix}$$

程序命令:

```
X = [1 2 3 4 5 6 7 8 9]; A = [1 2 3; 4 5 6; 7 8 9];
S1 = sum(X)         % 求向量和
S2 = prod(X)        % 求向量积
S3 = sum(A)         % 求矩阵列向量的和
S4 = prod(A)        % 求矩阵列向量的积
S5 = sum(A,2)       % 求矩阵行向量的和
S6 = prod(A,2)      % 矩阵行向量的积
S7 = sum(sum(A))    % 矩阵所有元素的和
S8 = prod(prod(A))  % 矩阵所有元素的积
```

结果:

```
S1  =       45
S2  =       362880
S3  =       12      15      18
S4  =       28      80     162
S5  =       6
            15
            24
S6  =       6
           120
           504
S7  =       45
S8  =       362880
```

2.3.8　求元素累加和与累乘积

语法格式:

```
A = cumsum(X)    % 当 X 是向量时,返回 X 的元素累加和; 若 X 为矩阵,返回一个与 X 大小相同的列
                 % 累加和矩阵
```

```
A = cumprod(X)        % 当 X 是向量时,返回 X 中相应元素与其之前的所有元素的累乘积; 若 X 为矩阵,
                      % 返回一个与 X 大小相同的列累乘积的矩阵
```

【例 2-23】 求向量 $X = [1\ 2\ 3\ 4\ 5\ 6\ 7\ 8\ 9]$ 与矩阵 A 元素的累加和与累乘积。

$$X = [1\ 2\ 3\ 4\ 5\ 6\ 7\ 8\ 9] \quad A = \begin{bmatrix} 1 & 2 & 3 \\ 4 & 5 & 6 \\ 7 & 8 & 9 \end{bmatrix}$$

程序命令:

```
X = [1 2 3 4 5 6 7 8 9]; A = [1 2 3; 4 5 6; 7 8 9];
A1 = cumsum(X)
A2 = cumsum(A)
A3 = cumprod(X)
A4 = cumprod(A)
```

结果:

```
A1 =  1   3   6   10   15   21   28   36   45
A2 =
       1     2     3
       5     7     9
      12    15    18
A3 =  1   2   6   24   120   720   5040   40320   362880
A4 =
       1     2     3
       4    10    18
      28    80   162
```

2.4 MATLAB 常用函数

MATLAB 提供了大量函数,包括矩阵运算、初等数学运算、线性方程组求解、微分方程及偏微分方程组求解、符号运算、傅里叶变换、数据统计分析、稀疏矩阵运算、复数运算、三角函数、多维数组操作、工程数据优化及建模动态仿真函数等。

2.4.1 随机函数

常用的随机函数如表 2.8 所示。

表 2.8 常用运算函数

函　数　名	含　　义
rand	产生均值为 0.5,幅度在 0~1 的伪随机数
rand(n)	生成 0~1 的 n 阶随机数方阵

函　数　名	含　　义
rand(m,n)	生成 0～1 的 m×n 的随机数矩阵
randi	生成均匀分布的伪随机整数
randn	产生均值为 0,方差为 1 的高斯白噪声
randn(n)	产生均值为 0,方差为 1 的高斯白噪声方阵
randn(m,n)	产生 0～1 均匀分布,均值为 0 方差为 1 的正态分布矩阵
randperm(n)	产生 1～n 的均匀分布随机序列
normrnd(a,b,c,d)	产生均值为 a,方差为 b,大小为 c×d 的随机矩阵

说明：

(1) randi(imax)返回一个介于 1 和 imax 的伪随机整数标量。

(2) randi(imax,n)返回 n×n 矩阵,其中包含从区间[1,imax]的均匀离散分布中得到的伪随机整数。

(3) randi(imax,n,m)返回 n×m 数组,元素为介于 1 和 imax 的随机整数。

【例 2-24】 随机数的使用。

```
a = rand                    % 产生一个 0～1 的随机数
b = randi(100)              % 产生一个 0～100 的随机数
c = randi(30,3,4)           % 产生 3 行 4 列 30 以内的随机数
d = rand(2,3)               % 产生 2 行 3 列 0～1 的随机数
e = randn(3)                % 产生 3 行 3 列高斯白噪声
f = randperm(5)             % 产生 0～5 的随机序列数
g = normrnd(1,3,2,4)        % 产生均值为 1,方差为 3,大小为 2×4 的随机矩阵
```

结果：

```
a =
     0.5688
b =
     82
c =    22     11     23      9
       15     19      8     23
        5      6     28      6
d =    0.8909    0.5472    0.1493
       0.9593    0.1386    0.2575
e =    2.3505   - 0.1924   - 1.4023
      - 0.6156    0.8886   - 1.4224
       0.7481   - 0.7648    0.4882
f =
       4      2      1      5      3
g =
       3.5053    1.6470   - 2.4439    3.1668
       0.2689   - 2.4975    1.3146    8.7565
```

2.4.2 数学函数

1. 常用算术函数

常用算术函数如表2.9所示。

表 2.9 常用算术函数

函 数	功 能	函 数	功 能
abs(x)	求绝对值(复数的模)	max(x)	求每列最大值
min(x)	求每列最小值	sum(x)	求元素的总和
size(x)	求矩阵元素数	mean(x)	求各元素的平均值
sqrt(x)	求平方根	exp(x)	求以 e 为底的指数
log(x)	求自然对数	log10(x)	求以 10 为底的对数
log2(x)	求以 2 为底的对数	pow2(x)	求 2 的指数
sort(x)	对矩阵按列排序	prod(x)	按列求矩阵的积
rank(x)	求矩阵的秩	inv(x)	求矩阵的逆
det(x)	求行列式值	length(x)	求向量的长度(维数)
real(z)	求复数 z 的实部	imag(z)	求复数 z 的虚部
angle(z)	求复数 z 的相角($-\pi,\pi$)	conj(z)	求复数 z 的共轭复数
rem(x,y)	求 x 除以 y 的余数	gcd(x,y)	求 x 和 y 的最大公因数
nnz(x)	求非零元素个数	ndims(x)	求矩阵的维数
trace(x)	求矩阵对角元素的和	pinv(x)	求伪逆矩阵
lcm(x,y)	求 x 和 y 的最小公倍数	sign(x)	符号函数

例如:

(1) exp(1) = 2.7183
(2) nnz([0 2 3 0 1 4 0 7 0]) = 5
(3) lcm(76,24) = 456
(4) rem(10,3) = 1
(5) x = [2 − 4i 7 − 9i 23 + 12i 98 − 2000i]
    angle(x) = − 1.1071 − 0.9098 0.4809 − 1.5218
(6) sign(x) = − 1   # 当 x<0 时
    sign(x) = 0   # 当 x = 0 时
    sign(x) = 1   # 当 x>0 时

【例 2-25】 已知矩阵 A,判断 A 是否满秩。若满秩,求其逆矩阵并计算 A 的行列式值。

$$A = \begin{bmatrix} 1 & 2 & 3 \\ 4 & 5 & 6 \\ 2 & 3 & 5 \end{bmatrix}$$

程序命令:

```
A = [1 2 3; 4 5 6; 2 3 5];
```

```
B = rank(A)          % 求 A 的秩
C = inv(A)           % 求 A 的逆矩阵
D = det(A)           % 求 A 的行列式值
```

结果：

```
B =   3
C =
    - 2.3333    0.3333    1.0000
      2.6667    0.3333   - 2.0000
    - 0.6667  - 0.3333    1.0000
D =    - 3
```

说明：当矩阵不满秩时，会出现"警告：矩阵接近奇异值，或者缩放错误。"的提示信息。

【例 2-26】　使用随机函数生成一个随机矩阵，放大 10 倍并取整数赋给矩阵 A。输出矩阵 A 的维数 a，行列数 m、n 以及矩阵所有维的最大长度 c，并计算 A 中非零元素的个数 e。

程序命令：

```
A = floor(rand(5,4) * 10)
a = ndims(A)        % 返回 A 的维数，m×n 矩阵为二维
[m,n] = size(A)     % 如果 A 是二维数组，返回行数和列数
c = length(A)       % 返回行列中的最大长度
e = nnz(A)          % 返回 A 中非零元素的个数
```

结果：

```
A = 3    2    0    1
    8    7    0    5
    5    7    5    4
    5    3    7    0
    9    5    9    3
a =    2
m =    5
n =    4
c =    5
e =    17
```

2. 常用三角函数

常用三角函数如表 2.10 所示。

表 2.10　常用三角函数

函　数	功　能	函　数	功　能
$\sin(x)$	正弦函数	$\operatorname{asin}(x)$	反正弦函数
$\cos(x)$	余弦函数	$\operatorname{acos}(x)$	反余弦函数
$\tan(x)$	正切函数	$\operatorname{atan}(x)$	反正切函数

【例 2-27】 求角 30°的正弦值、正切值,再求数值 1 的反余弦及反正切角度值。

程序命令:

```
a = sin(30 * pi/180)            % 度数需要乘以 π/180 变成弧度
b = tan(30 * pi/180)
c = acos(1/2) * 180/pi          % 弧度需要乘以 180/π 变成度数
d = atan(1) * 180/pi
```

结果:

```
a = 0.5000
b = 0.5774
c = 60
d = 45
```

3. 常用取整函数

常用取整函数如表 2.11 所示。

表 2.11 常用取整函数

函　数	含　义	函　数	含　义
round(x)	四舍五入至最接近整数	floor(x)	向下取整数
fix(x)	舍去小数至最接近整数	ceil(x)	向上取整数

【例 2-28】 取整函数的使用。

程序命令:

```
a = fix( - 1.3)          % fix 对负数的取整
b = fix(1.3);            % fix 对正数的取整
c = floor( - 1.3)        % floor 对负数的取整
d = floor(1.3)           % floor 对正数的取整
e = ceil( - 1.3)         % ceil 对负数的取整
f = ceil(1.3)            % ceil 对正数的取整
g = round( - 1.3)        % 对负数的四舍五入
h = round( - 1.52)       % 对负数的四舍五入
i = round(1.3)           % 对正数的四舍五入
j = round(1.52)          % 对正数的四舍五入
```

结果:

```
a =    - 1
b =      1
c =    - 2
d =      1
e =    - 1
f =      2
```

```
g  =   - 1
h  =   - 2
i  =     1
j  =     2
```

2.4.3 转换函数

常用转换函数如表 2.12 所示。

表 2.12 常用转换函数

函　　数	功　　能	函　　数	功　　能
str2num('str')	字符串转换为数值	str2double('num')	字符串转换为双精度数
num2str(num)	数值转换为字符串	int2str(num)	整数转换为字符串
str2mat('s1','s2',…)	字符串转换为矩阵	setstr(ascii)	ASCII 码转换为字符串
dec2bin(num)	十进制转换为二进制	dec2hex(num)	十进制转换为十六进制
dec2base(num)	十进制转换为 X 进制	base2dec(num)	X 进制转换为十进制
bin2dec(num)	二进制转换为十进制	sprintf('%x ',num)	输出格式转换
lower('str')	字符串转换成小写	upper('str')	字符串转换成大写

【例 2-29】　转换函数的使用。

程序命令：

```
x = bin2dec('111101')      % 将二进制 111101 转换成十进制
y = dec2bin(61)            % 将 61 转换成二进制
z = dec2hex(61)            % 将 61 转换成十六进制
w = dec2base(61,8)         % 将 61 转换成八进制
q = 23; sprintf('%05d',q)  % 将数字 23 转换为字符串,05 表示 5 位数,不足 5 位前面补零
```

结果：

```
x  =      61
y  =      111101
z  =      3D
w  =      75
ans =    '00023'
```

2.4.4 字符串操作函数

常用字符串操作函数如表 2.13 所示。

表 2.13　字符串操作函数

函　数	功　能	函　数	功　能
deblank('str')	去掉字符串末尾的空格	blanks(n)	创建由 n 个空格组成的字符串
findstr(s1,s2)	判断字符串 s1 是否存在于字符串 s2 中	strcat(s1,s2)	将字符串 s1 和 s2 横向连接组合
strrep(s1,s2,s3)	从字符串 s1 中找到 s2,并用 s3 替代	strvcat(s1,s2)	将字符串 s1 和 s2 竖向连接组合
strcmp(s1,s2)	比较字符串 s1 和 s2 是否相同	strmatch	寻找符合条件的行
strcmpi(s1,s2)	同 strcmp 函数,但忽略大小写	strtok(s1,s2,…)	查找字符串 s1 中第 1 个空格前边的字符串
strncmp(s1,s2)	逐个比较字符串 s1 和 s2 的字符	strjust(s1,mode)	设置字符串 s1 的对齐方式,mode 可选 'left'/'center'/'right'

【例 2-30】　字符串操作函数的使用。

程序命令:

```
a = 'We are learning   '; b = 'MATLAB';
A = findstr(a,b)        % 若字符串 A 不存在于字符串 B 中,返回空矩阵
B = strcat(a,b)
C = strrep('image MATLAB','MATLAB','SIMULINK')
D = strtok(a,b)
```

结果:

```
A =   []
B =   We are learning MATLAB
C =   image SIMULINK
D =   We
```

2.4.5　判断数据类型函数

判断数据类型函数如表 2.14 所示。

表 2.14　判断数据类型函数

函　数	功　能
isnumeric(x)	判断 x 是否为数值类型
exist(x)	判断参数变量是否存在
isa(x,'integer')	判断 x 是否为引号中指定的数值类型(包括其他数值类型)
isreal(x)	判断 x 是否为实数
isprime(x)	判断 x 是否为质数
isinf(x)	判断 x 是否为无穷
isfinine(x)	判断 x 是否为有限数

函　　数	功　　能
ismember(a,b)	判断矩阵(向量)a 是否包含元素 b
all	判断向量或矩阵的列向量是否全为非零元素
any	判断向量或矩阵的列向量是否全为零元素

说明:判断函数的结果是逻辑值,判断条件成立时为 1,否则为 0。

【例 2-31】 判断下列矩阵 A 是否包含矩阵 B 的元素。

$$A = \begin{bmatrix} 1 & 2 & 3 \\ 4 & 5 & 6 \\ 7 & 8 & 9 \end{bmatrix} \quad B = \begin{bmatrix} 1 & 10 & 20 \\ 9 & 11 & 8 \end{bmatrix}$$

程序命令:

```
A = [1 2 3; 4 5 6; 7 8 9]; B = [1 10 20; 9 11 8]
C = ismember(A,B)
```

结果:

```
C =   1   0   0
      0   0   0
      0   1   1
```

【例 2-32】 判断函数的使用。

程序命令:

```
p = [1 2 1 5]; n = isreal(p)                    % 判断 p 是否均为实数
p1 = [1 + 5i 2 + 6i; 3 + 7i 4 + 8i]; n1 = isreal(p1) % 判断 p1 是否为实数
x = 2.34; n2 = isnumeric(x)                     % 判断 x 是否为数值型
x1 = num2str(x); n3 = isnumeric(x1)             % 判断 x1 是否为数值型
```

结果:

```
n  =     1
n1 =     0
n2 =     1
n3 =     0
```

【例 2-33】 请编写程序,完成以下功能:

(1) 找出 10~20 的所有质数,将这些质数存放在一个行数组里;

(2) 求出这些质数之和;

(3) 求出 10~20 的所有非质数之和(包括 10 和 20)。

程序命令:

```
X = 10: 20;
p1 = X(isprime(X))
```

```
s1 = sum(p1)
p2 = (X(~isprime(X)))
s2 = sum(p2)
```

结果：

```
p1 =      11     13     17     19
s1 =      60
p2 =      10     12     14     15     16     18     20
s2 =      105
```

【例 2-34】 判断下列矩阵 **A** 中的列是否包含零,判断矩阵 **B** 的每一列是否全为非零元素。

$$\boldsymbol{A} = \begin{bmatrix} 1 & 0 & 3 \\ 4 & 5 & 6 \\ 7 & 8 & 0 \end{bmatrix} \quad \boldsymbol{B} = \begin{bmatrix} 0 & 0 & 0 \\ 4 & 5 & 0 \\ 7 & 8 & 0 \end{bmatrix}$$

程序命令：

```
A = [1 0 3; 4 5 6; 7 8 0];   B = [0 0 0; 4 5 0; 7 8 0];
C = all(A)                   %某列含有零元素,则结果为 0
D = any(B)                   %某列都是零元素,则结果为 0
```

结果：

```
C =      1     0     0
D =      1     1     0
```

2.4.6 查找函数

语法格式：

```
find(A)       %如果 A 是矩阵,则查询非零元素的位置;如果 A 是向量,则返回一个向量;如果 A 全
              %是零元素或者是空数组,则返回一个空数组
[m,n] = find(A)            %返回矩阵 A 中非零元素的坐标,m 为行数,n 为列数
[m,n] = find(A>2)          %返回矩阵 A 中大于 2 的元素的坐标,m 为行数,n 为列数
[m,n,v] = find(A)          %返回矩阵 A 中非零元素的坐标,并将数值按列排列存放在 v 中
```

【例 2-35】 建立 3 维魔方阵 **A**,要求：

(1) 返回矩阵 **A** 中大于 5 的元素的坐标;

(2) 查找第 2 列中等于 5 的元素的坐标;

(3) 返回矩阵 **A** 中等于 9 的元素的坐标。

程序命令：

```
A = magic(3)
[m,n] = find(A>5)          %查找大于 5 的元素的坐标
```

```
find(A(:,2) == 5)          %查找第 2 列中等于 5 的元素的坐标
[m1,n1] = find(A == 9)     %返回等于 9 的元素的坐标
```

结果：

```
A =   8    1    6
      3    5    7
      4    9    2
m =       n =
      1         1
      3         2
      1         3
      2         3
ans =   2                  %A 中第 2 列等于 5 的元素坐标
m1 =  3    n1 =     2       %A 中等于 9 的元素的坐标
```

2.4.7 判断向量函数

1. 判断向量元素是否存在零值

语法格式：

all(x)   % x 为向量,若 x 的所有元素都不等于 0,all(x)返回 1,否则返回 0

例如：

A = [1 3 2 0 6]; all(A)

结果为 0,有一个元素为 0,就返回 0,否则返回 1。

2. 判断向量元素是否存在非零值

语法格式：

any(A)   % 判断向量或矩阵 A 中是否有非零值,若有返回 1,否则返回 0

例如：

B = [2 0 3; 5 0 1; 7 0 9]
any(B)

结果：

```
B =   2    0    3
      5    0    1
      7    0    9
ans =  1    0    1
```

2.4.8 日期时间函数

常用的日期时间函数如表2.15所示。

表 2.15 日期时间函数

函　　数	功　　能
tic()	用于记录 MATLAB 命令执行的时间并保存当前时间,tic()用于保存当前时间,而后使用 toc()记录程序完成时间
now()	获取 0000 年至当前时间的天数
datetime()	获取当前日期、时间,并以 datetime 字符串显示
year(日期)	获取指定日期的年份
month(日期)	获取指定日期的月份
day(日期)	获取指定日期
date()	获取当前日期,含日、月、年
today()	获取 0000 年至当前时间的天数,以整型常量表示
datenum(日期)	获取 0000 年到指定日期的天数
weekday(日期)	获取指定日期的星期数
yeardays(年份)	获取指定年份的天数
eomday(年,月)	获取指定年月最后一天的日期
etime(t1,t2)	估算 t2 到 t1 两次命令之间的时间间隔
calendar(年,月)	获取当前月的日历,包括日期和星期
toc()	记录程序完成时间,与 tic()联用记录 MATLAB 命令执行的时间,tic 用来保存当前时间,而后使用 toc 来记录程序完成时间

说明:

(1) year()、month()、day()、today()、datetime()函数需要安装 Financial Toolbox 才能使用,日期格式可以为日期函数或日期常量,例如 year('07-08-2020')。

(2) 利用 now()显示从 0000 年到当前日期的天数,然后使用 datetime(now,'ConvertFrom','datenum')进行转换。

【例 2-36】 日期时间函数的使用。

程序命令:

```
tic;                                      % 开始计时
format long g                             % 指定显示格式
t1 = clock                                % 显示日期、时间
d1 = datetime(now,'ConvertFrom','datenum')    % 转换获取天数的整数部分为日期,小数部分为时间①
datetime()                                % 获取当前日期时间
y = year(now)                             % 获取当前年份
```

---

① 说明:t=now,则结果为 737921.515748414,其中 737921 转换为日期,515748414 转换为时间。

```
m = month(now)                          % 获取当前月份
d = day(now)                            % 获取指定日期
todaydate = date()                      % 获取当前日期
T = today()
datenum1 = datenum('3 - 31 - 2024')     % 获取 0000 年到指定时间的天数
[dweek,week] = weekday(now)             % week 显示当前为星期几,dweek 为当前后一天星期几的数值
toyears = yeardays(2019)                % 获取某一年有多少天
dd = eomday(2020,2)                     % 获取 2020 年 2 月最后一天的日期
t2 = clock                              % 当前日期时间
calendar                                % 获取当前月的日历
timecal = etime(t2,t1)                  % 计算 t1 到 t2 的时间间隔
toc
```

结果:

```
t1 =      2023         4         23        21        16        58.064
d1 =   datetime
   2023 - 04 - 23 21:16:58
ans =   datetime
   2023 - 04 - 23 21:16:58
y =       2023
m =       4
d =       23
todaydate =      '23 - Apr - 2023'
T =          738999
datenum1 =           739342
dweek =         1
week =        'Sun'
toyears =     365
dd =      29
t2 =      2023         4         23        21        16        58.141
               Apr 2023
       S       M      Tu       W      Th       F       S
       0       0       0       0       0       0       1
       2       3       4       5       6       7       8
       9      10      11      12      13      14      15
      16      17      18      19      20      21      22
      23      24      25      26      27      28      29
      30       0       0       0       0       0       0
timecal =       0.077
历时 0.075694 秒。
```

2.4.9 文件操作函数

文件操作函数如表 2.16 所示。

表 2.16 文件操作函数

函　　数	功　　能	函　　数	功　　能
fclose(fid)	关闭指定标识文件	fscanf(fid)	读取标识文件的格式化数据
fopen(fid)	打开指定标识文件	feof(fid)	测试标识文件是否结束
fread(fid)	从标识文件中读入二进制数据	ferror(fid)	测试标识文件输入/输出错误
fwrite(fid)	把二进制数据写入标识文件	fseek(fid)	设置标识文件位置指针
fgetl(fid)	逐行从标识文件中读取数据	sprintf(％x)	按照％x的格式输出格式化字符
fgets(fid)	读取标识文件行并保留换行符	sscanf(str,％x)	用格式控制读取字符串

【例 2-37】 文件操作函数的使用。

程序命令：

```
clear; clc;
fid = fopen('file1.dat','w + ');      % 创建并打开 file1.dat 文件
A = [1 : 10];                         % 创建数组 A, 范围为 1～10
count = fwrite(fid,A);                % 将数组 A 写入文件
fseek(fid,0,'bof');                   % 指针指向第 1 个元素
f1 = fgets(fid)                       % 读取数据到 f1
f1 = sprintf('％3d',f1)               % 输出 f1 数据
fseek(fid,4,'bof');                   % 指针指向第 5 个元素
f2 = fgets(fid)                       % 读取数据到 f2
f2 = sprintf('％3d',f2)               % 输出 f2 数据
Str = [97 99 100];
str1 = sprintf('％s',Str);
team1 = '中国首都';
team2 = '北京';
str2 = sprintf('％s 是 ％s',team1,team2)
pi = sprintf('圆周率 pi = ％4.2f',pi)
```

结果：

```
f1 =   1  2  3  4  5  6  7  8  9  10
f2 = 5  6  7  8  9  10
str1 = acd
str2 = 中国首都 是 北京
pi = 圆周率 pi = 3.14
```

2.4.10　函数句柄

MATLAB 提供了间接访问函数的方式,可以用函数名实现,也可使用函数句柄(handle)实现同样的功能。在已有函数名前加符号@,即可创建函数句柄。创建函数句柄格式：handle＝@functionname 或 fun1＝@functionname。

调用函数句柄格式：

```
fun1(arg1,arg2,…,argn)
```

也可提供匿名函数创建一个函数句柄。

【例 2-38】　函数句柄的使用。

程序命令：

```
sqr = @(x)x.^2
a = sqr(5)
fun = @(x,y)x.^2 + y.^2;
b = fun(2,3)
```

结果：

```
a =    25
b =    13
```

2.5　MATLAB 数组表示

MATLAB 数组与矩阵没有本质区别，结构数组和元胞数组是多种数据的组合类型。

2.5.1　结构数组

1. 定义结构数组

结构数组是指根据字段组合起来的不同类型的数据集合。结构体通过字段（fields）对元素进行索引，通过点号访问数据变量。结构体可以通过两种方法进行创建，即通过直接赋值方式创建或通过结构函数 struct 创建，其调用格式为

```
strArray = struct('field1',val1,'field2',val2,…)
```

其中，'field' 和 val 为字段和对应值，字段值可以是单一值或元胞数组，必须保证它们具有相同的维数。

【例 2-39】　使用结构数组定义 1×2 的结构体数组 student，表示 2 个学生的成绩。

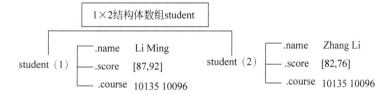

程序命令：

```
student(1).name = 'Li Ming'; student(1).course = [10135 10096]; student(1). score = [87 92];
```

student(2).name = 'Zhang Li'; student(2).course = [10135 10096]; student(2). score = [82 76];
n1 = student(1); n2 = student(2)
student(2).name

结果：

n1 =   name: 'Li Ming'
      course: [10135 10096]
       score: [87 92]
n2 = name: 'Zhang Li'
      course: [10135 10096]
       score: [82 76]
ans =   Zhang Li

若输入：

stu = struct('name','Wang Fang','course',[10568 10063],'score',[76 82])

结果：

stu = name: 'Wang Fang'
     course: [10568 10063]
      score: [76 82]

也可以直接输入：

student.name = 'lLi Ming';
student.score = [87 92];
student.course = [10568 10063]
… …

2. 使用结构数组

常见的结构数组操作函数如表 2.17 所示。

表 2.17   结构数组的操作函数

函　数	功　　能	函　数	功　　能
deal(X)	把输入矩阵 X 赋值给输出	fieldnames(stu)	获取结构体的字段名
getfield(field)	获取结构体中指定字段的值	rmfield(field)	删除结构体 field 字段
setfield(field)	设置结构数组中 field 字段的值	struct(数组值)	创建结构数组内容
struct2cell(stu)	将结构数组转化成元胞数组	isfield(field)	判断是否存在 field 字段
isstruct(X)	判断 X 矩阵是否为结构体类型	orderfields(str)	对字段按照字符串进行排序

【例 2-40】   根据例 2-39 中结构数组 student 的定义，进行结构数组操作。
程序命令：

student(1).name = 'Li Ming'; student(1).course = [10135 10096]; student(1). score = [87 92];

```
student(2).name = 'Zhang Li'; student(2).course = [10135 10096]; student(2).score = [82 76];
isstruct(student)                              % 判断是否为结构数组
isfield(student,{'name','score','weight'})     % 判断结构体字段是否存在
fieldnames(student)                            % 显示结构体字段名
setfield(student(1,1),'name','wang Hong')      % 设置结构数组中'name'字段的值
getfield(student,{1,1})                        % 显示结构数据
student(1,1)                                   % 显示结构休第一个数据
[name1,order1] = orderfields(student)          % 显示排序后字段名和排序前序号
```

结果：

```
ans =      1
ans =      1    1    0
ans =
    'name'
    'course'
    'score'
ans =   name: 'wang Hong'
        course: [10135 10096]
        score: [87 92]
ans =     name: 'Li Ming'
          course: [10135 10096]
          score: [87 92]
ans =       name: 'Li Ming'
            course: [10135 10096]
            score: [87 92]
name1 =   1 × 2 struct array with fields:
          course
          name
          score
order1 =    2
            1
            3
```

2.5.2 元胞(单元)数组

元胞数组是 MATLAB 特有的一种数据类型,组成它的元素是元胞。元胞是用来存储不同类型数据的单元,元胞数组中每个元胞存储一种类型的数组,此数组中的数据可以是任何一种 MATLAB 数据类型或用户自定义的类型,其维数也可以是任意的。相同元胞数组中第二个元胞类型、维数可与第一个元胞完全不同。

例如,2×2 元胞数组结构如图 2.4 所示。

说明：元胞数组可以将不同类型或不同维数的数据存储到同一个数组中。访问元胞数组的方法与矩阵索引方法基本相同,区别在于元胞数组索引时,需要将下标置于"{}"中。创

图 2.4　元胞数组结构

建元胞数组与创建矩阵基本相同,区别在于矩阵用"[ ]",元胞数组用"{ }"。

1. 创建元胞数组

语法格式:

```
cell(m,n)                                    % 创建维数为 m * n 的空元胞数组
```

也可以使用"{ }"创建元胞数组并赋值。

例如:

```
a = cell(2,3); b = {'s1',[1,2,3]; 88,'name'}
```

结果:

```
a =   []    []    []
      []    []    []
b =   's1'  [1x3 double]  [88]    'name'
```

可使用 cellstr 将字符串数组转换成元胞数组。

例如:

```
B = char('姓名','住址','联系方式');
C = cellstr(B)
```

结果:

```
C =   '姓名'
      '住址'
      '联系方式'
```

2. 元胞数组的操作

元胞数组操作函数如表 2.18 所示。

表 2.18　元胞数组操作函数

函　数	功　能	函　数	功　能
celldisp(A)	显示元胞数组的内容	cellstr(A)	创建字符串数组 A 为元胞数组
cellplot(A)	显示元胞数组结构的图形描述	iscell(A)	判断 A 是否为元胞数组

说明:

(1) 指定元胞数组的大小,用小括号"( )"。

(2) 获取元胞的内容,用大括号"{ }"。

(3) 获取指定元胞数组指定元素,用大括号"{ }"和小括号"( )"。

例如:

```
a = cell(2,3); b = {'s1',[10,20,30],88,'name'}
c = b(1,3)
d = b{1,3}
e = b{1,2}(1,3)
```

结果:

```
c =    [88]
d =    88
e =    30
```

例如,创建元胞数组(一维):

```
a = {[2 4 7; 3 9 6; 1 8 5],'Li Ming',2 + 3i,1: 2: 10}
```

结果:

```
a =   [3×3 double]    'Li Ming'    [2.0000 + 3.0000i]    [1×5 double]
```

对元胞数组向量下标赋空值相当于删除元胞数组的行或列。例如,删除单元数组的列:

```
a(: ,2) = [ ]
```

结果:

```
a =   [3×3 double]    [2.0000 + 3.0000i]    [1×5 double]
```

说明: 直接在命令窗口输入元胞数组名,可显示元胞数组的构成单元,显示元胞内容可使用 celldisp() 函数,利用索引可以对元胞数组进行运算操作。

【例 2-41】 使用元胞数组显示数据。

程序命令:

```
A = cell(2,3)
A{1,1} = [2 5; 7 3];
```

```
A{1,2} = rand(3,3);
celldisp(A)                              % 显示元胞数组
B = sum(A{1,1})                          % 求 A{1,1}列的和
a = iscell(A)                            % 判断 A 是否是元胞数组
C = {'身高','体重','年龄'; 176,70,30};
cellplot(C,'legend')                     % 显示元胞数组图形
```

结果：

```
A{1} =    2         5
          7         3
A{2} =    0.4447    0.9218    0.4057
          0.6154    0.7382    0.9355
          0.7919    0.1763    0.9169
B =   9         8
a =       1
```

不同数据类型的元胞数组元素用不同的颜色表示，如图 2.5 所示。

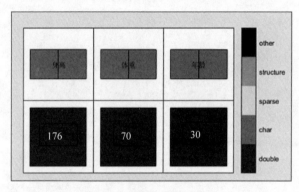

图 2.5　元胞数组图形表示

2.6　数组集合运算

数组的集合运算与数学的集合运算基本相同，包括交、差、并和异或运算。

2.6.1　交运算

对于矩阵 **A** 和矩阵 **B**，交运算返回值为既属于矩阵 **A** 也属于矩阵 **B** 的元素。若矩阵 **A** 中的元素在矩阵 **B** 中都不存在，则结果为空矩阵：0×1。

语法格式：

```
intersect(A,B)               % 返回 A 与 B 的交集矩阵,结果显示为列矩阵
```

2.6.2 差运算

对于矩阵 A 和 B，集合差运算返回值为所有在 A 中但是不在 B 中的元素，即 $A-A\bigcap B$。若矩阵 A 中的元素都存在于矩阵 B 中，则结果为空矩阵：0×1。

语法格式：

```
setdiff (A,B)            %返回A与B的差集
```

2.6.3 并运算

对于矩阵 A 和矩阵 B，并运算可以将多个矩阵合并成一个序列集。若矩阵 A 中的元素都存在于 B 中，则结果按照矩阵 A 或矩阵 B 的值大小依次按列排列。

语法格式：

```
union(A,B)              %计算A与B的并运算
```

2.6.4 异或运算

对于矩阵 A 和矩阵 B，属于 A 或属于 B 但不同时属于 A 和 B 的元素的集合称为 A 和 B 的对称差，即 A 和 B 的异或运算的结果。若矩阵 A 中的元素都存在于 B 中，则结果为空矩阵：0×1。

语法格式：

```
setxor(A,B);            %异或运算
```

【例 2-42】 已知矩阵 A 和 B，求它们的交、差、并及异或运算。

$$A=\begin{bmatrix}1&2&3\\4&5&6\\7&8&9\end{bmatrix} \quad B=\begin{bmatrix}0&1&2\\30&6&9\\21&22&3\end{bmatrix}$$

程序命令：

```
A = [1 2 3; 4 5 6; 7 8 9]
B = [0 1 2; 30 6 9; 21 22 3]
a = intersect(A,B)'      % 获得A与B的交集并进行转置
b = setdiff (A,B)'       % 获得A与B的差集并进行转置
c = union(A,B)'          % 获得A与B的并集并进行转置
d = setxor(A,B)'         % 获得A与B的异或结果并进行转置
```

结果：

```
A =   1    2    3
      4    5    6
      7    8    9
B =   0    1    2
     30    6    9
     21   22    3
a =   1    2    3    6    9
b =   4    5    7    8
c =   0    1    2    3    4    5    6    7    8    9   21   22   30
d =   0    4    5    7    8   21   22   30
```

2.7　多项式与算术运算

MATLAB 把多项式表达成一个行向量,该向量中的元素按多项式降幂顺序分配给各系数。

2.7.1　多项式的建立与转换

多项式通式可表示为

$$f(x) = a_n x^n + a_{n-1} x^{n-1} + \cdots + a_0$$

说明:可用行向量表示系数,按照幂次由高到低依次输入直接建立多项式。若中间有缺项需要添加零,依次输入多项式系数后,再使用 poly2sym()函数把输入的系数转换成符号多项式。sym2poly()为 poly2sym()的逆函数,它又将多项式转换成系数。

语法格式:

```
symx x;                    %定义 x 为符号变量
f = [a_n a_{n-1} … a_1 a_0]  %输入多项式系数
fx = poly2sym(f,x)         %由系数转换为多项式
f = sym2poly(fx)           %由多项式转换为系数
```

【例 2-43】 已知多项式 $P(x) = x^5 + 3x^4 + 11x^3 + 9x + 18$。
程序命令:

```
P = [1 3 11 0 9 18];
syms x;
Px = poly2sym(P,x)
p = sym2poly(Px)
```

结果:

```
Px = x^5 + 3 * x^4 + 11 * x^3 + 9 * x + 18
p =   1    3   11    0    9   18
```

2.7.2 多项式运算

1. 多项式加减法运算

多项式的加减法就是其相同幂次系数向量的加减法运算,幂次相同的多项式直接对向量系数进行加减法运算。如果两个多项式幂次不同,则把低次幂多项式中不足的高次项用零补足,然后进行加减法运算。

【**例 2-44**】 已知 $p_1 = 3x^3 + 5x^2 + 7$,$P_2 = 2x^2 + 5x + 3$,计算 $P_1 = p_1 + p_2$ 和 $P_2 = p_1 - p_2$ 的值。

程序命令:

```
p1 = [3 5 0 7]; p2 = [0 2 5 3];
P1 = p1 + p2
P2 = p1 - p2
```

结果:

```
P1 =     3     7     5     10
P2 =     3     3    -5     4
```

加减法运算直接使用加减法运算符即可完成。

2. 多项式乘除法运算

语法格式:

```
k = conv(p,q)                  % 多项式相乘
[q,r] = deconv(a,b)            % 多项式相除,q为商多项式,r为余数多项式
```

【**例 2-45**】 已知 $a = 6x^4 + 2x^3 + 3x^2 + 12$,$b = 3x^2 + 2x + 5$,求 $c = a*b$,$d = a/b$ 的值。

程序命令:

```
a = [6 2 3 0 12]; b = [3 2 5];
c = conv(a,b)
[d,r] = deconv(a,b)
```

结果:

```
c =      18     18     43     16     51     24     60
d =      2.0000    -0.6667    -1.8889
r =      0     0     0     7.1111    21.4444
```

说明:多项式相乘就是两个代表多项式的行向量的卷积,两个以上多项式相乘需要使用 conv() 嵌套,例如 conv(conv(a,b),c)。

3. 多项式特征值运算(求多项式的根)

语法格式：

r = roots(p)

使用函数 roots() 可以求出多项式等于 0 的根，即该命令可以用于求解高次方程，根用列向量表示。

【例 2-46】 求多项式 $P(x)=x^5+3x^4+11x^3+9x+18$ 的根。

程序命令：

```
P = [1 3 11 0 9 18];
x = roots(P)
```

结果：

```
x = -  1.6174 + 2.9668i
     -1.6174 - 2.9668i
      0.6174 + 1.0933i
      0.6174 - 1.0933i
     -1.0000 + 0.0000i
```

4. 由多项式的根获取系数

语法格式：

```
p = poly (x)              % x 为多项式的根
```

例如，根据例 2-46 中多项式的根为 x，计算多项式的系数。

```
p = poly(x)
p =   1.0000   3.0000  11.0000    0.0000    9.0000  18.0000
```

说明：

(1) 特征多项式一定是 $n+1$ 维的。

(2) 特征多项式的第一个元素一定是 1。

(3) 若要生成实系数多项式，则根中的复数必定对应共轭，生成的多项式向量包含很小的虚部时，可用 real 命令将其过滤掉。

【例 2-47】 求方程 $x^4-12x^3+25x-16=0$ 的根，再由根构造多项式。

程序命令：

```
p = [1 -12 0 25 -16];
r = roots(p)
r1 = real(r)
p = poly(r)
```

结果：

```
r =
    11.8311 + 0.0000i
   -1.6035 + 0.0000i
    0.8862 + 0.2408i
    0.8862 - 0.2408i
r1 =
    11.8311
   -1.6035
    0.8862
    0.8862
p =
 1.0000  -12.0000   0.0000   25.0000   -16.0000
```

5. 多项式求导运算

语法格式：

```
k = polyder(p)                    % 返回多项式 p 的一阶导数系数
k = polyder(p,q)                  % 返回多项式 p 与 q 乘积的一阶导数系数
[k,d] = polyder(p,q)              % 返回 p/q 的导数，k 是分子，d 是分母
```

【例 2-48】 已知 $p_1 = 3x^3 + 5x^2 + 7$，$p_2 = 2x^2 + 5x + 3$，求 p_1 导数、p_1 与 p_2 乘积的导数和 p_1 与 p_2 商的导数。

程序命令：

```
p1 = [3 5 0 7]; p2 = [0 2 5 3];
pp1 = polyder(p1)
pp2 = polyder(p1,p2)              % 等价于 pp2 = polyder(conv(p1,p2))
[k,d] = polyder(p1,p2)
```

结果：

```
pp1 =    9     10     0
pp2 =   30    100   102    58     35
k =      6     30    52     2    -35
d =     20     37    30     9
```

6. 多项式数值解运算

语法格式：

```
polyval(p,n)                      % 返回多项式 p 在 n 点的值
```

利用多项式求值函数可以求得多项式在某一点的值。

【例 2-49】 求多项式 $p = 3x^4 + 8x^3 + 18x^2 + 16x + 15$ 在 $x = 2,3,4$ 的解。

程序命令：

```
p1 = [3,8,18,16,15];
x = [2 3 4];
p = polyval(p1,x)
```

结果：

```
p =    231    684    1647
```

7. 多项式拟合解运算

语法格式：

```
Y = polyfit(x,y,n)              %拟合唯一确定 n 阶多项式的系数
```

其中，n 表示多项式的最高阶数，x 和 y 为将要拟合的数据，以数组的方式输入，输出参数 Y 为拟合多项式 $y = a_n x^n + a_{n-1} x^{n-1} + \cdots + a_1 x + a_0$，共 $n+1$ 个系数。polyfit( )只适合形如 $y = a_k x^k + a_{k-1} x^{k-1} + \cdots + a_1 x + a_0$ 的完全一元多项式的数据拟合。

【例 2-50】 设数组 $y = [-0.447\ 1.978\ 3.28\ 6.16\ 7.08\ 7.34\ 7.66\ 9.56\ 9.48\ 9.30\ 11.2]$，在横坐标 0～1 对 y 进行 2 阶多项式拟合并画图表示拟合结果。

程序命令：

```
y = [ - 0.447 1.978 3.28 6.16 7.08 7.34 7.66 9.56 9.48 9.30 11.2];
x = 0: 0.1: 1;
y1 = polyfit(x,y,2);
z = polyval(y1,x);
plot(x,y,'r * ',x,z,'b - ');        %绘图
```

结果：

2 阶多项式拟合曲线如图 2.6 所示。

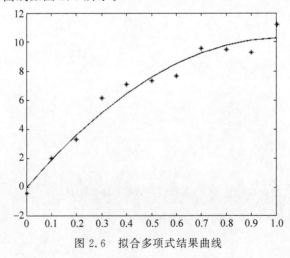

图 2.6　拟合多项式结果曲线

2.8 MATLAB 符号运算

符号运算与数值运算的区别是,数值运算中必须先对变量赋值才能进行运算,符号运算无须事先对独立变量赋值,运算结果以标准的符号形式表示,即数值运算的矩阵变量中不允许有未定义的变量,而符号运算可以含有未定义的符号变量。

2.8.1 符号变量与符号表达式

在数学表达式中,一般习惯于使用排在字母表中前面的字母作为变量的系数,而排在后面的字母表示变量。

例如,$f(x) = ax^2 + bx + c$,表达式中的 a, b, c 通常被认为是常数,用作变量的系数,而将 x 看作自变量。MATLAB 提供了 sym 和 syms 两个建立符号对象的函数。

1. sym 函数

语法格式:

符号变量名 = sym('符号字符串')　　% 用于定义单个符号字符串常量、变量、函数或者表达式

例如:

x = sym('x'); y = sym('y'); z = sym('z');

2. syms 函数

语法格式:

syms 符号变量 1,符号变量 2,…,符号变量 n　　% 用于定义多个符号变量,变量名之间必须用空格
　　　　　　　　　　　　　　　　　　　　　　% 隔开

例如:

syms　x y z

或

syms('x','y','z')

3. 建立符号表达式

可利用单引号或函数来建立符号表达式。

【例 2-51】 列出符号 x, y, z 变量表达式。

程序命令:

```
x = sym('x'); y = sym('y'); z = sym('z');
a = [1  3  5]; b = [3  7  9]; c = [11  12  13];
Y = a * x + b * y + c * z
```

结果：

```
Y =   [ x + 3 * y + 11 * z,3 * x + 7 * y + 12 * z,5 * x + 9 * y + 13 * z]
```

4. 符号变量与符号表达式

语法格式：

```
f = '符号表达式'
```

例如：

```
f = 'sin(x) + 5x'
```

说明：f为符号变量名,sin(x)+5x为符号表达式,' '为符号标识,符号表达式一定要用单引号括起来 MATLAB 才能识别。引号内容可以是符号表达式,也可以是符号方程。
例如：

```
f1 = 'a * x^2 + b * x + c'          %二次三项式
f2 = 'a * x^2 + b * x + c = 0'      %方程
f3 = 'Dy + y^2 = 1'                 %微分方程
```

符号表达式或符号方程可以赋给符号变量,方便调用,也可以不赋给符号变量,直接参与计算。

5. 符号矩阵的创建

语法格式：

```
A = sym('[     ]')
```

说明：符号矩阵输入同数值矩阵,但是必须使用 sym 函数定义,且须用单引号标识。若定义数值矩阵,则元素必须是数值,否则不能识别。例如,A=[1,2；3,4]可以,但 A=[a,b；c,d]则会出错。应使用 A=sym('[a,b；c,d]')。
结果：

```
A = [ a,b]
    [ c,d]
```

符号矩阵的每一行两端都有方括号,这是与 MATLAB 数值矩阵的一个重要区别。若用字符串直接创建矩阵,须保证同一列中各元素字符串有相同的维数。可以使用 syms 函数先定义 a,b,c,d 为符号变量再建立符号矩阵,方法是

```
syms a b c d
A = [a,b; c,d]
```

或

```
A = ['[a,b]'; '[c,d]']
```

2.8.2　符号运算

因为符号运算不进行数值运算时,不会出现误差,因此符号运算是非常准确的。符号运算可以得到完全封闭解或任意精度的数值解,但符号运算比数值运算时间长。

1. 基本符号运算

基本符号运算包括算术运算和关系运算。其中,算术运算仅实现对应元素的加减法运算,其余运算列出相应运算符号表达式即可。关系运算仅列出相应的关系表达式。

【例 2-52】　已知 $g_1 = x^2 + 2x + 1, g_2 = 3x^2 + 7x + 10$,求两个表达式的和、差、积、商及关系运算。

程序命令:

```
syms x y;
g1 = 'x^2 + 2 * x + 1;              % 定义符号函数
g2 = 3 * x^2 + 7 * x + 10;
G1 = g1 + g2
G2 = g1 - g2
G3 = g1 * g2
G4 = g1/g2
G5 = g1 > = g2
```

结果:

```
G1 =
4 * x^2 + 9 * x + 11
G2 =
    - 2 * x^2 - 5 * x - 9
G3 =
    (x^2 + 2 * x +1) * (3 * x^2 + 7 * x + 10)
G4 =
    (x^2 + 2 * x + 1)/(3 * x^2 + 7 * x + 10)
G5 =
    3 * x^2 + 7 * x + 10 < = x^2 + 2 * x + 1
```

2. 提取分子和分母

如果符号表达式是一个有理分式或可以展开为有理分式,可利用 numden() 函数来提取符号表达式中的分子或者分母。

语法格式:

```
[n,d] = numden(s)                    % n 为表示分子,d 表示分母
```

例如:

```
syms x y;
g1 = x^2 + 2 * x + 1;   g2 = 3 * x^2 + 7 * x + 10;   G = g1/g2;
[n,d] = numden(G)
```

结果:

```
n = x^2 + 2 * x + 1
d = 3 * x^2 + 7 * x + 10
```

3. 因式分解与展开

语法格式:

```
F = factor(f)          % 对多项式 f 进行因式分解,也可用于正整数的分解
F = expand(f)          % 展开多项式 f
F = collect(f)         % 对于多项式 f 中相同变量且幂次相同项合并系数,合并同类项
F = collect(f,v)       % 对多项式 f 按变量 v 进行合并同类项
```

【例 2-53】 对多项式 $f = x^9 - 1$ 及常数 $y = 2025$ 进行分解并展开显示。

程序命令:

```
syms x; f = x^9 - 1; f = factor(f)
y = 2025;
y1 = factor(y)
y2 = factor(sym(y))
y3 = poly2sym(y2)
```

结果:

```
f = [ x - 1,x^2 + x + 1,x^6 + x^3 + 1]
y1 =    3     3     3     3     5
y2 = [ 3,3,3,3,5,5]
y3 = 3 * x^5 + 3 * x^4 + 3 * x^3 + 3 * x^2 + 5 * x + 5
```

【例 2-54】 展开三角函数 $f = \sin 2x + \cos 2y$ 的多项式,并对展开的多项式提取系数及变量。

程序命令:

```
syms x y z; f = sin(2 * x) + cos(2 * y); f1 = expand(f)
f0 = (z + 1)^8; f2 = expand(f0)
[p,x1] = coeffs(f2,'z')
```

结果:

```
f1 = 2 * cos(x) * sin(x) + 2 * cos(y)^2 - 1
```

```
f2 = z^8 + 8 * z^7 + 28 * z^6 + 56 * z^5 + 70 * z^4 + 56 * z^3 + 28 * z^2 + 8 * z + 1
p = [ 1,8,28,56,70,56,28,8,1]
x1 = [ z^8,z^7,z^6,z^5,z^4,z^3,z^2,z,1]
```

【例 2-55】 已知多项式 $g_1 = x^2 + 2x - 1$, $g_2 = x + 1$, 求两个多项式的积与商, 并进行合并同类项。

程序命令:

```
g1 = sym('x^2 + 2 * x + 1'); g2 = sym('x + 1');
G1 = g1 * g2
G2 = g1/g2
R1 = collect(G1)          % 按符号合并同类项
R2 = collect(G2)
```

结果:

```
G1 = (x + 1) * (x^2 + 2 * x + 1)
G2 = (x^2 + 2 * x + 1)/(x + 1)
R1 = x^3 + 3 * x^2 + 3 * x + 1
R2 = x + 1
```

说明: 符号乘除法运算可以使用 collect( ) 合并结果。

4. 符号表达式的化简

语法格式:

```
simplify(S);          % 对表达式 S 进行化简
```

【例 2-56】 化简下列表达式:

$$w_1 = \frac{a^4}{(a-b)(a-c)} + \frac{b^4}{(b-c)(b-a)} + \frac{c^4}{(c-b)(c-b)}$$

$$w_2 = 2\sin(x)\cos(x)$$

程序命令:

```
syms a b c x;
w1 = a^4/((a-b) * (a-c)) + b^4/((b-c) * (b-a)) + c^4/((c-a) * (c-b));
w2 = 2 * sin(x) * cos(x);
w11 = simplify(w1)
w22 = simplify(w2)
```

结果:

```
w11 = a^2 + a * b + a * c + b^2 + b * c + c^2
w22 = sin(2 * x)
```

【例 2-57】 已知多项式 f_1, f_2, f_3, 化简三个多项式。

$$f_1(x) = \mathrm{e}^{c * \log\sqrt{a+b}}$$

$$f_2(x) = \sqrt[3]{\frac{1}{x^3} + \frac{6}{x^2} + \frac{12}{x} + 8}$$

$$f_3 = \sin^2(x) + \cos^2(x)$$

程序命令:

```
syms a b c x;
f1 = exp(c * log(sqrt(a + b))); f2 = (1/x^3 + 6/x^2 + 12/x + 8)^(1/3);
f3 = sin(x)^2 + cos(x)^2 ;
y1 = simplify(f1); y2 = simplify(f2); y3 = simplify(f3)
```

结果:

```
y1 = (a + b)^(c/2)
y2 = ((2 * x + 1)^3/x^3)^(1/3)
y3 = 1
```

5. 符号表达式与数值表达式的转换

(1) 利用函数 sym 可以将数值表达式表示成符号表达式。

(2) 使用 eval() 函数可以将符号表达式转换成数值表达式并进行计算。例如,将符号表达式转换成数值表达式并计算。

```
s = 'sin(pi/4) + (1 + sqrt(5))/2 '
b = eval(s)
```

结果:

```
s = sin(pi/4) + (1 + sqrt(5))/2
b = 2.3251
```

(3) 使用 subs 替换函数。

语法格式:

```
subs(S,NEW,OLD)          % S 表示字符表达式,使用 NEW 替换 OLD
```

【例 2-58】 设 $w_1 = ((a+b)(a-b))^2$,在 w_1 的表达式中,使用 3 替换字符 a,使用 1,2 分别替换字符 a,b 并进行计算。

程序命令:

```
syms a b;
w1 = ((a + b) * (a - b))^2
w2 = subs(w1,a,1)
w3 = subs(w1,[a,b],[1,2])
```

结果:

```
w1 = (a + b)^2 * (a - b)^2
```

```
w2 = (b - 3)^2 * (b + 3)^2
w3 = 9
```

6. 复合函数与反函数

对于 $y = f(x)$，若存在 $x = g(y)$，则求 f 对 y 的过程称为复合函数。

对于 $y = f(x)$，若存在 $x = f^{-1}(y)$，则称 x, y 互为反函数。

语法格式：

```
compose(f,g)              % 返回 f = f(x) 和 g = g(y) 的复合函数 f(g(y)) 的运算
g = finverse(f)           % f 为符号函数表达式，g 为反函数，x 为单变量
```

【例 2-59】 已知 $f_1 = \cos\left(\dfrac{x}{t}\right)$，$f_2 = \log(x)$，$y = \sin\left(\dfrac{y}{g}\right)$，求 f_1 和 y 的复合函数及 f_2 的反函数。

程序命令：

```
syms x y g t;
f1 = cos(x/t);    y = sin(y/g);
x1 = compose(f1,y)
f2 = log(x);
x2 = finverse(f2)
```

结果：

```
x1 = cos(sin(y/u)/t)
x2 = exp(x)
```

7. 对分数多项式通分

语法格式：

```
[N,D] = numden(f)        % f 为分数多项式，N 为分子，D 为分母
```

说明：对分数多项式 f 通分，N 为通分后的分子，D 为通分后的分母。

【例 2-60】 通分并计算分式 $f(x) = \dfrac{x+3}{y+2} + \dfrac{y-5}{x^2+1}$。

程序命令：

```
syms x y;
f = (x + 3)/(y + 2) + (y - 5)/(x^2 + 1);
[N,D] = numden(f)        % N 代表分子，D 代表分母
```

结果：

```
N = x^3 + 3 * x^2 + x + y^2 - 3 * y - 7
D = (x^2 + 1) * (y + 2)
```

第3章 MATLAB高等数学计算

MATLAB 在高等数学计算中的应用非常广泛，它是工程科学的基础，具有抽象性、逻辑性，主要涵盖傅里叶变换、拉普拉斯变换、Z 变换、极限、导数、微分、积分与重积分、级数求和与泰勒级数展开、代数方程组、常微分方程、向量代数和插值运算等。为了将抽象的结果进行图形化展示，本章增加了绘图一节，包括二维绘图和三维绘图。

3.1 傅里叶变换与反变换

傅里叶变换是进行信号处理、图像处理、音视频处理的数学工具。

3.1.1 傅里叶变换

语法格式：

```
F = fourier(f,t,w)    % 求时域函数 f(t)的傅里叶变换
```

说明：返回结果 F 是符号变量 w 的函数，省略参数 w 则默认返回结果为 w 的函数；f 为 t 的函数，省略参数 t 时，则默认自由变量为 x。

3.1.2 傅里叶反变换

语法格式：

```
f = ifourier (F)      % 求频域函数 F 的傅里叶反变换 f(t)
f = ifourier (F,w,t)  % 求频域函数 F 指定变量 w 和 t 算子的傅里叶反变换 f(t)
```

【**例 3-1**】 求 $f(t) = \dfrac{1}{t^2 + 1}$ 的傅里叶变换及 $f(t)$ 的傅里叶反变换。

程序命令：

```
syms t,w;
```

```
F = fourier(1/(t^2 + 1),t,w)        % 傅里叶变换
ft = ifourier(F,t)                  % 傅里叶反变换
f = ifourier(F)                     % 傅里叶反变换默认 x 为自变量
```

结果：

```
F = pi * exp( - abs(w))
ft = 1/(t^2 + 1)
f = 1/(x^2 + 1)
```

3.1.3 快速傅里叶变换

快速傅里叶变换(FFT)是离散傅里叶变换的快速算法,可将一个时域信号变换到频域。

傅里叶变换是将连续时序或信号表示为不同频率的余弦(或正弦)波信号的无限叠加,快速傅里叶变换是提取信号的频谱进行分析,找到信号的详细特征。MATLAB 提供了快速傅里叶变换和傅里叶反变换。快速傅里叶变换函数如下。

1. fft( )函数

语法格式：

```
Y = fft(X)
```

说明：若 X 是向量,则 fft(X)返回该向量的傅里叶变换,若 X 是矩阵,则 fft(X)将 X 的各列视为向量,并返回每列的傅里叶变换。若 X 是一个多维数组,则 fft(X)将沿大小不等于 1 的第一个数组维度的值视为向量,并返回每个向量的傅里叶变换。

```
Y = fft(X,n)           % n 为长度
```

说明：

① 若 X 是向量的长度小于 n,则 X 尾部补零到长度 n,否则截断 X 以达到长度 n。

② 若 X 是矩阵,则按列向量处理。

③ 若 X 为多维数组,则大小不等于 1 的第一个数组维度的处理与向量相同。

```
Y = fft(X,n,dim)    % 当 X 为矩阵时,在指定的 dim 维上进行傅里叶变换(dim = 1 按列,dim = 2 按行)
```

2. fft2( )函数

语法格式：

```
Y = fft2(X)
```

说明：使用快速傅里叶变换算法返回矩阵的二维傅里叶变换,这等同于计算 fft(fft(X).').',如果 X 是一个多维数组,fft2 将采用高于 2 的每个维度的二维变换。输出 Y 的大

小与 X 相同。

```
Y = fft2(X,m,n)
```

说明：将截断 X 或用尾随零填充 X,以便在计算变换之前形成 m×n 矩阵。Y 是 m×n 矩阵。如果 X 是一个多维数组,fft2 将根据 m 和 n 决定 X 的前两个维度的形状。

3.1.4 快速傅里叶反变换

通过快速傅里叶反变换将频域信号反变换回原本的时域信号。快速傅里叶反变换函数如下。

1. ifft( )函数

语法格式：

```
X = ifft(Y)
```

说明：使用快速傅里叶变换算法计算 Y 的离散傅里叶反变换。X 与 Y 的大小相同。
① 若 Y 是向量,则 ifft(Y) 返回该向量的反变换;
② 若 Y 是矩阵,则 ifft(Y) 返回该矩阵每一列的反变换。
③ 若 Y 是多维数组,则 ifft(Y) 将大小不等于 1 的第一个维度上的值视为向量,并返回每个向量的反变换。

```
X = ifft(Y,n)
```

说明：通过用尾随零填充 Y 以达到长度 n,返回 Y 的 n 点傅里叶反变换。

```
X = ifft(Y,n,dim)
```

说明：返回沿维度 dim 的傅里叶反变换。若 Y 是矩阵,则 ifft(Y,n,2) 返回每一行的 n 点反变换。

2. ifft2( )函数

语法格式：

```
X = ifft2(Y)
```

说明：使用快速傅里叶变换算法返回矩阵的二维离散傅里叶反变换。
若 Y 是一个多维数组,则 ifft2 计算大于 2 的每个维度的二维反变换。输出 X 的大小与 Y 相同。

```
X = ifft2(Y,m,n)
```

说明：在计算反变换之前截断 Y 或用尾随零填充 Y,以形成 m×n 矩阵。使得 X 也是

m×n 矩阵。若 Y 是一个多维数组,ifft2 将根据 m 和 n 决定 Y 的前两个维度的形状。

【例 3-2】 使用二种方法计算卷积,分别使用 conv() 和傅里叶反变换计算下列矩阵的卷积。

$$A = \begin{bmatrix} 1 & 1 & 1 \\ 1 & 1 & 1 \\ 1 & 1 & 1 \end{bmatrix} \quad B = \begin{bmatrix} 1 & 1 \\ 1 & 1 \end{bmatrix}$$

说明:卷积是通过两个函数 f 和 g 生成第三个函数的一种数学算子,表征函数 f 与经过翻转和平移 g 的重叠部分的累积。

```
A = ones(3);
B = ones(2);
A(4,4) = 0;                    % 卷积一般变成 4 阶矩阵以查看所有信息,不满 4 阶用 0 补充
B(4,4) = 0;
C1 = conv2(A,B)
C2 = ifft2(fft2(A). * fft2(B))
```

结果:

```
C1 =
    1    2    2    1    0    0    0
    2    4    4    2    0    0    0
    2    4    4    2    0    0    0
    1    2    2    1    0    0    0
    0    0    0    0    0    0    0
    0    0    0    0    0    0    0
    0    0    0    0    0    0    0
C2 =
    1    2    2    1
    2    4    4    2
    2    4    4    2
    1    2    2    1
```

【例 3-3】 设信号为:$y = \sin(2\pi 500t) + \sin(2\pi 600t) + \sin(2\pi 520t)$ 根据采样点 1000,采样周期 $1/10000$,采用 FFT 分析频谱并绘图。

```
N = 1000;                          % 采样点数
dt = 1/10000;                      % 采样周期
t = 0:dt:(N-1) * dt;
y = sin(2 * pi * 500 * t) + sin(2 * pi * 600 * t) + sin(2 * pi * 520 * t);    % 信号
subplot(1,2,1);plot(t,y)           % 绘制时域信号
title('时域信号')
xlabel('t (秒)')
ylabel('|f(t)|')
PH2 = (fft(y));                    % 将时域信号 fft 变成频域
P2 = (PH2/N);                      % 幅值修正
P1 = P2(1:N/2 + 1);               % 选取前半部分(fft 变换后为对称的双边谱)
```

```
P1(2:end-1) = 2 * P1(2:end-1);
f = 10000 * (0:(N/2))/N;
subplot(1,2,2);plot(f,abs(P1))            % 绘制频域信号
title('频域信号')
xlabel('f(赫兹)')
ylabel('|P1(f)|')
```

结果如图3.1所示。

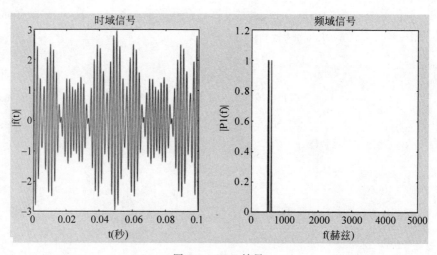

图 3.1　FFT 结果

3.2　拉普拉斯变换与反变换

拉普拉斯变换是工程数学中常用的一种积分变换,它是将时间域变换到复数 s 域的方法,自动控制理论中的传递函数大部分使用 s 域表示。

3.2.1　拉普拉斯变换

语法格式:

```
F = laplace(f,t,s)                      % 求时域函数 f 的拉普拉斯变换 F
```

说明:拉普拉斯变换也称拉式变换,返回结果 F 为 s 的函数。当参数 s 省略时,返回结果 F 默认为 s 的函数;f 为 t 的函数,当参数 t 省略时,默认自由变量为 t。

3.2.2　拉普拉斯反变换

语法格式:

```
f = ilaplace(F,s,t)                          % 求 F 的拉普拉斯反变换 f
```

说明：把 s 域转换成 t 域的函数。

【例 3-4】 求 $f(t) = \cos(at) + \sin(at)$ 的拉普拉斯变换和反变换。

程序命令：

```
syms  a,t,s;
F1 = laplace(sin(a * t) + cos(a * t),t,s)
f = ilaplace(F1)
fx = ilaplace(sym('1/s'))
```

结果：

```
F1 = a/(a^2 + s^2) + s/(a^2 + s^2)
 f = cos(a * t) + sin(a * t)
fx = 1
```

3.3 Z 变换与反变换

Z 变换是将离散系统的时域利用差分方程转化到频域数学模型的一种方法，离散系统传递函数使用 Z 变换表示。

3.3.1 Z 变换

Z 变换是对连续系统进行离散数学变换，常用于求解线性时不变差分方程的解。
语法格式：

```
Z = ztrans(f)                                % 求 Z 变换
```

3.3.2 Z 反变换

将离散系统变换成连续系统的变换称为 Z 反变换。
语法格式：

```
fz = iztrans(z)                              % 求 Z 反变换
```

【例 3-5】 求 $f(x) = x\mathrm{e}^{-10x}$ 的 Z 变换和 $f(z) = \dfrac{z(z-1)}{z^2 + 2z + 1}$ 的反变换。

程序命令：

```
syms x,k,z;
f = x * exp( - x * 10);                       % 定义表达式
```

```
F = ztrans(f)                          %求 Z 变换
Fz = z * (z - 1)/(z^2 + 2 * z + 1);    %定义 Z 反变换表达式
F1 = iztrans(Fz)
```

结果:

```
F = (z * exp(10))/(z * exp(10) - 1)^2
F1 = 3 * ( -1)^n + 2 * ( -1)^n * (n - 1)
```

3.4   求极限

极限是一种变化状态的描述。若函数中的某一个变量在变大或变小的过程中,逐渐趋近于某一个确定的数值 A,但不能到达 A,称数值 A 为极限值。在控制系统稳定性分析中,稳态时间就是指在 2% 或 5% 误差状态下,到达控制点的时间。

语法格式:

```
limit(f,x,a)    %求符号函数 f(x)的极限值,即计算当变量 x 趋近于常数 a 时 f(x)函数的极限值
limit(f,a)      %求符号函数 f(x)的极限值,由于没有指定符号函数 f(x)的自变量,则使用该格式。
                %此时,符号函数 f(x)的变量使用函数 findsym(f)确定默认自变量,变量 x 趋近于 a
limit(f)        %求符号函数 f(x)的极限值.符号函数 f(x)的变量使用函数 findsym(f)确定默认变量;
                %没有指定变量的目标值时,系统默认变量趋近于 0,即 a = 0 的情况
limit(f,x,a,'right')    %求符号函数 f 的极限值,'right'表示变量 x 从右边趋近于 a
limit(f,x,a,'left')     %求符号函数 f 的极限值,'left'表示变量 x 从左边趋近于 a
limit(f,x,a,'inf')      %求符号函数 f 的极限值,'inf'表示变量 x 趋近于无穷
```

【例 3-6】 已知表达式 F_1 和 F_2,求 F_1 和 F_2 的极限。

$$F_1 = \lim_{x \to 0} \frac{x(e^{\sin x} + 1) - 2(e^{\tan x} - 1)}{\sin^3 x}$$

$$F_2 = \lim_{x \to \infty} \frac{\sqrt{x + \sqrt{x}} - \sqrt{x}}{\sin(\pi/6)}$$

程序命令:

```
syms x;                 %定义 x 为符号变量
f1 = (x * (exp(sin(x)) + 1) - 2 * (exp(tan(x)) - 1))/sin(x)^3;
f2 = (sqrt(x + sqrt(x)) - sqrt(x))/ sin(pi/6);
F1 = limit(f1,x,0)      %求函数的极限
F2 = limit(f2.x,inf)
```

结果:

```
F1 = - 1/2
F2 = 1
```

3.5　求导数

求导数就是求函数的平均变化率,利用 MATLAB 函数使得求导数变得非常简单。

3.5.1　语法格式

求导数语法格式:

```
diff(s)      % 没有指定变量和导数阶数,则系统按 findsym() 函数确定的默认变量对符号表达式 s 求
             % 一阶导数
diff(s,'v')    % 以 v 为自变量,对符号表达式 s 求一阶导数
diff(s,n)      % 按 findsym() 函数确定的默认变量对符号表达式 s 求 n 阶导数,n 为正整数
diff(s,'v',n)  % 以 v 为自变量,对符号表达式 s 求 n 阶导数
```

3.5.2　求导数案例

【例 3-7】　编写程序求函数 f_1 和 f_2 的导数。

$$f_1 = \sin x^2 + 3x^5 + \sqrt{(x+1)^3}$$

$$f_2 = \cos x^2 + \arctan(\ln x)$$

程序命令:

```
syms x;                    % 定义符号变量
f1 = sin(x)^2 + 3 * x^5 + sqrt((x + 1)^3);
f2 = cos(x)^2 + atan(log(x))
F1 = diff(f1,x)            % 求函数的极限
F2 = diff(f2,x)
```

结果:

```
F1 = 2 * cos(x) * sin(x) + (3 * (x + 1)^2)/(2 * ((x + 1)^3)^(1/2)) + 15 * x^4
F2 = 1/(x * (log(x)^2 + 1)) - 2 * cos(x) * sin(x)
```

【例 3-8】　已知函数 f_1,求 f_1 的二阶导数 F_1 及在 $x=2$ 的值 X。

$$f_1 = \frac{5}{\ln(1+x)}$$

$$F_1 = \frac{\mathrm{d}^2 f}{\mathrm{d}x}$$

$$X = \frac{\mathrm{d}^2 f}{\mathrm{d}x}\bigg|_{x=2}$$

程序命令:

```
syms x ;
f1 = 5/log( 1 + x);
F1 = diff(f1,x,2)
x = 2;
X = eval(F1)
```

结果：

```
F1 = 5/(log(x + 1)^2 * (x + 1)^2) + 10/(log(x + 1)^3 * (x + 1)^2)
X = 1.2983
```

3.6　求积分

MATLAB 分别利用 int 函数和 quad 函数求积分，int 函数可获得解析解，quad 函数得到的是小梯形面积求和的解。

3.6.1　使用 int 函数求积分

int 函数根据解析的方法求解，对定积分和不定积分均可得到解析解，无任何误差，但速度稍慢。

语法格式：

```
int(s)      % 没有指定积分变量和积分阶数时,系统按 findsym()函数确定的默认变量对被积函数或
            % 符号表达式 s 求不定积分
int(s,v)        % 以 v 为自变量,对被积函数或符号表达式 s 求不定积分
int(s,v,a,b)    % 求以 v 为自变量的符号表达式 s 的定积分,a,b 分别表示定积分的下限和上限
```

说明：$int(s,v,a,b)$ 求被积函数在区间$[a,b]$上的定积分。a 和 b 可以是两个具体的数，也可以是符号表达式，还可以是无穷(Inf)。当函数 f 关于变量 x 在闭区间$[a,b]$上可积时，函数返回一个定积分结果；当 a,b 中有一个是 Inf 时，函数返回一个广义积分；当 a,b 中有一个为符号表达式时，函数返回一个符号函数。

【例 3-9】　求函数 $\int \cos 2x \sin 3x \, dx$ 的不定积分。

程序命令：

```
syms x;
f1 = cos( 2 * x) * sin(3 * x)
F1 = int(f1)
```

结果：

```
F1 = 2 * cos(x)^3 - cos(x) - (8 * cos(x)^5)/5
```

【例 3-10】 求表达式 f_1 和 f_2 的定积分。

$$f_1 = \int_{-T/2}^{T/2} (AT^2 + \mathrm{e}^{-jxt})\,\mathrm{d}t$$

$$f_2 = \int_1^{\mathrm{e}} \frac{1}{x^2} \ln x\,\mathrm{d}x$$

程序命令：

```
syms A,t,T,x;
f1 = A * T^2 + exp( - j * x * t)
f2 = log(x)/x^2
F1 = int(f1,t, - T/2, T/2);
F2 = simplify(F1)
F3 = int(f2,x,1,exp(1));
F4 = eval(F3)
```

结果：

```
f1 = A * T^2 + exp( - t * x * 1i)
f2 = log(x)/x^2
F2 = A * T^3 + (2 * sin((T * s)/2))/x
F4 = 0.2642
```

【例 3-11】 求 f_1 和 f_2 两个表达式的二重积分。

$$f_1(x) = \iint (x + y)\mathrm{e}^{-xy}\,\mathrm{d}x\,\mathrm{d}y$$

$$f_2(x) = \iint \log_{\mathrm{e}}(x)/y^2 + y^2/x^2\,\mathrm{d}x\,\mathrm{d}y, \quad 1/2 \leqslant x \leqslant 2, \quad 1 \leqslant y \leqslant 2$$

程序命令：

```
syms x y;
f1 = (x + 1) * exp( - x * y);
F1 = int(int(f1,'x'),'y')
f2 = log(x)/y^2 + y^2/x^2;
F2 = int(int(f2,x,1/2,2),y,1,2)
F3 = eval(F2)
```

结果：

```
F1 = (exp( - x * y) * (x + y))/(x * y)
F2 = (5 * log(2))/4 + 11/4
F3 = 3.6164
```

3.6.2 使用 quadl 函数求积分

计算一元函数的数值积分使用 quad 函数和 quadl 函数，它们通过小梯形的面积求和得到积分值,而不是通过解析的方法。当有计算精度限制时,计算速度比 int 函数快。它们均采用遍历的自适应法计算函数的数值积分,quadl 是高阶数值积分,quad 是低阶数值积分,它们只能求定积分。

语法格式:

```
[Q,Fcnt] = quad(function,a,b)          % 求 function 的积分
```

其中,function 为被积函数(形式为函数句柄/匿名函数),a,b 分别是积分上下限,[Q,Fcnt]为返回数值积分的结果和函数计算的次数。

【例 3-12】 求表达式 $f_1 = \int_0^2 \dfrac{2}{x^3 - x + 2} \mathrm{d}x$ 的定积分。

程序命令:

```
F = @(x) 2./(x.^3 - x + 2);
[Q ,Fcnt] = quadl(F,0,2)
```

结果:

```
Q = 1.7037
Fcnt = 48
```

【例 3-13】 已知 $w = [\pi/2, \pi, 3\pi/2]$; $K = [\pi/2 - 1, -2, -3\pi/2 - 1]$,求表达式 Y 的定积分。

$$Y = \left(\int_0^{w(1)} x^2 \cos(x)\mathrm{d}x - K(1)\right)^2 + \left(\int_0^{w(2)} x^2 \cos(x)\mathrm{d}x - K(2)\right)^2 +$$

$$\left(\int_0^{w(3)} x^2 \cos(x)\mathrm{d}x - K(3)\right)^2$$

程序命令:

```
w = [pi/2,pi,pi * 1.5];
K = [pi/2 - 1, - 2, - 1.5 * pi - 1];
F1 = @(x)(x.^2. * cos(x)  - K(1)).^2;
F2 = @(x)(x.^2. * cos(x)  - K(2)).^2;
F3 = @(x)(x.^2. * cos(x)  - K(3)).^2;
y = quadl(F1,0,w(1)) + quadl(F2,0,w(2)) + quadl(F3,0,w(3))
```

结果:

```
y = 1.378679143103574e + 02
```

3.7 求零点与极值

函数的零点和方程的根是等同的,函数极值一般指极大值或极小值,MATLAB 提供了相应函数进行计算。

3.7.1　求零点

语法格式:

```
x = fzero(fun,x0)              % 求出函数 fun 在 x0 最近的零点
x = fzero(fun,x0,options)      % 由指定的优化参数 options 进行最小化
x = fzero(problem)             % 对 problem 指定的求根问题求零点
```

说明:fzero()函数既可以求某个初始值的零点,也可求区间和函数值的零点。

【例 3-14】　求函数 $f(x)=x^5-3x^4+2x^3+x+3$ 的根。

程序命令:

```
f = 'x^5 - 3 * x^4 + 2 * x^3 + x + 3';
x = fzero(f,0)
```

结果:

```
x = - 0.7693
```

因为 $f(x)$ 是一个多项式,所以可以使用 roots 命令求出相同的实数零点和复共轭零点,即

```
p = [1 - 3 2 0 1 3]; x = roots(p)
x =
    1.8846 + 0.58974i
    1.8846 - 0.58974i
    2.4286e - 16 + 1i
    2.4286e - 16 - 1i
  - 0.76929 + 0i
```

【例 3-15】　求正弦函数在 3 附近的零点,并求余弦函数在区间[1,2]的零点。

程序命令:

```
fun = @sin;
fun1 = @cos;
x = fzero(fun,3)
x1 = fzero(fun1,[1 2])
```

结果:

```
x = 3.1416
x1 = 1.5708
```

3.7.2　求极值

fminbnd(f,a,b)函数是对$f(x)$在$[a,b]$上求得极小值,求$-f(x)$的极小值时即可得到$f(x)$的极大值。当不知道极值所在的范围时,可画出该函数的图形,估计极值范围再使用该命令求取。

语法格式:

```
[x,min] = fminbnd(f,a,b)          %x为取得极小值的点,min为极小值; f表示函数名,a,b表示
                                  %求取极值的范围
```

【例 3-16】　求表达式$f=2e^{-x}\sin(x)$在$[0,8]$的极值点。

程序命令:

```
syms x;
f = '2 * exp( - x) * sin(x)';
[x,min1] = fminbnd(f,0,8)
[x,max1] = fminbnd('-2 * exp( - x) * sin(x)',0,8)
```

结果:

```
x = 3.9270
min1 = - 0.0279              %极小值点
x = 0.7854
max1 = - 0.6448
max = - max1 = 0.6448        %极大值点
```

3.8　求方程的解

方程的求解一般包括对线性方程、符号代数方程和常微分方程的求解。对高次方程求解是比较复杂的计算过程,使用 MATLAB 函数可替代复杂的编程过程,只用一个函数即可完成方程求解。

3.8.1　线性方程组求解

(1) 直接使用左除法求解。

【例 3-17】　利用左除法求三元一次方程组的解。

$$\begin{cases} x + y + z = 1 \\ 3x - y + 6z = 7 \\ y + 3z = 4 \end{cases}$$

程序命令：

```
A = sym('[1  1  1;3  -1  6;0  1  3]');
b = sym('[1;7;4]');
x = A\b
```

结果：

```
x =   -1/3
        0
       4/3
```

（2）使用 solve 函数求解。

【例 3-18】 使用 solve 函数求解三元一次方程组。

$$\begin{cases} 2x + 3y - z = 2 \\ 8x + 2y + 3z = 4 \\ 45x + 3y + 9z = 23 \end{cases}$$

程序命令：

```
syms x,y,z;                    %建立符号变量
[x,y,z] = solve(2 * x + 3 * y - z - 2, 8 * x + 2 * y + 3 * z - 4, 45 * x + 3 * y + 9 * z - 23)
                               %使用 solve 函数求解
```

结果：

```
x = 151/273
y = 8/39
z = -76/273
```

3.8.2 符号代数方程求解

线性方程组的符号解也可用 solve 函数求解，当方程组不存在符号解又无其他自由参数时，则给出数值解。
语法格式：

```
solve(f,'v')                   %求一个方程的解
solve(f₁,f₂,…,fₙ)              %求 n 个方程的解
```

说明：f 既可以是含等号、符号表达式的方程，也可以不含等号或符号表达式，但所求的解均是令 f＝0 的方程。当参数 v 省略时，默认为方程中的自由变量；其输出结果为结构数组类型。

【例 3-19】 已知方程为 $ax^2 + bx + c = 0, x^2 - x - 30 = 0$，求符号方程解及数值解。
程序命令：

```
syms a,b,c,x;
f1 = a * x^2 + b * x + c;
f2 = x^2 - x - 30;
Fx = solve(f1,x)              % 对默认变量 x 求解
Fb = solve(f1,b )             % 对指定变量 b 求解
F2 = solve(f2,x)
```

结果：

```
Fx = - (b + (b^2 - 4 * a * c)^(1/2))/(2 * a)
     - (b - (b^2 - 4 * a * c)^(1/2))/(2 * a)
Fb = - (a * x^2 + c)/x
F2 = - 5
       6
```

3.8.3　常微分方程(组)求解

在 MATLAB 中,用 diff(y,x)表示 y',diff(y,x,2)表示 y'',初始条件 Dy(0)=5 表示 $y'(0)=5$。解方程使用 dsolve( )函数。

语法格式：

```
dsolve( )                     % 求解符号常微分方程的解
dsolve(e,c,v)                 % 求解常微分方程 e 在初值条件 c 下的特解
```

说明：参数 v 描述方程中的自变量,省略时默认自变量是 t。若没有给出初值条件 c,则求的是方程的通解。

dsolve 在求常微分方程组时的调用格式为

$$dsolve(e1,e2,\cdots,en,c1,\cdots,cn,v1,\cdots,vn)$$

该函数求解常微分方程组 e1,$\cdots$,en 在初值条件 c1,$\cdots$,cn 下的特解。若不给出初值条件,则求方程组的通解,v1,$\cdots$,vn 给出求解变量,若省略自变量,则默认自变量为 t。若找不到解析解,则返回其积分形式。

【例 3-20】　求微分方程 $\dfrac{\mathrm{d}y}{\mathrm{d}x}+2xy=x\mathrm{e}^{-x^2}$ 的通解。

程序命令：

```
syms y(x);
equ1 = diff(y,x) == - 2 * x * y + x * exp( - x^2) ;
Y = dsolve(equ1)
```

结果：

```
y = C1 * exp( - x^2) + (x^2 * exp( - x^2))/2
```

【例 3-21】 建立脚本程序，求微分方程 $xy'' = \sqrt{(1+y'^2)}/2$ （$y_{100} = 0, y'_{100} = 0$）的解。

程序命令：

```
equ = diff(y, x, 2) == sqrt(1 + diff(y, x)^2)/(2 * x);
cond = [y(100) == 0, Dy(100) == 0];
Y = dsolve(equ, cond)
```

结果：

```
Y =  (10 * x^(1/2) * (x/100 - 3))/3 + 200/3
   - (10 * x^(1/2) * (x/100 - 3))/3 - 200/3
```

【例 3-22】 求下列微分方程组的通解。

$$\begin{cases} \dfrac{\mathrm{d}^2 x}{\mathrm{d}t^2} + 2\dfrac{\mathrm{d}x}{\mathrm{d}t} = x(t) + 2y(t) - \mathrm{e}^{-t} \\ \dfrac{\mathrm{d}y}{\mathrm{d}t} = 4x(t) + 3y(t) + 4\mathrm{e}^{-t} \end{cases}$$

程序命令：

```
syms x(t)  y(t);
eqns = [diff(x, t, 2) == x(t) + 2 * y(t) - exp(-t) - 2 * diff(x, t), diff(y, t) == 4 * x(t) + 3 * y
(t) + 4 * exp(-t)];
[x, y] = dsolve(eqns)
```

结果：

```
x =
exp(t * (6^(1/2) + 1)) * (6^(1/2)/5 - 1/5) * (C2 + exp(- 2 * t - 6^(1/2) * t) * ((11 * 6^(1/
2))/3 - 37/4)) - exp(-t) * (C1 + 6 * t) - exp(-t * (6^(1/2) - 1)) * (6^(1/2)/5 + 1/5) *
(C3 - exp(6^(1/2) * t - 2 * t) * ((11 * 6^(1/2))/3 + 37/4))
y =
exp(-t) * (C1 + 6 * t) + exp(t * (6^(1/2) + 1)) * ((2 * 6^(1/2))/5 + 8/5) * (C2 + exp(- 2
* t - 6^(1/2) * t) * ((11 * 6^(1/2))/3 - 37/4)) - exp(-t * (6^(1/2) - 1)) * ((2 * 6^(1/2))/
5 - 8/5) * (C3 - exp(6^(1/2) * t - 2 * t) * ((11 * 6^(1/2))/3 + 37/4))
```

3.9 级数

级数指将数列的项依次用加号连接起来的函数，级数操作一般包括级数求和与级数展开，它是数学基础分析的一个分支。

3.9.1 级数求和

级数求和运算是数学中常见的一种运算。例如：

$$s = a_0 + a_1 x + a_2 x^2 + a_3 x^3 + \cdots + a_n x^n$$

函数 symsum 用于通式项表达式 s 的求和运算。当确定变量个数为 n，变量变化范围为 a 到 b 时，可进行级数求和。

语法格式：

```
(1) symsum(n)              % 求自变量 n 从 0 到 n-1 的前 n 项的和
(2) symsum(s,n)            % s 为级数通式项，求自变量 n 从 0 到 n-1 的前 n 项的和
(3) symsum(s,a,b)          % s 为级数通式项，默认变量为 n，求从 a 到 b 的和
(4) symsum(s,n,a,b)        % s 为级数通式项，求自变量 n 从 a 到 b 的和
```

当默认变量不变时，前两种用法基本相同，后两种用法基本相同。

【例 3-23】 求级数 $S = \sum\limits_{k=1}^{\infty} \dfrac{1}{(n+1)^2}$ 的前 n 项和、从 1 到无穷及其前 10 项和。

程序命令：

```
clc; syms n;
s = 1/(n + 1)^2
S1 = symsum(s)
S2 = symsum(s,n)
S10 = symsum(s,1,10)
S20 = symsum(s,n,1,10)
```

结果：

```
s = 1/(n + 1)^2
S1 = piecewise( - 1 < n, - psi(1,n + 1),n < = - 1,psi(1, - n))
S2 = piecewise( - 1 < n, - psi(1,n + 1),n < = - 1,psi(1, - n))
S10 = 85758209/153679680
S20 = 85758209/153679680
```

说明：

（1）piecewise 表示分段函数，$n > -1$ 时，结果为 $-psi(1,n+1)$；$n \leqslant -1$ 时，结果为 $psi(1,-n)$。

（2）psi(X) 为数组 X 的每个元素计算 psi 函数。X 必须是非负实数。psi 函数也称为双 γ 函数，是 γ 函数的对数导数。若 psi(k,X) 为在 X 的元素中计算 psi 函数的第 k 个导数。psi(0,X) 是双 γ 函数，psi(1,X) 是三 γ 函数，psi(2,X) 是四 γ 函数，以此类推。

3.9.2 一元函数的泰勒级数展开

语法格式：

```
taylor(f)                  % 求 f 关于默认变量的 5 阶泰勒级数展开
taylor(f,n)                % 求 f 关于默认变量的 n-1 阶泰勒级数展开
taylor(f,n,v)              % 求 f 关于变量 v 的 n-1 阶泰勒级数展开
taylor(f,n,v,a)            % 求 f 在 v = a 处的 n-1 阶泰勒级数展开
```

【**例 3-24**】 已知函数表达式 $e^x = \sum\limits_{n=0}^{\infty} \dfrac{x^n}{n!}$，$\sin x = \sum\limits_{n=0}^{\infty} \dfrac{(-1)^n}{(2n+1)!} x^{2n+1}$，$\cos x = \sum\limits_{n=0}^{\infty} \dfrac{(-1)^n}{2n!} x^{2n}$，求三个函数表达式的泰勒级数展开式。

程序命令：

```
syms x;
f1 = exp(x); f2 = sin(x); f3 = cos(x);
taylorexpx = taylor(f1)
taylorsinx = taylor(f2)
taylorcosx = taylor(f3)
```

结果：

```
taylorexpx = x^5/120 + x^4/24 + x^3/6 + x^2/2 + x + 1
taylorsinx = x^5/120 - x^3/6 + x
taylorcosx = x^4/24 - x^2/2 + 1
```

3.10 常用绘图功能

MATLAB 具有丰富的绘图功能，提供了一系列的绘图函数，不仅包括常用的二维图，还包括三维函数、三维网格、三维网面及三维立体切片图等，使用系统绘图函数不需要过多编程，只需给出一些基本参数就能得到所需图形。此外，MATLAB 还提供了直接对图形句柄进行操作的低层绘图操作，包括图形元素，例如坐标轴、曲线、文字等，系统对每个对象分配了句柄，通过句柄即可对该图形元素进行操作，而不影响其他部分。

3.10.1 二维绘图

MATLAB 的 plot() 函数是绘制二维图形最基本的函数，它是针对向量或矩阵列来绘制曲线的，绘制以 x 轴和 y 轴为线性尺度的直角坐标曲线。

1. 语法格式

```
plot(x1,y1,option1,x2,y2,option2,…)
```

说明：x1,y1,x2,y2 给出的数据分别为 x 轴和 y 轴坐标值，option 定义了图形曲线的颜色、字符和线型，它由一对单引号括起来。可以画一条或多条曲线。若 x1 和 y1 都是数组，按列取坐标数据绘图。

2. option 的含义

option 通常由颜色（见表 3.1）、字符（见表 3.2）和线型（见表 3.3）组成。

表 3.1　颜色表示

选项	含义	选项	含义	选项	含义
'r'	红色	'w'	白色	'k'	黑色
'g'	绿色	'y'	黄色	'm'	锰紫色
'b'	蓝色	'c'	亮青色	—	—

表 3.2　字符表示

选项	含义	选项	含义	选项	含义
'.'	画点号	'o'	画圈符	'd'	画菱形符
'*'	画星号	'+'	画十字符	'p'	画五角形符
'x'	画叉号	's'	画方块符	'h'	画六角形符
'^'	画上三角	'>'	画左三角	—	—
'v'	画下三角	'<'	画右三角	—	—

表 3.3　线型表示

选项	含义	选项	含义
'—'	画实线	'.—'	点画线
'——'	画虚线	':'	画点线

【例 3-25】　绘制表达式 $y = 2\mathrm{e}^{-0.5t}\sin(2\pi t)$ 的曲线。

程序命令:

```
t = 0: pi/100: 2 * pi; y1 = 2 * exp( - 0.5 * t). * sin(2 * pi * t);
y2 = sin(t); plot(t,y1,'b - ',t,y2,'r - o')
```

结果如图 3.2 所示。

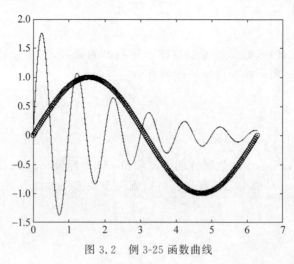

图 3.2　例 3-25 函数曲线

【例 **3-26**】　绘制表达式 $x = t \sin 3t$，$y = t \sin t \sin t$ 的曲线。

程序命令：

```
t = 0: 0.1: 2 * pi;    x = t. * sin(3 * t);    y = t. * sin(t). * sin(t);
plot(x,y,'r - p');
```

结果如图 3.3 所示。

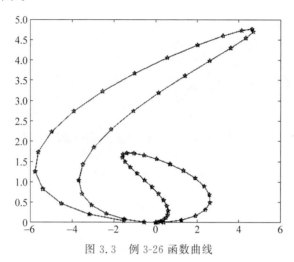

图 3.3　例 3-26 函数曲线

3. 图形屏幕控制命令

```
figure                        % 打开图形窗口
clf                           % 清除当前图形窗口的内容
hold on                       % 保持当前图形窗口的内容
hold off                      % 解除保持当前图形状态
grid on                       % 给图形加上栅格线
grid off                      % 删除栅格线
box on                        % 在当前坐标系中显示一个边框
box off                       % 去掉边框
close                         % 关闭当前图形窗口
close all                     % 关闭所有图形窗口
```

【例 **3-27**】　在不同窗口绘制 $y_1 = \cos(t)$，$y_2 = \sin^2(t)$ 的波形图。

程序命令：

```
t = 0: pi/100: 2 * pi;    y1 = cos(t);    y2 = sin(t).^2;
figure(1); plot(t,y1,'g - p'); grid on; figure(2); plot(t,y2,'r - 0'); grid on;
```

结果如图 3.4 所示。

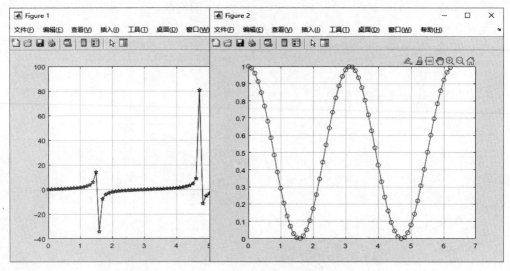

图 3.4　不同窗口绘图

4. 图形标注

```
title                           % 图题标注
xlabel                          % x 轴说明
ylabel                          % y 轴说明
zlabel                          % z 轴说明
legend                          % 图例标注,legend 函数用于绘制曲线所用线型、颜色或数据点标记图例
legend('字符串 1','字符串 2',…)        % 按指定字符串顺序标记当前轴的图例
legend(句柄,'字符串 1','字符串 2',…)     % 指定字符串标记句柄图形对象图例
legend(M)        % 用字符 M 矩阵的每一行字符串作为图形对象标签标记图例
legend(句柄,M)        % 用字符 M 矩阵的每一行字符串作为指定句柄的图形对象标签标记图例
text             % 在图形中指定的位置(x,y)处显示字符串 string,格式: text (x,y,'string')
annotation % 线条、箭头和图框标注,例如,annotation('arrow',[0.1,0.45],[0.3,0.5])绘制箭头线
```

5. 字体属性

字体属性如表 3.4 所示。

表 3.4　字体属性

属　性　名	注　　释	属　性　名	注　　释
FontName	字体名称	FontWeight	字形
FontSize	字体大小	FontUnits	字体大小单位
FontAngle	字体角度	Rotation	文本旋转角度
BackgroundColor	背景色	HorizontalAlignment	文字水平方向对齐
EdgeColor	边框颜色	VerticalAlignment	文字垂直方向对齐

说明：

（1）FontName 属性定义名称，其取值是系统支持的一种字体名。

（2）FontSize 属性设置文本对象的大小，其单位由 FontUnits 属性决定，默认值为 10 磅。

（3）FontWeight 属性设置字体粗细，取值可以是 normal（默认值）、bold、light 或 demi。

（4）FontAngle 属性设置斜体文字模式，取值可以是 normal（默认值）、italic 或 oblique。

（5）Rotation 属性设置字体旋转角度，取值是数值量，默认值为 0，取正值时表示逆时针方向旋转，取负值时表示顺时针方向旋转。

（6）BackgroundColor 和 EdgeColor 属性设置文本对象的背景颜色和边框线的颜色，可取值为 none（默认值）或颜色字母。

（7）HorizontalAlignment 属性设置文本与指定点的相对位置，可取值为 left（默认值）、center 或 right。

6. 坐标轴 axis 的用法

语法格式：

```
axis([x_min , x_max , y_min , y_max])　或　axis([x_min , x_max , y_min , y_max , z_min , z_max])
```

说明：该函数用来标注输出图线的坐标范围。若给出 4 个参数则标注二维曲线最大值和最小值，给出 6 个参数则标注三维曲线最大值和最小值。其中：

```
axis equal            % 将两坐标轴设为相等
axis on/off           % 显示/关闭坐标轴的显示
axis auto             % 将坐标轴设置为默认值
axis square           % 产生两轴相等的正方形坐标系
```

7. 子图分割

语法格式：

```
subplot(n,m,p)
```

其中，n 表示行数，m 表示列数，p 表示绘图序号，顺序是按从左至右、从上至下排列，它把图形窗口分为 n * m 个子图，在第 p 个子图处绘制图形。

【例 3-28】　利用子图绘制正弦和余弦图形。

程序命令：

```
t = 0: pi/100: 2 * pi; y1 = sin(t); y2 = cos(t); y3 = sin(t).^2; y4 = cos(t).^2;
subplot(2,2,1),plot(t,y1); title('sin(t)'); subplot(2,2,2),plot(t,y2,'g-p'); title('cos(t)')
subplot(2,2,3),plot(t,y3,'r-0'); title('sin^2(t)'); subplot(2,2,4),plot(t,y4,'k-h'); title
('cos^2(t) ')
```

结果如图 3.5 所示。

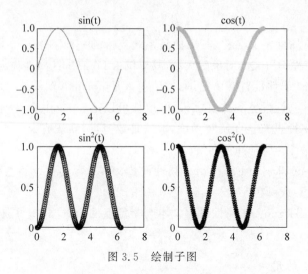

图 3.5 绘制子图

8. 绘制二维散点图(气泡图)

语法格式:

```
scatter(x,y)          % 在向量 x 和 y 指定的位置创建一个包含圆形的散点图
scatter(x,y,sz)       % sz 为标量是大小相等的圆圈,若 sz 为(x,y)长度不同向量是大小不等的圆
scatter(x,y,sz,c)     % c 指定为颜色名称或 RGB 三基色
scatter(,'filled')    % 'filled' 为填充圆形,与前面语法中的任何输入参数组合使用
scatter(,mkr)         % mkr 为指定标记,若'LineWidth',2 将轮廓宽度设置为 2 磅
scatter(ax,)          % ax 为指定的坐标区名称,可位于前面的语法中的任何输入参数组合之前
```

【例 3-29】 绘制 $0\sim3\pi$ 的蓝色大小为 60 的散点图。

```
x = 0:pi/10:3 * pi
y = sin(x) + rand(1,31);
scatter(x,y,55,"blue")
```

结果如图 3.6 所示。

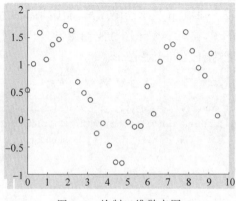

图 3.6 绘制二维散点图

3.10.2　三维绘图

1. 绘制三维空间曲线

与 plot() 函数相类似,可以使用 plot3() 函数来绘制一条三维空间的曲线。

语法格式:

```
plot3(x,y,z,option)  %绘制三维曲线
```

其中,x,y,z 以及选项 option 与 plot() 函数中的 x,y 和选项相类似,多了一个 z 坐标轴。绘图方法可参考 plot() 函数的使用方法。option 指定颜色、线形等。

【例 3-30】　已知函数,绘制[0,2π]区间三维函数曲线。

$$\begin{cases} x = (8 + 3\cos V)\cos U \\ y = (8 + 3\cos V)\sin U, \quad 0 < U, V \leqslant 2 \\ z = 3\sin V \end{cases}$$

程序命令:

```
r = linspace(0,2 * pi,60); [u,v] = meshgrid(r);
x = (8 + 3 * cos(v)). * cos(u); y = (8 + 3 * cos(v)). * sin(u); z = 3 * sin(v);
plot3(x,y,z); title('三维空间绘图'); xlabel('x轴'); ylabel('y轴'); zlabel('z轴')
```

结果如图 3.7 所示。

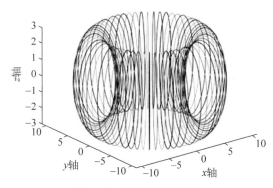

图 3.7　三维空间曲面图

2. 绘制三维散点图

语法格式:

```
scatter3(x,y,z)        % 在向量 x、y 和 z 指定的位置显示圆圈
scatter3(x,y,z,sz)     % sz 同二维散点图一致
```

```
scatter3(x,y,z,sz,c)    % c指定的颜色同二维散点图一致
scatter3(,'filled')     % 使用前面的语法中的任何输入参数组合填充这些圆
scatter3( ,mkr)         % 指定标记类型,同二维散点图一致
scatter3(ax, )          % ax指定的坐标区中
```

【例 3-31】 绘制指定大小和颜色的一个球形散点图。

```
[x,y,z] = sphere(10);
scatter3(x,y,z,65,"magenta")
```

结果如图 3.8 所示。

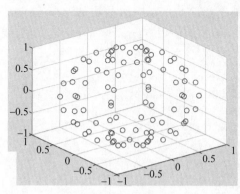

图 3.8   三维球形散点图

3. 网格矩阵的设置

meshgrid 函数产生二维阵列和三维阵列。用户需要知道各个四边形顶点的三维坐标值(x,y,z)。语法格式:

```
[X,Y] = meshgrid(x,y)    % 向量 x,y 分别指定 x 轴向和 y 轴向的数据点. 当 x 为 n 维向量,y 为
                         % m 维向量时,X,Y 均为 m*n 的矩阵.[X,Y] = meshgrid(x)等效于
                         % [X,Y] = meshgrid(x,x)
```

语法格式:

```
[X,Y,Z] = meshgrid(x,y,z)    % 产生 x 轴、y 轴和 z 轴的三维阵列
```

4. 绘制三维网格曲面图

语法格式:

```
mesh(x,y,z,c)
```

说明:

(1) 三维网格图是一些四边形相互连接在一起构成的一种曲面图。

(2) x,y,z 是维数相同的矩阵,x 和 y 是网格坐标矩阵,z 是网格点上的高度矩阵,c 用

于指定在不同高度下的颜色范围。

（3）c 省略时，c＝z，即颜色的设定正比于图形的高度。

（4）当 x 和 y 是向量时，要求 x 的长度必须等于矩阵 z 的列长度，y 的长度必须等于矩阵 z 的行长度，x 和 y 元素的组合构成网格点的 x 轴和 y 轴坐标，z 轴坐标则取自 z 矩阵，然后绘制三维曲线。

【例 3-32】 根据函数 $z=f(x,y)$ 的 x 轴和 y 轴坐标找出 z 的高度，绘制 $Z=x^2+y^2$ 的三维网格图形。

程序命令：

```
x = -5:5; y = x; [X,Y] = meshgrid(x,y)
Z = X.^2 + Y.^2 ; mesh(X,Y,Z)
```

结果如图 3.9 所示。

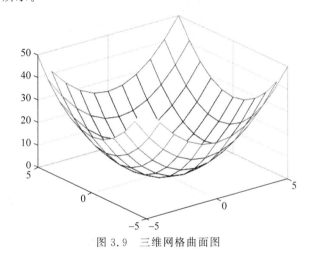

图 3.9 三维网格曲面图

5. 绘制三维曲面图

语法格式：

```
surf(x,y,z,c)
```

说明：参数 x,y,z,c 同 mesh 函数，它们均使用网格矩阵 meshgrid 函数产生坐标，自动着色，其三维阴影曲面四边形的表面颜色分布通过 shading 命令指定。

【例 3-33】 绘制马鞍函数 $z=f(x,y)=x^2-y^2$ 在 $[-10,10]$ 区间的曲面图。
程序命令：

```
x = -10:0.1:10 ; [xx,yy] = meshgrid(x); zz = xx.^2 - yy.^2;
surf(xx,yy,zz );   title('马鞍面'); xlabel('x 轴'); ylabel('y 轴') zlabel('z 轴'); grid on;
```

结果如图 3.10 所示。

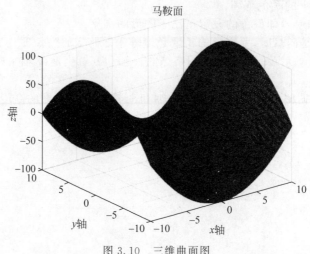

图 3.10　三维曲面图

6. 绘制特殊的三维立体图

1) 球面图

MATLAB 提供了球面和柱面等标准的三维曲面绘制函数,使用户可以很方便地得到标准三维曲面图。

语法格式:

```
sphere(n)            % 画 n 等分球面,默认半径为 1,n = 20,n 表示球面绘制的精度
```

或

```
[x,y,z] = sphere(n)   % 获取球面在三维空间的坐标
```

2) 柱面图

语法格式:

```
cylinder(R,n)        % R 为半径,n 为柱面圆周等分数
```

或

```
[x,y,z] = cylinder (R,n)   % x,y,z 代表空间坐标;若在调用该函数时不带输出参数,则直接绘制
                           % 所需柱面;n 决定了柱面的圆滑程度,其默认值为 20;若 n 值取得比
                           % 较小,则绘制出多面体的表面图
```

3) 利用多峰函数绘图

多峰函数为

$$f(x,y) = 3(1-x)^2 e^{-x^2-(y+1)^2} - 10\left(\frac{x}{5} - x^3 - y^5\right) e^{-x^2-y^2} - \frac{1}{3} e^{-(x+1)^2-y^2}$$

语法格式:

```
peaks(n)              % 输出 n * n 大小的矩阵峰值函数图形
```

或

```
[x,y,z] = peaks(n)    % x,y,z 代表空间坐标
```

【例 3-34】 使用子图分割分别绘制球面图、柱面图、多峰函数图和函数 $z = f(x,y) = \dfrac{\sin\sqrt{x^2+y^2}}{\sqrt{x^2+y^2}}$ 在[−10,10]区间的曲面图。

程序命令：

```
x = - 10: 0.5: 10 ; [xx,yy] = meshgrid(x)
zz = sin(sqrt(xx.^2 + yy.^2))./sqrt(xx.^2 + yy.^2)
subplot(2,2,1); surf(xx,yy,zz );  title('函数图'); xlabel('x轴'); ylabel('y轴'); zlabel('z
轴');
subplot(2,2,2); sphere(20);   title('函数图'); xlabel('x轴'); ylabel('y轴'); zlabel('z 轴');
subplot(2,2,3); cylinder(20);  title('函数图'); xlabel('x轴'); ylabel('y轴'); zlabel('z 轴');
subplot(2,2,4); peaks;  title('函数图'); xlabel('x轴'); ylabel('y轴'); zlabel('z 轴');
```

结果如图 3.11 所示。

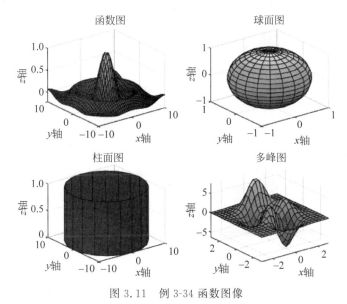

图 3.11　例 3-34 函数图像

7. 绘制三维条带图

语法格式：

```
ribbon(x)             % 使用 X = 1:size(x,1) 绘制 x 列宽度均匀的三维条带图,条带颜色可使
                      % 用 colormap
```

ribbon(x,y)	%x和y是大小相同的向量或矩阵,Y是包含 length(x) 行的矩阵.当y为矩阵
	%时,ribbon 将y中的每列绘制为位于对应x位置的条带
ribbon(x,y,width)	%指定条带的宽度(默认为 0.75),若 width = 1,则各条带沿z轴向下紧密在
	%一起,若 width>1,则条带相互重叠并可能相交
ribbon(ax,...)	%指定的坐标区名称,可位于前面的语法中的任何输入参数组合之前

【例 3-35】

```
[x,y] = meshgrid( - 3:0.5:3);
z = peaks(x,y);
ribbon(y,z)
```

结果如图 3.12 所示。

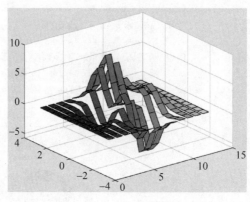

图 3.12 条带图

8. 立体切片图

语法格式:

slice(X,Y,Z,V,x0,y0,z0)	%绘制向量 x1,y1,z1 中的点沿x轴、y轴、z轴方向的切片图,V的
	%大小决定了每一点的颜色
slice(V,x0,y0,z0)	%按数组 x1,y1,z1 的网格单位进行切片

说明:

(1) 该函数是显示三维函数 V=V(X,Y,Z)确定的超立体形在x轴、y轴与z轴方向上的若干点切片图。在 V=V(X,Y,Z)中的变量 X 取一定值 X_1,则函数 $V=V(X_1,Y,Z)$ 变成带颜色的立体曲面切片图,各点的坐标由向量 x_0,y_0,z_0 指定。参量 X,Y,Z 为三维数组,用于指定立方体 V 的坐标。参量 X、Y 与 Z 必须有单调的正交间隔,如同用命令 meshgrid 生成的一样,在每一点上的颜色由对超立体 V 的三维内插值确定。

(2) slice(V,x0,y0,z0)省略了 X,Y,Z,默认取值为 X=1:m,Y=1:n,Z=1:p。m,n,p 为 V 的三维数组(阶数)。

【例 3-36】 绘制三维函数 $V=f(x,y,z)=x e^{-x^2-y^2-z^2}$ 的立体切片图,要求切片的坐

标为($[-0.5,0.8,1.5],0.5,[\ ]$)。

程序命令：

```
[x,y,z] = meshgrid( - 2: 0.2: 2, - 2: 0.25: 2, - 2: 0.2: 2)
V = x. * exp( - x.^2 - y.^2 - z.^2);
slice(x,y,z,V,[ - 0.5,0.8,1.5],0.5,[ ]);
```

绘图的结果如图 3.13 所示。

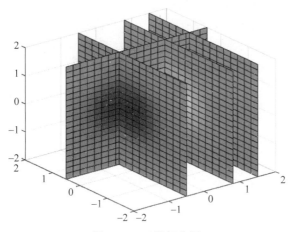

图 3.13　三维切片图

3.11　函数插值

已知函数表达式的情况下，插值就是在已知的数据点之间利用某种算法寻找估计值的过程，即根据一元线性函数表达式 $f(x)$ 中的两点，找出 $f(x)$ 在中间点的数值。插值运算可大大减少编程语句，使得程序简洁清晰。

3.11.1　一维插值

MATLAB 提供的一维插值函数为 interp1( )，定义如下：

若已知在点集 **x** 上的函数值 **y**，构造一个解析函数曲线，通过曲线上的点求出它们之间的值，这一过程称为一维插值。

语法格式：

```
yi = interp1(x,y,xi);           % x,y 为已知数据值,xi 为插值数据点;
y1 = interp1(x,y,xi,'method'); % x,y 为已知数据值,xi 为插值点,method 为设定插值方法
```

说明：method 常用的设置参数有 linear,nearest 和 spline，分别表示线性插值、最邻近插值和三次样条插值。linear 也称为分段线性插值（默认值），spline 函数插值所形成的曲线

最平滑、效果最好。

(1) nearest(最邻近插值):该方法将内插点设置成最接近于已知数据点的值,其特点是插值速度最快,但平滑性较差。

(2) linear(线性插值):该方法连接已有数据点作线性逼近。它是interp1()函数的默认方法,其特点是需要占用更多的内存,速度比nearest方法稍慢,但是平滑性优于nearest方法。

(3) spline(三次样条插值):该方法利用一系列样条函数获得内插数据点,从而确定已有数据点之间的函数。其特点是处理速度慢,但占用内存少,可以产生最光滑的插值结果。

【例 3-37】 先绘制 $0\sim2\pi$ 的正弦曲线,按照线性插值、最邻近插值和三次样条插值三种方法,每隔 0.5 进行插值,绘制插值后曲线并进行对比。

程序命令:

```
clc; x = 0:2 * pi; y = sin(x);
xx = 0:0.5:2 * pi;
subplot(2,2,1); plot(x,y); title('原函数图');
y1 = interp1(x,y,xx,'linear');
subplot(2,2,2); plot(x,y,'o',xx,y1,'r'); title('线性插值')
y2 = interp1(x,y,xx,'nearest');
subplot(2,2,3); plot(x,y,'o',xx,y2,'r'); title('最邻近插值')
y3 = interp1(x,y,xx,'spline');
subplot(2,2,4); plot(x,y,'o',xx,y3,'r'); title('三次样条插值')
```

三种插值与原函数插值结果如图 3.14 所示。

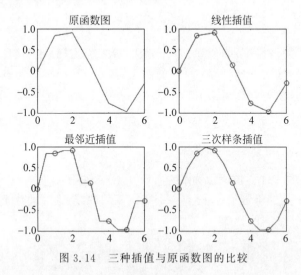

图 3.14　三种插值与原函数图的比较

结论:从线性插值、最邻近插值和三次样条插值三种方法可以看出,三次样条插值的曲线效果最平滑。

【例 3-38】 设某一天 24h 内,从零点开始每间隔 2h 测得的环境温度数据分别为 12,9,

9,10,18,24,28,25,20,16,12,11,11,请推测上午 9 时的温度。

程序命令：

```
x = 0:2:24;
y = [12,9 ,9,10,18,24,28,25,20 ,16,12,11,11];
x1 = 9;
y1 = interp1(x,y,x1,'spline');
plot(x,y,'b - p',x,y,x1,y1,'r - h');
title('插值点绘图');
text (x1 - 3,y1,'插值点');
```

结果曲线如图 3.15 所示。

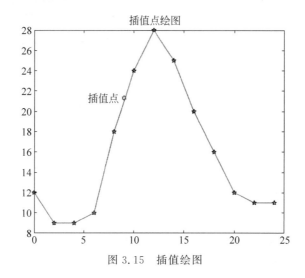

图 3.15　插值绘图

【例 3-39】 假设 2000—2020 年的产量每间隔 2 年数据分别为 90,105,123,131,150,179,203,226,249,256,267,试估计 2015 年的产量并绘图。

程序命令：

```
clear;
year = 2000:2:2020;
product = [ 90 105 123 131 150 179 203   226 249 256 267 ];
x = 2000:1:2020;
y = interp1(year,product,x);
p2015 = interp1(year,product,2015)
plot(year,product,'b - O',x,y)
title('2000 - 2020 年的产量')
```

插值结果：

```
p2015 = 237.5000
```

默认插值曲线如图 3.16 所示。

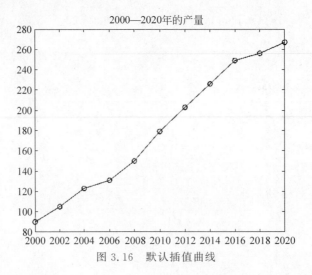

图 3.16 默认插值曲线

【**例 3-40**】 对离散分布在 $y = e^x \sin x$ 函数曲线上的数据,分别进行三次样条插值和线性插值计算,并绘制曲线。

程序命令:

```
clear;
x = [0 2 4 5 8 12 12.8 17.2 19.9 20];
y = exp(x). * sin(x);
xx = 0:.25:20;
yy = interp1(x, y, xx, 'spline');
plot(x, y, 'o', xx, yy); hold on
yy1 = interp1(x, y, xx, 'linear');
plot(x, y, 'o', xx, yy1); hold on
```

结果:

插值后曲线如图 3.17 所示。

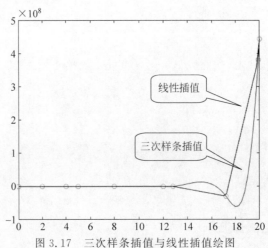

图 3.17 三次样条插值与线性插值绘图

3.11.2 二维插值

二维插值函数为二元函数。

语法格式：

```
ZZ = interp2(X,Y,Z,X1,Y1)    % X 和 Y 分别是 m 维和 n 维向量,表示节点;Z 为 n*m 的矩阵,表示
                             % 节点值;X1(行向量)和 Y1(列向量)是插值点的一维数组,为插值
                             % 范围,若插值在范围外的点,则返回 NaN(数值为空)
ZZ = interp2(Z,X1,Y1)        % 表示 X1 = 1:n,Y1 = 1:m,其中[m,n] = size(Z)
ZZ = interp2(X,Y,Z,X1,Y1,method)    % 用指定的方法 method 计算二维插值,method 可以取值为
                             % linear(双线性插值算法,默认值)、nearest(最邻近插值)、
                             % spline(三次样条插值)或 cubic(双三次插值)
```

说明：interp2()函数能够较好地进行二维插值运算,但是它只能处理以网格形式给出的数据。

【例 3-41】 已知工人的平均工资从 1980 年到 2020 年逐年提升,计算在 2000 年工作了 12 年的员工的平均工资。

程序命令：

```
years = 1980:10:2020;
times = 10:10:30;
salary = [1500 1990 2000 3010 3500 4000 4100 4200 4500 5600 7000 8000 9500 10000 12000];
S = interp2(service,years,salary,12,2000)
```

结果：

```
S =    4120
```

【例 3-42】 对函数 $z = f(x,y) = \dfrac{\sin\sqrt{x^2+y^2}}{\sqrt{x^2+y^2}}$ 进行不同插值拟合曲面,并比较拟合结果。

程序命令：

```
[x,y] = meshgrid( - 8:0.8:8);
z = sin(sqrt(x.^2 + y.^2))./sqrt(x.^2 + y.^2);
subplot(2,2,1); surf(x,y,z); title('原图');
   [x1,y1] = meshgrid( - 8:0.5:8);
z1 = interp2(x,y,z,x1,y1);
subplot(2,2,2); surf(x1,y1,z1); title('linear');
z2 = interp2(x,y,z,x1,y1,'cubic');
subplot(2,2,3); surf(x1,y1,z2); title('cubic');
z3 = interp2(x,y,z,x1,y1,'spline');
subplot(2,2,4); surf(x1,y1,z3); title('spline');
```

程序运行结果如图 3.18 所示。

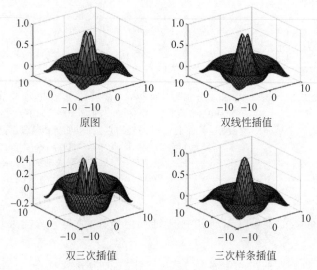

图 3.18　四种插值曲面拟合结果

3.11.3　三维插值

三维插值函数 interp3()和 n 维网格插值函数 interpn()的调用格式与函数 interp1()和 interp2()一致,需要使用三维网格生成函数实现,即$[X,Y,Z]=\mathrm{meshgrid}(X1,Y1,Z1)$,其中 $X1,Y1,Z1$ 为三维所需要的分割形式,以向量形式给出三维数组,目的是返回 X,Y,Z 的网格数据。

语法格式:

```
interp3(X,Y,Z,V,X1,Y1,Z1,method )
```

说明:V 表示函数,使用方法与 interp2()函数一致。

【例 3-43】　已知三维函数 $V(x,y,z)=x^2+y^2+z^2$,通过函数生成网格型样本点,根据样本点进行拟合,并使用 slice 函数绘制拟合图。

程序命令:

```
clc;
[x,y,z] = meshgrid( - 1:0.1:1);
[x1,y1,z1] = meshgrid( - 1:0.1:1);
V = x.^2 + y.^2 + z.^2;                        % 拟合函数
V1 = interp3(x,y,z,V,x1,y1,z1,'spline');       % 三维拟合
x0 = [ - 0.5,0.5]; y0 = [0.2, - 0.2]; z0 = [ - 1, - 0.5,0.5];   % 图形位置
slice(x1,y1,z1,V1,x0,y0,z0); title('三维拟合');
```

程序运行结果如图 3.19 所示。

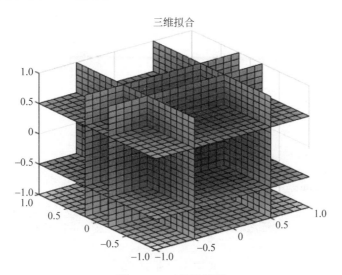

图 3.19　三维插值图

第4章 自动控制系统理论基础

控制系统的数学模型由系统本身的结构参数决定,系统的输出由系统的数学模型、系统的初始状态和输入信号决定。建立系统数学模型的目的,是在自动控制理论的基础上研究控制算法,根据模型仿真的结果,从理论上证明在一定的控制范围内算法的正确性和控制方法的合理性。

4.1 自动控制与控制系统

自动控制指在没有人直接参与的情况下,利用外加控制器,使设备或生产过程的工作状态或关键参数(即被控制量)按照预定的规律运行。控制的作用是当被控量受到外部扰动,引起参数变化偏离正常状态时,能够被自动控制到所要求的数值范围内。

控制系统到处可见,例如无人驾驶、航天火箭、卫星送入轨道是典型的自动控制。自动控制在生活中也很常见,例如在空调控制的过程,当房间温度受到天气变化引起波动时,控制器使温度保持在设定的温度值。又如楼房的电梯运行过程,多部电梯联动或在不同楼层同时按电梯时,电梯根据预定程序自动控制。过程控制的化工生产中,反应釜内需要保持一个恒定值温度,才能生产出高精度产品,而生产过程中各种工艺条件、大气温度的变化、保温层等因素(称干扰)均会使反应釜内热量散发发生改变,为了达到温度保持不变的目的,需要通过控制器自动控制保持温度恒定值。

例如:多级液位控制,多个阀门是相互关联的,若要求末端液位(被控量)保持恒定,当某个阀门压力受到扰动时,将使得被控量 h_3 产生波动,引起液位发生巨大变化,严重时会出现失控。三级液位自动控制的示意图如图 4.1 所示。

其中,被控量是液位 h_3,控制参数是 Q_i(输入量),扰动量是 Q_d,控制器为 LC。为了保持被控量 h_3 不变,需要控制器控制输入量。这就是液位的自动控制。

为了实现各种复杂的控制任务,被控对象的输出量(被控量)是要求

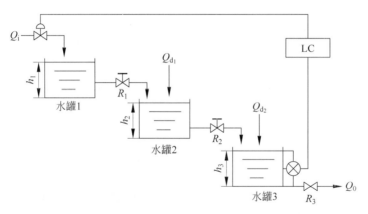

图 4.1　三级液位自动控制示意图

严格加以控制的物理量。系统分析需要将被控制对象和控制装置按照一定的方式连接起来,组成一个有机的总体,称为自动控制系统,如图 4.2 所示。

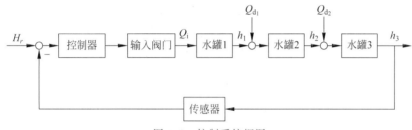

图 4.2　控制系统框图

4.2　控制系统的稳定性

稳定性是控制系统的关键因素,如果系统不稳定就无法完成自动控制。稳定性表示当控制系统承受各种扰动还能保持其预定工作状态的能力,只有稳定的系统才可能获得实际应用。

4.2.1　稳定性的描述

例如,处于垂直状态的倒立摆上小球 A 和处于山峰顶部的小球 B,如图 4.3(a)和图 4.3(b)所示。在没有外力推动(干扰)的状态下,当前小球处于平衡位置,属于稳定系统;当推动小球(加扰动)时会偏离其平衡状态产生初始偏差,扰动消失后小球 A 受到重力作用还能回到原来状态,而小球 B 无法到达山峰顶部原始状态,则称小球 A 是稳定的,小球 B 是不稳定或小范围稳定的。稳定性是指扰动消失后,由初始偏差回复到原平衡状态的能力。若系统在受到外界扰动的情况下,扰动作用消失后能恢复到原平衡状态,该系统是稳定的;若偏离平衡状态的偏差越来越大,则系统是不稳定的。

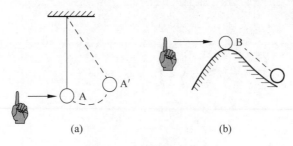

图 4.3　小球的稳定状态

稳定性分为大范围稳定和小范围稳定。如果系统受到扰动后,不论它的初始偏差多大,都能以足够的精度恢复到初始平衡状态,这种系统称为大范围内渐近稳定的系统。如果系统受到扰动后,只有当它的初始偏差小于某一定值,才能在取消扰动后恢复初始平衡状态,大于限定值时就不能恢复到初始平衡状态,这种系统称为小范围内稳定的系统。

例如,飞机飞行时若受到气流扰动后,飞行员不需进行任何操纵仍能够回到初始状态,则称飞机是稳定的,反之则称飞机是不稳定的。飞机本身必须是稳定的,当遇到气流等扰动时,飞行员可以不用干预,飞机会自动回到平衡状态;如果飞机是不稳定的,在遇到扰动时,飞行员必须对飞机进行操纵以保持平衡状态,否则飞机就会偏离轨道,造成飞行事故。因此,稳定性是系统本身的特征。

4.2.2　稳定性的图形表示

稳定性可以通过定量表示或图形表示,其目的是确定随时间变化输出与输入的关系。例如,设定输入温度,测量实际输出温度的变化,或设定航线,测量飞机跟踪飞行轨迹的情况等。当系统的输出能跟随输入值时,称系统是稳定的,否则是不稳定的。只有满足稳定性的要求,设备才能正常工作。若对被控系统输入 0～1 的阶跃信号,系统的输出能跟随输入就是稳定系统,如图 4.4(a)和图 4.4(b)所示。

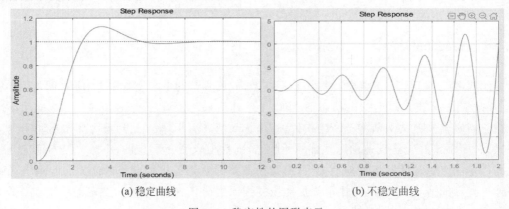

(a) 稳定曲线　　　　　　　　　　　　　　(b) 不稳定曲线

图 4.4　稳定性的图形表示

4.3 传递函数模型表示

对于一个实际系统,根据系统的物理、化学等运动规律写出输出与输入关系,这种关系的数学模型称为传递函数。常用的传递函数包括有理多项分式表达式、零极点增益表达式、状态空间微分方程等形式,这些模型之间存在内在的联系,可以相互进行转换。

4.3.1 传递函数的定义

传递函数定义为在零初始条件下,线性系统输出量的拉普拉斯变换与输入量的拉普拉斯变换之比。若用 $Y(s)$,$U(s)$ 分别表示输出量和输入量的拉普拉斯变换,则传递函数记作

$$G(s) = \frac{Y(s)}{U(s)} \tag{4-1}$$

对于复杂系统,可根据组成系统各单元的传递函数之间的连接关系,导出整体系统的传递函数,可用它分析系统的稳定性和动态特性,再根据给定要求设计满意的控制器。

4.3.2 传递函数的性质

(1)传递函数是系统本身的一种属性,它与输入量或驱动函数的大小和性质无关。

(2)传递函数包含联系输入量与输出量所必需的单位,但是它不提供有关系统物理结构的任何信息,许多物理上完全不同的系统,可以具有相同的传递函数,称之为相似系统。

(3)由于传递函数是在零初始条件下定义的,因此不能反映在非零初始条件下系统的运动情况。

4.3.3 传递函数的主要应用

(1)分析系统参数变化对输出响应的变化,研究系统参数变化或结构变化对系统动态过程的影响。

(2)利用传递函数可以针对各种不同形式的输入量研究系统的输出,掌握系统的性质,描述其动态特性。

4.4 系统的开环和闭环传递函数模型

系统的组成结构如图 4.5 所示,当 $B(s)$ 断开时,为开环传递系统;当系统闭合成为一个环时,为闭环系统。

其中,$G_1(s)$,$G_2(s)$ 为前向通道传递函数,$H(s)$ 为反馈通道传递函数。

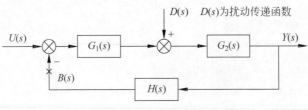

图 4.5 开环系统

4.4.1 开环传递函数模型

$$G_0(s)=\frac{B(s)}{U(s)}=G_1(s)G_2(s)H(s) \tag{4-2}$$

4.4.2 闭环传递函数模型

$$G_\phi(s)=\frac{Y(s)}{U(s)}=\frac{G_1(s)G_2(s)}{1+G_1(s)G_2(s)H(s)} \tag{4-3}$$

对于闭环传递函数,分母多项式 $1+G_1(s)G_2(s)H(s)$ 称为闭环系统的特征多项式,令该多项式为零,即 $1+G_1(s)G_2(s)H(s)=0$,称为闭环系统的特征方程。方程的根称为闭环系统的特征根或闭环系统的极点。若特征方程所有根的实部都是负数,则系统是稳定的,零点位置不会影响系统的稳定性。

4.5 传递函数模型的建立方法

自动控制理论中建立数学模型,即建立输出与输入关系的表达式,常用方法有理论法和实验法。理论建模是以物理、电学、力学的等量关系建立微分方程,再经过拉普拉斯变换转换为传递函数。实际工程中,由于研究对象过于复杂,无法建立等量关系,此时通过实验系统辨识的方法来建立,也称为实验法。MATLAB 的常用模型形式有多项式、零极点和状态空间形式,控制系统的分析是在建立数学模型基础上进行的。

4.5.1 传递函数模型的形式

对于一个单输入单输出的连续系统,若输入信号为 $u(t)$,输出为 $y(t)$,对系统的微分方程进行拉普拉斯变换,即可得到传递函数模型的一般形式为

$$G(s)=\frac{Y(s)}{U(s)}=\frac{b_1s^m+b_2s^{m-1}+\cdots+b_ms+b_{m+1}}{a_1s^n+a_2s^{n-1}+\cdots+a_ns+a_{n+1}} \tag{4-4}$$

1. 建立连续系统传递函数

语法格式：

G = tf([b$_1$,b$_2$,…,b$_m$,b$_{m+1}$],[a$_1$,a$_2$,…,a$_{n-1}$,a$_n$])

或

G = tf (num,den)

说明：num＝$[b_1,b_2,\cdots,b_m,b_{m+1}]$为分子向量；den＝$[a_1,a_2,\cdots,a_{n-1},a_n]$为分母向量。

【例 4-1】 建立连续系统传递函数：$G(s)=\dfrac{Y(s)}{U(s)}=\dfrac{13s^2+4s^2+6}{5s^4+3s^3+16s^2+s+7}$。

程序命令：

G = tf([13,4,0,6],[5,3,16,1,7])

或

num = [13,4,0,6]; den = [5,3,16,1,7]; G = tf(num,den)

结果：

```
Transfer function:
      13 s^3 + 4 s^2 + 6
   --------------------------------------
   5 s^4 + 3 s^3 + 16 s^2 + s + 7
```

2. 建立离散系统传递函数

离散系统传递函数是在零初始条件下,离散输出信号的 Z 变换与离散输入信号的 Z 变换之比。

语法格式：

G = tf (num,den,T$_s$)   ％由分子、分母得出脉冲传递函数

说明：T_s 为采样周期,为标量,当采样周期用－1 表示时,表示未定义采样周期,自变量用 z 表示。

【例 4-2】 建立例 4-1 连续系统的离散传递函数,它是离散采样的系统模型。当采样周期未定义时取－1 或[ ]。

程序命令：

num = [13,4,0,6]; den = [5,3,16,1,7]; G = tf(num,den, － 1)

结果：

```
             13 z^3 + 4 z^2 + 6
   G =  ---------------------------------

        5 z^4 + 3 z^3 + 16 z^2 + z + 7
```

3. 建立复杂系统传递函数

【例 4-3】 使用多项式乘积函数 conv 建立复杂系统传递函数 $G(s) = \dfrac{4(s+3)(s^2+7s+6)^2}{s(s+1)^3(s^3+3s^2+5)}$。

程序命令：

```
den = conv([1 0],conv([1 1],conv([1 1],conv([1 1],[1 3 0 5]))));
num = 4 * conv([1,3],conv([1,7,6],[1,7,6]));
G = tf(num,den)
```

结果：

```
Transfer function:
         4 s^5 + 68 s^4 + 412 s^3 + 1068 s^2 + 1152 s + 432
   ----------------------------------------------------------

   s^7 + 6 s^6 + 12 s^5 + 15 s^4 + 18 s^3 + 15 s^2 + 5 s
```

4.5.2　零极点传递函数模型

$$G(z) = k \frac{(z+z_1)(z+z_2)\cdots(z+z_m)}{(z+p_1)(z+p_2)\cdots(z+p_n)}$$

语法格式：

```
G = zpk(z,p,k)
```

说明：z 为零点列向量；p 为极点列向量；k 为增益。

【例 4-4】 建立零极点传递函数：$G(s) = \dfrac{7(s+3)}{(s+2)(s+4)(s+5)}$。

程序命令：

```
z = - 3; p = [ - 2, - 4, - 5]; k = 7;
G = zpk(z,p,k)
```

结果：

```
Zero/pole/gain:
          7 (s + 3)
   -----------------------

   (s + 2) (s + 4) (s + 5)
```

4.5.3 状态空间形式

状态空间模型标准形式为

$$\begin{cases} \dot{\boldsymbol{x}} = \boldsymbol{A}\boldsymbol{x} + \boldsymbol{B}u \\ \boldsymbol{y} = \boldsymbol{C}\boldsymbol{x} + \boldsymbol{D}u \end{cases}$$

其中，$\boldsymbol{x}$ 为状态向量（n 维），$\boldsymbol{A}$ 为状态矩阵（$n \times n$ 维），$\boldsymbol{B}$ 为控制矩阵（$n \times 1$ 维），u 为控制信号（标量），$\boldsymbol{y}$ 为输出向量（m 维），$\boldsymbol{C}$ 为输出矩阵（$1 \times n$ 维），$\boldsymbol{D}$ 为转移矩阵（1 维）。

语法格式：

```
G = ss(A,B,C,D)      % 由 A,B,C,D 参数获得状态方程模型
```

构造状态空间模型：

```
A = [a₁₁,a₁₂,…,a₁ₙ; a₂₁,a₂₂,…,a₂ₙ; …; aₙ₁,…,aₙₙ];
B = [b₀,b₁,…,bₙ];
C = [c₁,c₂,…,cₙ];
D = d;
ss(A,B,C,D)
```

【**例 4-5**】 创建下列状态空间形式的传递函数。

$$\dot{\boldsymbol{x}} = \begin{bmatrix} 0 & 1 & 0 & 0 \\ 0 & 0 & -1 & 0 \\ 0 & 0 & 0 & 1 \\ 0 & 0 & 5 & 0 \end{bmatrix} \boldsymbol{x} + \begin{bmatrix} 0 \\ 1 \\ 0 \\ -2 \end{bmatrix} H$$

$$\boldsymbol{y} = \begin{bmatrix} 1 & 0 & 0 & 0 \end{bmatrix} \boldsymbol{x} + 0H$$

程序命令：

```
A = [0,1,0,0; 0,0,-1,0; 0,0,0,1; 0,0,5,0];
B = [0; 1; 0; -2];
C = [1,0,0,0];
[  ]D = 0;
G = ss(A,B,C,D);
G1 = tf(G)
```

结果：

```
Transfer function:
    s^2 + 1.334e-013 s - 3
    -------------------------------
    s^4 - 5 s^2
```

4.5.4 建立标准传递函数模型

若已知阻尼比 ζ 和振动频率 ω_n,建立标准二阶系统传递函数。

语法格式:

```
[k,den] = ord2(wₙ,kscai)    % wₙ 为振动频率 ωₙ,kscai 为阻尼比 ζ; den 为分母传递函数,k 值为 1
num = wₙ^2      % num 为分子传递函数
```

【例 4-6】 建立 $G(s) = \dfrac{Y(s)}{U(s)} = \dfrac{\omega_n^2}{s^2 + 2\zeta\omega_n s + \omega_n^2}$ 当阻尼比 $\zeta = 0.15$,振动频率 $\omega_n = 10$ 的标准传递函数。

程序命令:

```
wn = 10; kscai = 0.15;
[k,den] = ord2(wn,kscai)
G = tf(wn^2,den)
```

结果:

```
G =            100
       ---------------------
        s^2 + 3 s + 100
```

4.6 传递函数模型形式转换

MATLAB 中传递函数模型转换指多项式、零极点、状态空间三种形式的转换。

4.6.1 传递函数转换函数

1. 常用传递函数模型

(1) 多项式传递函数模型: $G = tf(num,den)$

(2) 零极点增益模型: $G = zpk(\boldsymbol{z},\boldsymbol{p},k)$

(3) 状态空间模型: $G = ss(\boldsymbol{A},\boldsymbol{B},\boldsymbol{C},\boldsymbol{D})$

2. 转换函数

(1) 多项式传递函数转换为零极点增益模型。

语法格式:

```
[z,p,k] = tf2zp(num,den);
```

```
G = zpk(z,p,k)
```

（2）零极点增益模型转换为多项式传递函数。

语法格式：

```
[num,den] = zp2tf(z,p,k);
G = tf(num,den)
```

（3）多项式传递函数转换为状态空间模型。

语法格式：

```
[A,B,C,D] = tf2ss(num,den);
G = ss(A,B,C,D)
```

（4）状态空间模型转换为多项式传递函数。

语法格式：

```
[num,den] = ss2tf(A,B,C,D);
G = tf(num,den)
```

（5）零极点增益模型转换为状态空间模型。

语法格式：

```
[A,B,C,D] = zp2ss(z,p,k);
G = ss(A,B,C,D)
```

（6）状态空间模型转换为零极点增益模型。

语法格式：

```
[z,p,k] = ss2zp(A,B,C,D);
G = zpk(z,p,k)
```

4.6.2　传递函数转换示例

【例 4-7】　将零极点增益模型 $G(s) = \dfrac{4(s+7)(s+2)}{(s+3)(s+5)(s+9)}$ 转换成多项式传递函数。

程序命令：

```
z = [-7; -2];              %注意 z 必须是列向量
p = [-3, -5, -9];
k = 4;
G = zpk(z,p,k)
[num,den] = zp2tf(z,p,k);
G = tf(num,den)
```

结果：

Zero/pole/gain:

```
  4 (s + 7) (s + 2)
-------------------
(s + 3) (s + 5) (s + 9)
```

Transfer function:
```
    4 s^2 + 36 s + 56
-------------------------------
s^3 + 17 s^2 + 87 s + 135
```

【例 4-8】 将多项式传递函数 $G(s) = \dfrac{s^3 + 7s^2 + 24s + 24}{s^4 + 10s^3 + 35s^2 + 50s + 24}$，先转换为状态空间模型，再转换成零极点增益模型。

程序命令：

```
num = [1,7,24,24]; den = [1,10,35,50,24];
[A,B,C,D] = tf2ss(num,den)
G = ss(A,B,C,D)
[z,p,k] = ss2zp(A,B,C,D)
G1 = zpk(z,p,k)
```

结果：

```
A = - 10    - 35    - 50    - 24
      1      0       0       0
      0      1       0       0
      0      0       1       0
B =   1
      0
      0
      0
C =   1      7      24      24
D =   0
a =        x1      x2       x3       x4
   x1    - 10   - 4.375  - 3.125   - 1.5
   x2      8       0        0        0
   x3      0       2        0        0
   x4      0       0        1        0
b =
         u1
   x1    2
   x2    0
   x3    0
   x4    0
c =
         x1      x2       x3       x4
```

```
    y1      0.5  0.4375    0.75     0.75
d =
        u1
    y1   0
Continuous - time model.
```

【**例 4-9**】 将下列状态空间模型转换成多项式和零极点增益形式的传递函数。

$$
\begin{bmatrix} \dot{x}_1 \\ \dot{x}_2 \\ \dot{x}_3 \end{bmatrix} = \begin{bmatrix} -6 & -5 & -10 \\ 1 & 0 & 0 \\ 0 & 1 & 0 \end{bmatrix} \begin{bmatrix} x_1 \\ x_2 \\ x_3 \end{bmatrix} + \begin{bmatrix} 1 \\ 0 \\ 0 \end{bmatrix} u
$$

$$
y = \begin{bmatrix} 0 & 10 & 10 \end{bmatrix} \begin{bmatrix} x_1 \\ x_2 \\ x_3 \end{bmatrix}
$$

程序命令：

```
A = [ - 6, - 5, - 10; 1,0,0; 0,1,0]; B = [1; 0; 0]; C = [0,10,10]; D = 0;
[num,den] = ss2tf(A,B,C,D);
G = tf(num,den)
[z,p,k] = ss2zp(A,B,C,D);
G = zpk(z,p,k)
```

结果：

```
Transfer function:
5.329e - 015 s^2 + 10 s + 10
-----------------------------
 s^3 + 6 s^2 + 5 s + 10

Zero/pole/gain:
           10(s + 1)
-----------------------------------------
(s + 5.418)(s^2 + 0.5822s + 1.846)
Transfer function:
      7 s^3 + 32.5 s^2 + 23 s + 5.5
-----------------------------------------
5 s^4 + 19.5 s^3 + 15.5 s^2 + 6.5 s + 1.5
```

第5章 控制系统时域分析的MATLAB实现

控制系统时域分析是指对被控对象输入典型信号，分析系统随时间变化的过程和特征。通过分析系统在给定输入信号作用下的输出响应，研究控制系统的稳定性和动态性能指标。时域分析的特点是直观、准确。本章借助 MATLAB 完成对控制系统建模、绘制不同输入信号下的响应曲线、分析改变系统参数对输出性能的影响并进行稳定性判断。

5.1 模型建立与化简

框图化简是将复杂系统转换为典型环节传递函数，实现系统建模的一种等效变换方法。

5.1.1 串联结构

串联结构如图 5.1 所示。

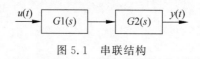

图 5.1 串联结构

语法格式：

G = G1 ∗ G2 或 G = series(G1,G2)

若已知 G1(s)和 G2(s)的分子和分母，也可直接写成[num,den]＝series(num1,den1,num2,den2)。

【例 5-1】 建立图 5.2 所示串联结构模型的传递函数。

程序命令：

```
G1 = tf([2,5,1],[1,2,3]); G2 = zpk( - 2, - 10,5);
G = G1 ∗ G2
```

或

```
G = series(G1,G2)
```

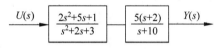

图 5.2　串联结构模型

5.1.2　并联结构

并联结构如图 5.3 所示。

语法格式：

```
G = G1 + G2
G = parallel(G1,G2)
```

若已知 G1(s)和 G2(s)的分子和分母，也可直接写成[num,den] = parallel(num1, den1,num2,den2)。

【例 5-2】　建立图 5.4 所示并联结构模型的传递函数。

程序命令：

```
G1 = tf([2,5,1],[1,2,3]);
G2 = zpk( - 2, - 10,5);
G = G1 + G2
```

或

```
G = parallel(G1,G2)
```

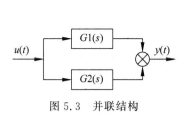

图 5.3　并联结构

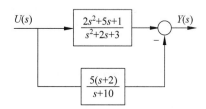

图 5.4　并联结构模型

5.1.3　反馈结构

反馈结构如图 5.5 所示。其中，"＋"为正反馈，"－"为负反馈。

语法格式：

```
G = feedback(G1,G2,Sign)
```

其中,Sign 为表示反馈的符号,Sign＝1 表示正反馈,Sign＝－1 表示负反馈,默认为负反馈。也可以直接写成[num,den]＝feedback(num1,den1,num2,den2,sign)。

【例 5-3】 建立图 5.6 所示反馈结构模型的传递函数。

程序命令:

```
G1 = tf([2,5,1],[1,2,3]);
G2 = zpk(-2,-10,5);
G = feedback(G1,G2,-1)
```

或

```
G = feedback(G1,G2)
```

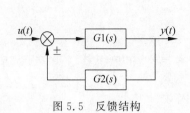 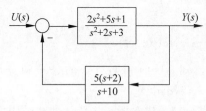

图 5.5 反馈结构 　　　　　　图 5.6 反馈结构模型

5.1.4 复杂结构

复杂结构是多种形式的组合,包括串联结构、并联结构和反馈结构,如图 5.7 所示。

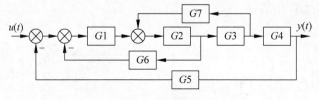

图 5.7 复杂结构

建立复杂结构模型一般需要下面的步骤:

(1)按照梅逊公式画出信号流图,并按各个模块的通路顺序编号,主通路从左到右顺序排列,如图 5.8 所示。

(2)使用 append 命令实现各模块的连接。

$$G = append(G1,G2,G3,\cdots)$$

(3)指定连接关系:写出各通路的输入/输出关系矩阵 **Q**,它的第一列是模块通路编号,从第二列开始为进入该节点模块的通路编号。

(4)指定输入/输出编号。

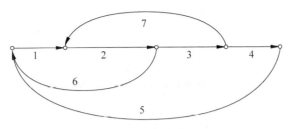

图 5.8　信号流图

输入：INPUTS 为系统整体输入信号的通路编号。

输出：OUTPUTS 为系统整体输出信号的通路编号。

（5）使用 connect 命令构造整个系统的模型。

Sys＝connect(G,Q,INPUTS,OUTPUTS)

说明：各模块传递函数也可以通过 blkbuild 命令建立无连接的数学模型，则第（2）步修改如下：将各通路的信息存放在变量中，通路数存放在 nblocks 中，各通路传递函数的分子和分母分别存放在不同的变量中；用 blkbuild 命令求取系统的状态方程模型。

【**例 5-4**】　建立图 5.9 所示的复杂结构传递函数。

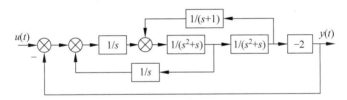

图 5.9　复杂结构

（1）根据系统结构框图绘制的信号流图如图 5.10 所示。

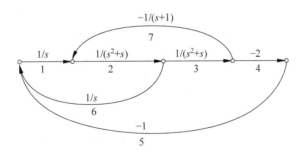

图 5.10　模块的信号流图

（2）使用 append 命令实现各模块无连接的系统矩阵。

```
G1 = tf(1,[1 0]); G2 = tf(1,[1 1 0]); G3 = tf(1,[1 1 0]);
G4 = tf( - 2,1); G5 = tf( - 1,1); G6 = tf(1,[1 0]);
G7 = tf( - 1,[1 1]);
```

```
Sys = append(G1,G2,G3,G4,G5,G6,G7)
```

（3）指定连接关系。

```
Q = [1 6 5;        % 通路 1 的输入信号为通路 6 和通路 5
     2 1 7;        % 通路 2 的输入信号为通路 1 和通路 7
     3 2 0;        % 通路 3 的输入信号为通路 2
     4 3 0;        % 通路 4 的输入信号为通路 3
     5 4 0;        % 通路 5 的输入信号为通路 4
     6 2 0;        % 通路 6 的输入信号为通路 2
     7 3 0];       % 通路 7 的输入信号为通路 3
```

（4）指定输入/输出。

```
INPUTS = 1;        % 系统总输入由通路 1 输入
OUTPUTS = 4;       % 系统总输出由通路 4 输出
```

（5）使用 connect 命令建立整个系统的模型。

```
G = connect(Sys,Q,INPUTS,OUTPUTS)
```

结果：

$$G = \frac{-2s^2 - 2s - 1.11e-01}{s^7 + 3s^6 + 3s^5 + s^4 - s^3 - 3s^2 - 3s - 2.815e-016}$$

5.1.5　多输入多输出系统

在多输入多输出系统中，需要增加输入变量和输出变量的编号。
语法格式：

```
sys = series(G1,G2,outputA,inputB)                     % 级联
sys = parallel(G1,G2,InputA,InputB,OutputA,OutputB)    % 并联
```

5.2　控制系统的瞬态响应分析

瞬态响应分析是指分析系统在某一输入信号作用下，输出量从初始状态到稳定状态的响应过程。可利用阶跃信号、斜波信号、脉冲信号等典型输入信号数学表达简单、便于分析的特点，分析系统输出的特征。

5.2.1　单位脉冲响应

当输入信号为单位脉冲函数 $\delta(t)$ 时，系统输出为单位脉冲响应，可使用 impulse( ) 函数

计算和显示连续系统的响应曲线。

语法格式：

```
[y,x,t] = impulse(num,den,t)
```

或

```
impulse(G)
```

式中，t 为仿真时间；y 为时间 t 的输出响应；x 为时间 t 的状态响应。

5.2.2 单位阶跃响应

当输入为单位阶跃信号时，系统的输出为单位阶跃响应，使用 step() 函数来计算和显示连续系统的响应曲线。

语法格式：

```
[y,x,t] = step(G,t)
```

或

```
step(G)
```

式中，t 为设置的仿真时间，默认时，系统将自动设置时间。

5.2.3 零输入响应

当无输入信号时，使用 initial() 函数来计算和显示连续系统的响应曲线。

语法格式：

```
initial(G,x0 )              % 绘制系统的零输入响应曲线
initial(G1,G2,…,x0 )        % 绘制系统多个系统的零输入响应曲线
[y,t,x] = initial(G,x0)
```

式中，G 为系统模型，必须是状态空间模型；x0 是初始条件；y 为输出响应；t 为时间向量（可省略）；x 为状态变量响应（可省略）。

5.2.4 任意函数作用下系统的响应

语法格式：

```
[y,x] = lsim(G,u,t)
```

式中，y 为系统输出响应；x 为系统状态响应；u 为系统输入信号；t 为仿真时间。

若输入为斜波信号,可设置 t=初值:步长:终值,再令 u=t 即可。

【例 5-5】 某系统闭环传递函数为 $G(s) = \dfrac{s+1}{s^3+2s^2+3s+1}$。

要求:

(1) 画出单位脉冲响应(Impulse Response)曲线;

(2) 画出单位阶跃响应(Step Response)曲线;

(3) 画出初始条件 Initial Conditions 为[1 2 1]时的零输入响应;

(4) 画出单位斜波响应曲线,即线性仿真结果(Linear Simulation Results)。

程序命令:

```
num = [1,1]; den = [1,2,3,1]; G = tf(num,den);
subplot(2,2,1); impulse(G);
subplot(2,2,2); step(G);
subplot(2,2,3); G2 = ss(G);
X0 = [1; 2; 1]; initial(G2,X0);
t = 0: 0.1: 10; subplot(2,2,4); u = t; lsim(G,u,t);
```

4 种典型输入信号下的输出结果如图 5.11 所示。

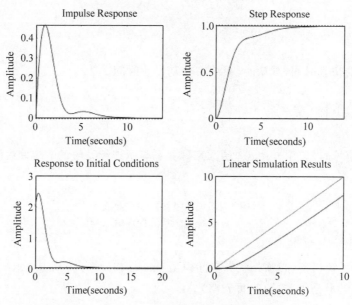

图 5.11　典型输入响应曲线

注:Amplitude 表示振幅。

【例 5-6】 闭环系统如图 5.12 (a)所示,系统输入信号为图 5.12(b)所示的三角波,求系统的输出响应。

程序命令:

```
Gg = tf([10,20],[1,3,5 0]);
```

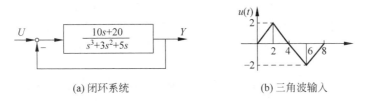

(a) 闭环系统   (b) 三角波输入

图 5.12 反馈系统及输入信号

```
G = feedback(Gg, 1);
v1 = [0: 0.1: 2]; v2 = [1.9: -0.1: -2]; v3 = [-1.9: 0.1: 0];
t = [0: 0.1: 8]; u = [v1, v2, v3]; [y, x] = lsim(G, u, t);
plot(t, y, t, u); xlabel('Time (seconds)');
ylabel('theta (rad)'); grid on;
```

结果如图 5.13 所示。

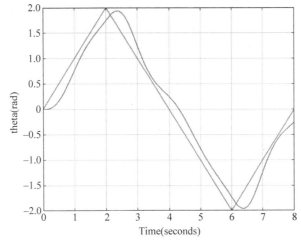

图 5.13 斜波响应曲线

5.3 二阶系统阶跃响应分析

二阶系统是控制理论中最典型的系统,先辈们对二阶系统时域指标进行了深入细致的研究,总结出了二阶系统超调量、稳态时间、稳态误差、上升时间、峰值时间等多个计算公式。由此可分析二阶闭环系统的阻尼比 ζ 和自由振动频率 ω_n 参数变化对系统输出的影响。

5.3.1 二阶系统时域动态性能指标

对于二阶系统,闭环传递函数的标准形式为 $G(s) = \dfrac{Y(s)}{U(s)} = \dfrac{\omega_n^2}{s^2 + 2\zeta\omega_n s + \omega_n^2}$。$\zeta = 0$ 时

称为无阻尼状态,$0<\zeta<1$ 时为欠阻尼状态,$\zeta=1$ 时为临界阻尼状态,$\zeta>1$ 时为过阻尼状态。当输入阶跃信号时,表征系统输出的动态性能指标包括ζ 超调量 M_p、稳态时间 t_s、稳态误差 e_{ss}、上升时间 t_r 和峰值时间 t_p,各参数的含义如图 5.14 所示。

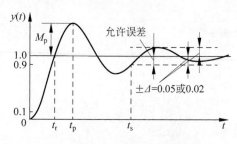

图 5.14　二阶系统响应曲线

其中:

(1) 超调量 M_p 它反映系统的平稳性,指系统输出曲线第一个波的峰值与给定值的最大偏差 $y(t_p)$ 与终值之差的百分比,即 $M_p = \dfrac{y(t_p)-y(\infty)}{y(\infty)} \times 100\%$。

(2) 稳态时间 t_s(调节时间)反映系统的整体快速性,指输出曲线达到并保持在一个允许误差范围内所需的最短时间。

(3) 稳态误差 e_{ss} 反映控制系统精度,指输出曲线结束时稳态值与给定值之差,用百分数表示。工程上常取 $\pm 5\%$ 或 $\pm 2\%$ 的误差范围。

(4) 上升时间 t_r 反映系统输出的速度快慢,指响应曲线从 0 时刻开始首次到达稳态值的时间。对于无超调系统,定义为从到达稳态的 10% 上升到 90% 所需的时间。

(5) 峰值时间 t_p 反映系统的初始快速性,指阶跃响应输出曲线达到第一峰值所需要的时间。

5.3.2　使用函数获取时域动态指标

实验中使用 MATLAB 的 step() 函数获取时域动态指标,可单击阶跃响应曲线幅值及稳态值的点读取值,或使用程序自动获取参数。

(1) 计算超调量:

```
y = step(sys)                  % 求阶跃响应曲线值
[Y,k] = max(y)                 % 求 y 的峰值及峰值时间
C = dcgain(sys)                % 求取系统的终值
Mp = 100 * (Y - C)/C           % 计算超调量
```

(2) 计算稳态时间:

```
[y,t] = step(sys);C = dcgain(sys); i = length(t);
while (y(i)>0.98 * C)&(y(i)<1.02 * C)
```

```
i = i - 1;
end
ts = t(i)                    % 获得稳态时间
```

（3）计算上升时间：

```
[y,t] = step(sys); C = dcgain(sys); n = 1;
while y(n) < = C; n = n + 1; end;
tr = t(n)                    % 获得上升时间
```

（4）计算峰值时间：

```
y = step(sys); [Y,k] = max(y)   % 求 y 的峰值
tp = t(k)                    % 获得峰值时间
```

（5）计算稳态误差：

```
t = [0:0.001:15]; y = step(sys,t);
ess = 1 - y; Ep = ess(length(ess))   % 获得稳态误差
```

【例 5-7】　根据闭环系统传递函数 $G(s) = \dfrac{Y(s)}{U(s)} = \dfrac{100}{s^2 + 3s + 100}$，绘制阶跃响应曲线，在曲线上单击获取动态特性参数并查找稳态误差为 2% 时的稳态时间。

程序命令：

```
num = [100]; den = [1,3 ,100];
G = tf(num,den)
step(G)
```

根据图 5.15 所示的结果，单击图上的峰值点和稳态时间点，从图上观测出超调量为 62%，峰值时间为 0.311s；上升时间为 0.173s；在 2% 稳态误差下，稳态时间是 2.58s。

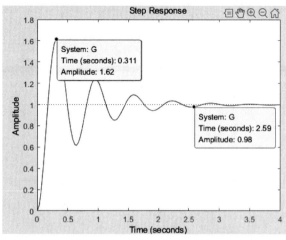

图 5.15　欠阻尼阶跃响应曲线

【**例 5-8**】 根据标准二阶系统传递函数,在自由振动频率 $\omega_n = 1$ 的情况下,改变阻尼比分别为 $\zeta = 0$(无阻尼), $\zeta = 0.5$(欠阻尼), $\zeta = 1$(临界阻尼)和 $\zeta = 2$(过阻尼),绘制阶跃响应曲线,并对结果进行总结。

程序命令:

```
num = 1;den1 = [1,0,1]; den2 = [1,0.5,1];
den3 = [1,2,1]; den4 = [1,4,1];
t = 0:0.1:10;                    % 横坐标的线性空间
G1 = tf(num,den1);G2 = tf(num,den2);
G3 = tf(num,den3);G4 = tf(num,den4);
step(G1,t);hold on;              % 保持曲线
text(3,1.8,'ζ = 0')             % 标注曲线
step(G2,t);hold on;text(3,1.4,'ζ = 0.5')
step(G3,t);hold on;text(3,0.8,'ζ = 1')
step(G4,t);hold on;text(3,0.4,'ζ = 2')
```

结果如图 5.16 所示。

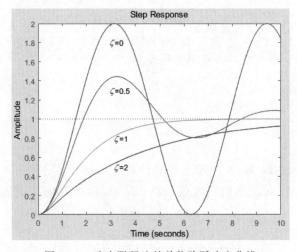

图 5.16　改变阻尼比的单位阶跃响应曲线

结论:阻尼比越大,超调量越小,达到稳定时间越长,且临界阻尼时超调量为 0。

【**例 5-9**】 根据标准二阶系统传递函数,在阻尼比 $\zeta = 0.5$ 的情况下,改变自由振动频率 $\omega_n = 1, \omega_n = 2, \omega_n = 3$,绘制阶跃响应曲线。

程序命令:

```
t = [0:0.1:10]; num1 = 1; den1 = [1,1,1];
G1 = tf(num1,den1);
step(G1,t);hold on;text(0.2,1.1,'ωn = 1');
num2 = 4;den2 = [1,2,4];G2 = tf(num2,den2)
step(G2,t); hold on;text(1.8,1.1,'ωn = 2');
num3 = 9;den3 = [1,3,9];G3 = tf(num3,den3)
```

```
step(G3,t);hold on;text(3.5,1.1,'ωn = 3');
```

结果如图 5.17 所示。

结论：ω_n 相同时，ζ 越大，响应越快；ζ 相同时，ω_n 越大，响应越快。

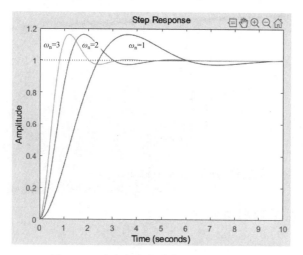

图 5.17　改变频率的单位阶跃响应曲线

5.4　稳定性分析

控制系统得到实际应用的首要条件是系统稳定。本节借助 MATLAB 绘图函数研究系统稳定与不稳定的现象，使用闭环特征根、零极点图和劳斯判据三种方法判别系统的稳定性，并分析改变系统增益对输出性能的影响。

5.4.1　使用闭环特征多项式的根判别稳定性

线性系统稳定的充分必要条件是闭环系统特征方程的所有根具有负实部，使用 MATLAB 求根函数即可判别。

语法格式：

```
roots(den)                    %由特征多项式 den,确定系统的根极点
```

【例 5-10】 已知闭环传递函数 $G(s) = \dfrac{11}{s^4 + 5s^3 + 7s^2 + 9s + 11}$，使用 roots( )函数判定系统稳定性。

程序命令：

```
den = [1 5 7 9 11];           %输入闭环传递函数特征多项式
```

```
p = roots(den);              %求特征多项式极点
p1 = real(p)                 %求极点的实部
if p1 < 0
  disp(['稳定'])
else
    disp(['不稳定'])
end
```

结果：

```
p1 =    - 3.465
        - 1.6681
          0.06653
          0.06653
          不稳定
```

结论： 由于极点存在正实部，所以系统不稳定。

5.4.2　使用零极点图判别稳定性

语法格式：

```
p = pole(G)                  %计算传递函数 G 的极点,当系统有重极点时,计算结果不一定准确
z = tzero(G)                 %得出连续和离散系统的零点
[z,gain] = tzero(G)          %获得零点和零极点增益
pzmap(G)                     %绘制传递函数 G 的零极点图
```

或

```
pzmap(num,den)               % num,den 表示传递函数的分子、分母
```

该命令计算极点和零点，并在复平面上画出。极点用"x"表示，零点用"o"表示。

若极点全部落在左半平面，则系统稳定，否则系统不稳定，因为这是系统稳定的充分必要条件。

【例 5-11】 根据例 5-10 的传递函数，使用零极点图判定系统的稳定性。

程序命令：

```
num = 11;
den = [1 5 7 9 11];
pzmap(num,den)
```

结果如图 5.18 所示。

结论： 从图 5.18 可以看出，右半平面上有 2 个极点，因此该系统是不稳定的。

5.4.3　使用劳斯判据判别稳定性

根据系统的闭环特征方程，列出劳斯阵列进行判别，若闭环特征方程为

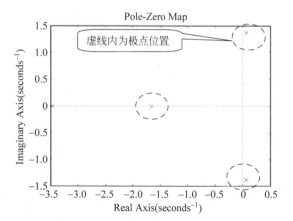

图 5.18 零极点图

$$a_0 S^n + a_1 S^{n-1} + a_2 S^{n-2} + \cdots + a_{n-1} S + a_n = 0$$

将各项系数按下面的格式排成劳斯阵列。

$$
\begin{cases}
S^n & a_0 & a_2 & a_4 & a_6 & \cdots \\
S^{n-1} & a_1 & a_3 & a_5 & a_7 & \cdots \\
S^{n-2} & b_1 & b_2 & b_3 & b_4 & \cdots \\
S^{n-3} & c_1 & c_2 & c_3 & & \cdots \\
\cdots & \cdots & & & & \\
S^2 & d_1 & d_2 & d_3 & & \\
S^1 & e_1 & e_2 & & & \\
S^0 & f_1 & & & &
\end{cases}
\tag{5-1}
$$

计算第一列的数据见式(5-2)。

$$
\begin{cases}
b_1 = \dfrac{a_1 a_2 - a_0 a_2}{a_1}, b_2 = \dfrac{a_1 a_2 - a_0 a_2}{a_1}, b_3 = \dfrac{a_1 a_2 - a_0 a_2}{a_1}, \cdots \\[3mm]
c_1 = \dfrac{b_1 a_2 - a_1 b_2}{b_1}, c_2 = \dfrac{b_1 a_2 - a_0 b_2}{b_1}, c_3 = \dfrac{b_1 a_2 - a_1 b_2}{b_1}, \cdots \\[3mm]
\vdots \\[2mm]
f_1 = \dfrac{e_1 d_2 - d_1 e_2}{e_2}
\end{cases}
\tag{5-2}
$$

若劳斯阵列的第一列值 $a_1, b_1, c_1, \cdots, f_1$ 都大于零,则系统是稳定的;若出现至少一个小于零的值,则系统是不稳定的;若第一列有等于零的值,说明系统处于临界稳定状态。

【例 5-12】 已知系统的闭环特征方程为 $s^5 + 2s^4 + s^3 + 3s^2 + 4s + 5 = 0$,使用劳斯判据判断系统的稳定性。

程序命令：

```
clc; p = [1,2,3,4,5];p1 = p;
n = length(p);              %计算闭环特征方程系数的个数 n
if mod(n,2) == 0            %n 为偶数时
  n1 = n/2;                %劳斯阵列的列数为 n/2
else
n1 = (n+1)/2;              %n 为奇数时,劳斯阵列的列数为(n+1)/2
p1 = [p1,0];              %劳斯阵列左移一位,后面填写 0
end
routh = reshape(p1,2,n1); %列出劳斯阵列前 2 行
RouthTable = zeros(n,n1); %初始化劳斯阵列行和列为零矩阵
RouthTable(1:2,:) = routh;%将前 2 行系数放入劳斯阵列
for i = 3:n               %从第 3 行开始计算劳斯阵列数值
ai = RouthTable(i-2,1)/RouthTable(i-1,1);
  for j = 1:n1-1          %按照式(5-2)计算劳斯阵列所有值
  RouthTable(i,j) = RouthTable(i-2,j+1) - ai * RouthTable(i-1,j+1)
  end
end
    p2 = RouthTable(:,1)   %输出劳斯阵列的第一列数值
    if  p2 > 0            %取劳斯阵列的第一列进行判定
    disp(['所要判定系统是稳定的!'])
    else
    disp(['所要判定系统是不稳定的!'])
end
```

结果：

```
RouthTable =
      1     3     5
      2     4     0
      1     5     0
     -6     0     0
      5     0     0
p2 =
      2
      1
     -6
      5
所要判定系统是不稳定的!
```

5.4.4 延迟环节稳定性判别

MATLAB 对纯时间延迟环节 e^{-Ts} 用有理函数来近似,系统提供 pade( )函数拟合为多项式或状态空间传递函数,一般用于二阶系统拟合计算,传递函数形式见式(5-3)。

$$G(s) = \frac{s^2 - as + b}{s^2 + as + b} \tag{5-3}$$

语法格式：

```
[num,den] = pade(T,n)          % 也可用[A,B,C,D] = pade(T,n)
printsys(num,den,'s')          % 输出传递函数
```

其中，T 为延迟时间，n 为拟合的阶数。

【例 5-13】 已知下列系统的开环传递函数 $G(s) = \dfrac{K}{s+1}e^{Ts}$ 是一阶惯性带延迟环节，其中 $T = 0.1$，当 $K = 5,15,25,35$ 时，要求：

（1）利用闭环特征多项式的根判定系统稳定性；

（2）利用零极点图判定系统稳定性；

（3）使用劳斯判据判定系统稳定性。

步骤：

（1）用 MATLAB 实现二阶拟合表达式，将 $T = 0.1\mathrm{s}$，$n = 2$ 代入函数输出拟合结果。

```
[num,den] = pade(0.1,2);
printsys(num,den,'s')
```

结果：

```
num/den =     s^2 - 60 s + 1200
          ---------------------
              s^2 + 60 s + 1200
```

（2）根据拟合结果形成闭环二阶系统进行分析，得到如图 5.19 所示的等价系统框图。

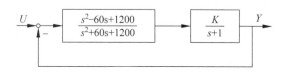

图 5.19　等价系统框图

（3）利用闭环特征多项式的根编程实现稳定性判定。

程序命令：

```
for K = [5,15,25,35];g1 = tf([1 - 60 1200],[1 60 1200]);
g2 = tf(K,[1 1]);
G = g1 * g2; sys = feedback(G,1); p = sys.den{1};
p1 = roots(p);                % 求特征多项式的极点
p2 = real(p1);                % 求极点的实部
if p2 < 0
   disp(['K = ',num2str(K),'时所要判定系统是稳定的!']);
   else
```

```
    disp(['K = ',num2str(K),'时所要判定系统是不稳定的!']);
    end
  end
```

结果：

```
K = 5 时所要判定系统是稳定的!
K = 15 时所要判定系统是稳定的!
K = 25 时所要判定系统是不稳定的!
K = 35 时所要判定系统是不稳定的!
```

（4）利用零极点图判定系统稳定性。

程序命令：

```
a = 0;
for K = [5,15,25,35]
a = a + 1;g1 = tf([1 - 60 1200],[1 60 1200]); g2 = tf(K,[1 1]);
G = g1 * g2; sys = feedback(G,1);
figure(a);pzmap(sys);
if real(p1)< 0
    disp(['K = ',num2str(K),'时所要判定系统是稳定的!']);
  else
    disp(['K = ',num2str(K),'时所要判定系统是不稳定的!']);
  end
end
```

绘制的 $K=5, K=15, K=25, K=35$ 时的零极点图如图 5.20(a)、图 5.20(b)、图 5.20(c) 和图 5.20(d)所示。

结论：从图 5.20(a)和图 5.20(b)可以看出，当 $K=5,15$ 时，极点都落到了左半平面，系统是稳定的。图 5.20(c)和图 5.20(d)中，当 $K=25,35$ 时，分别有 2 个极点落到了右半平面，系统是不稳定的。

结果：

```
p1 =      - 49.5612 + 0.0000i
          - 8.2194 + 8.8157i
          - 8.2194 - 8.8157i
z1 =      30.0000 + 17.3205i
          30.0000 - 17.3205i
K = 5 时所要判定系统是稳定的!
p1 =    - 74.6236 + 0.0000i
        - 0.6882 + 16.0255i
        - 0.6882 - 16.0255i
z1 =   30.0000 + 17.3205i
       30.0000 - 17.3205i
K = 15 时所要判定系统是稳定的!
p1 =    - 92.2661 + 0.0000i
          3.1331 + 18.1200i
```

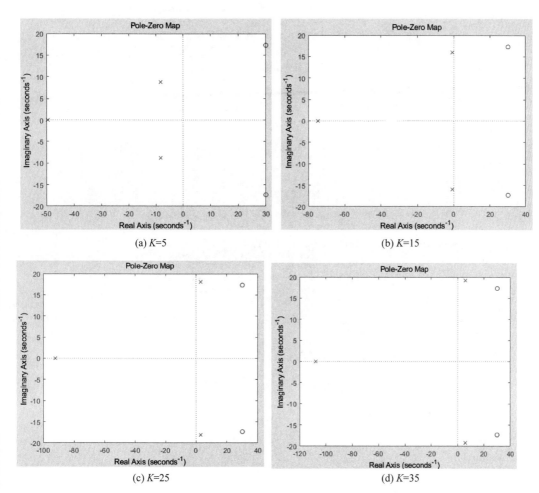

(a) K=5　　　　　　　　　　　　(b) K=15

(c) K=25　　　　　　　　　　　　(d) K=35

图 5.20　不同 K 值的零极点图

```
        3.1331 − 18.1200i
z1  =   30.0000 + 17.3205i
        30.0000 − 17.3205i
K = 25 时所要判定系统是不稳定的!
p1  =      1.0e + 02  *
        − 1.0755 + 0.0000i
        0.0577 + 0.1919i
        0.0577 − 0.1919i
z1  =   30.0000 + 17.3205i
        30.0000 − 17.3205i
K = 35 时所要判定系统是不稳定的!
```

（5）利用劳斯判据判定系统的稳定性。

程序命令：

```
for K = [5,15,25,35]
    g1 = tf([1 - 60 1200],[1 60 1200]); g2 = tf(K,[1 1]);
    G = g1 * g2; sys = feedback(G,1);
    p = sys.den{1}              % 取闭环的分母系数
    p1 = p;n = length(p);
        if mod(n,2) == 0
        n1 = n/2;
    else
    n1 = (n + 1)/2;p1 = [p1,0];
    end
    routh = reshape(p1,2,n1);
    RouthTable = zeros(n,n1);
    RouthTable(1:2,:) = routh;
    for i = 3:n
        ai = RouthTable(i - 2,1)/RouthTable(i - 1,1);
    for j = 1:n1 - 1
    RouthTable(i,j) = RouthTable(i - 2,j + 1) - ai * RouthTable(i - 1,j + 1)
    end
end
p2 = RouthTable(:,1);          % 取劳斯阵列第一列
if  p2 > 0
    disp(['K = ',num2str(K),'时所要判定系统是稳定的!'])
else
    disp(['K = ',num2str(K),'时所要判定系统是不稳定的!'])
    end
end
```

结果:

K = 5 时所要判定系统是稳定的!
K = 15 时所要判定系统是稳定的!
K = 25 时所要判定系统是不稳定的!
K = 35 时所要判定系统是不稳定的!

结论: 以上分别通过三种方法判断不同 K 值系统的稳定性, 其结果是一致的。

控制系统的频域分析是一种图解分析方法，主要研究频域中角频率 ω 的变化对系统幅值和相位的影响。利用 Bode 图、Nyquist 图和 Nichols 图等经典图形，分析控制系统的稳定性。利用频域和时域指标之间的对应关系，从频率上间接描述系统的暂态特性和稳态特性。最后，使用频域法设计超前、滞后校正环节，从频域指标中改善系统的动态特性。

根轨迹分析研究传递函数中某个参数从 0 变到无穷大时，系统特征方程根的变化情况。利用根轨迹判定系统的稳定性，并找出临界稳定参数，使用主导极点降低系统阶次，设计根轨迹控制器，优化系统性能指标。

6.1 频域特性分析

自动控制理论中频率特性曲线主要包括 Bode 图（Bode Diagram）、Nyquist 图和 Nichols 图，从频域图上可获取幅值（Magnitude）裕度、相位（Phase）裕度、幅值和相位穿越频率（Frequency）等信息，用来分析系统稳定性及动态特性。

6.1.1 绘制 Bode 图

频域分析时将传递函数的参量 s 用 $j\omega$ 替代，j 是虚数单位，ω 是角频率。Bode 图就是 ω 变化时的幅频特性和相频特性曲线。

语法格式：

```
bode(G,w)              % 绘制传递函数为 G,角频率为 w 的 Bode 图
[mag,pha] = bode(G,w)  % w 为角频率,mag 为对应的幅值,pha 为相角
[mag,pha,w] = bode(G)  % 从 Bode 图中获得幅值、相角及角频率向量
```

【例 6-1】 根据给定传递函数 $G(s) = \dfrac{1}{s^2 + 3s + 2}$，绘制系统 Bode 图。

程序命令：

```
num = 1; den = [1,3,2,0]; G = tf(num,den)
bode(G)
```

结果如图 6.1 所示。

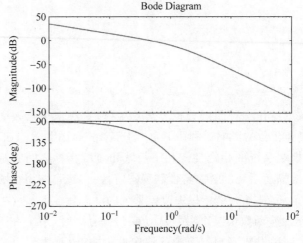

图 6.1   连续系统的 Bode 图

也可以使用 semilogx 命令绘制对数幅频和相频特性,绘图结果与图 6.1 相同。

```
w = logspace( - 2,2);                        % 定义角频率范围
[mag,pha] = bode(num,den,w);                 % 获得幅值和相位值
subplot(2,1,1);semilogx(w,20 * log10(mag))   % 绘制幅频特性曲线
subplot(2,1,2);semilogx(w,pha)               % 绘制相频特性曲线
```

6.1.2   获取幅值裕度和相位裕度

语法格式:

```
margin(G)                          % 绘制传递函数 G 的 Bode 图并获取幅值裕度和相位裕度
[G_m,P_m,W_cg,W_cp] = margin(G)    % 由传递函数 G 获取幅值裕度和相位裕度
```

说明:G_m 为幅位裕度,W_{cg} 为幅值裕度对应的频率,即相频曲线穿越 $180°$ 的频率,也称为剪切频率;P_m 为相位裕度,W_{cp} 为相位裕度对应的频率,即幅频特性曲线穿越零轴的频率,称为穿越频率。如果 W_{cg} 或 W_{cp} 为 NaN 或 Inf,则对应的 G_m 或 P_m 为无穷大。

【例 6-2】   绘制例 6-1 中传递函数的 Bode 图,并获取幅值裕度、相位裕度、相位和幅值穿越频率。

程序命令:

```
num = 1;
den = [1,3,2,0];
```

```
G = tf(num,den);
margin(G)
[Gm,Pm,Wcg,Wcp] = margin(G)
```

结果：

```
Gm = 6.0000
Pm = 53.4109
Wcg = 1.4142
Wcp = 0.4457
```

Bode 图如图 6.2 所示。

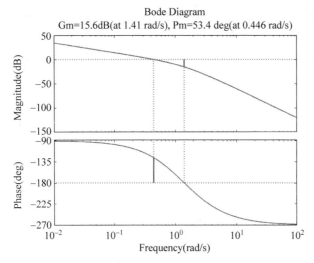

图 6.2　带幅值裕度和相位裕度的 Bode 图

6.1.3　绘制 Nyquist 图

语法格式：

```
nyquist(G)                    % 绘制传递函数 G 的 Nyquist 图
nyquist (G₁,G₂,…,w)          % 绘制传递函数 G₁,G₂,… 多条 Nyquist 曲线,w 为角频率
[Re,Im] = nyquist(G,w)        % 由 w,G 获取 Nyquist 的实部 Re 和虚部 Im
[Re,Im,w] = nyquist (G)       % 由传递函数 G 获取出实部 Re、虚部 Im 和角频率
```

【**例 6-3**】　根据传递函数 $G(s) = \dfrac{0.5}{s^3 + s^2 + s + 0.5}$，绘制系统的 Nyquist 图（Nyquist Diagram），并获得频率特性的实部和虚部。

程序命令：

```
num = 0.5;den = [1,1,1,0.5];
```

```
G = tf(num,den);nyquist(G)
[Re,Im,w] = nyquist(G)
```

结果如图 6.3 所示。同时,可在命令窗口查看 Nyquist 图的实部、虚部和角频率向量。

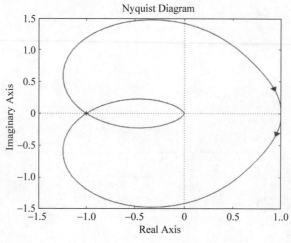

图 6.3　Nyquist 图

6.1.4　绘制 Nichols 图

语法格式:

```
nichols (G)                % 绘制传递函数 G 的 Nichols 图
nichols (G₁,G₂,…,w)        % 绘制传递函数 G₁,G₂ 的多条 Nichols 图
[Mag,Pha] = nichols (G,w)  % 由 w 得出对应的幅值和相角
[Mag,Pha,w] = nichols (G)  % 得出幅值、相角和频率
```

【例 6-4】 绘制例 6-3 中传递函数的 Nichols 图(Nichols Chat)。
程序命令:

```
num = 0.5; den = [1,3,2,0];
G = tf(num,den); nichols(G)
```

结果如图 6.4 所示。

6.1.5　计算频域参数

语法格式:

```
20 * log(abs(G(jω))       % 计算幅频值
angle(G(jω))              % 计算相频值
```

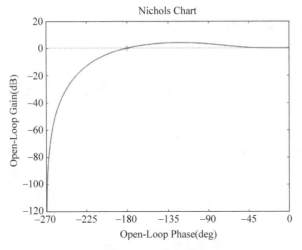

图 6.4   Nichols 图

```
real (G(jω))                        % 取频率特性的实部
imag(G(jω))                         % 取频率特性的虚部
```

说明：对于复数，angle()是求相位角，取值范围为 $-\pi \sim \pi$；abs()是求绝对值函数，对于实数直接求绝对值，对于复数求其模值。若 X 为复数，相当于计算实部和虚部的平方和再开平方，即 abs(X)=sqrt(real(X).^2 + imag(X).^2)。

【例 6-5】 已知系统的传递函数为 $G(j\omega) = \dfrac{100}{(j\omega)^2 + 3(j\omega) + 100}$，求 $\omega = 1$ 时，频率特性的模、相角、实部和虚部。

程序命令：

```
num = [100];den = [1,3,100];w = 1;
Gw = polyval(num,j * w)./polyval(den,j * w)     % 计算传递函数的频率值
Aw = abs(Gw)                                    % 计算模
Fw = angle(Gw)                                  % 计算相角
Re = real(Gw)                                   % 计算实部
Im = imag(Gw)                                   % 计算虚部
```

结果：

```
Gw =     1.0092 - 0.0306i
Aw =     1.0096
Fw =    - 0.0303
Re =     1.0092
Im =    - 0.0306
```

6.2 频域法超前和滞后校正设计方法

频域法超前和滞后校正,是根据相位裕度、幅值裕度、幅值、穿越频率的值设计校正参数,利用超前校正增大相位裕度的特点,提高系统的快速性,改善系统的暂态响应;利用滞后校正提高系统稳定性及减小稳态误差的特点,达到改善系统动态特性的目的。

6.2.1 超前校正设计方法

1. 超前校正步骤

(1) 根据未校正系统的 Bode 图,计算稳定裕度 P_{mk}。

(2) 由校正后的相位 P_{md} 和补偿计算参数 ϕ_m,即 $\phi_m = P_{md} - P_{mk} + (5 \sim 10)$。

(3) 由公式 $\alpha = \dfrac{1 + \sin\phi_m}{1 - \sin\phi_m}$ 计算 α。

(4) 由 α 值确定校正后的系统的剪切频率 ω_m,即 $L(\omega) = -10\lg\alpha(\mathrm{dB})$。

(5) 根据 ω_m 计算校正器的零极点的转折频率 T。

(6) 由 α 值和 T 值计算校正超前校正环节的传递函数 $G_c = \dfrac{1 + \alpha Ts}{1 + Ts}$。

2. 超前校正案例

【例 6-6】 已知单位负反馈系统框图如图 6.5 所示,根据要求设计校正环节。

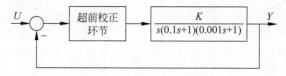

图 6.5 超前校正网络框图

要求设计校正环节传递函数,使之满足相位裕度在 53°,且

(1) $K \geqslant 1000$ 时设计校正环节并输出校正参数;

(2) 画出校正前后的 Bode 图;

(3) 验证校正后是否满足给定要求;

(4) 绘制校正前后的阶跃响应曲线并进行对比。

程序命令:

```
K = 1000; num = 1;
den = conv(conv([1 0],[0.1 1]),[0.001 1]);Gp = tf(K * num,den);G1 = feedback(Gp,1);
[Gm,Pm,Wcg,Wcp] = margin(Gp); margin(Gp); fm = 53 - Pm + 8;
```

```
a = (1 - sin(fm * pi/180))/(1 + sin(fm * pi/180));
[mag,pha,w] = bode(Gp);Lg = - 10 * log10(1/a);
wmax = w(find(20 * log10(mag(:)) < = Lg));
wmax1 = min(wmax); wmin = w(find(20 * log10(mag(:)) > = Lg));
wmin1 = max(wmin); wm = (wmax1 + wmin1)/2; T = 1/(wm * sqrt(a));
T1 = a * T;Gc = tf([T,1],[T1,1]); G = Gc * Gp ;G2 = feedback(G,1);
[Gm,Pm,Wcg,Wcp] = margin(G);
if   Pm > = 53 ;disp(['设计后相位裕度是: ',num2str(Pm),'  相位裕度满足了设计要求'])
else
disp(['设计后相位裕度是: ',num2str(Pm),'  相位裕度不满足设计要求'])
end
bode(Gp,G);grid on;figure(2);margin(Gp);figure(3);margin(G);figure(4);step(G1);
figure(5);step(G2);
```

结果:

```
      0.01983 s + 1
Gc = -------------------
      0.001238 s + 1
Continuous - time transfer function.
```
设计后相位裕度是: 53.8191,相位裕度满足了设计要求

超前校正前后的 Bode 图如图 6.6 所示。

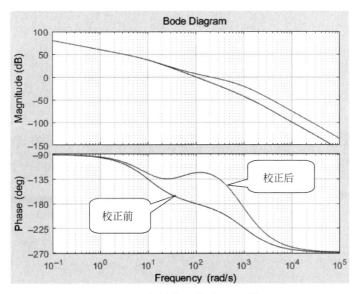

图 6.6 超前校正前后 Bode 图

查看校正前后的幅值裕度、相位裕度、穿越频率如图 6.7(a) 和图 6.7(b) 所示。
校正前后闭环系统的阶跃响应曲线如图 6.8(a) 和图 6.8(b) 所示。

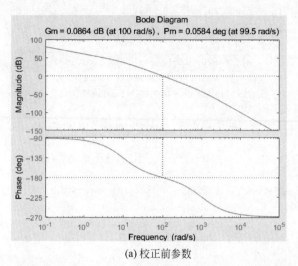

(a) 校正前参数

(b) 校正后参数

图 6.7　校正前后的幅值裕度、相位裕度及剪切频率 Bode 图

6.2.2　滞后校正设计方法

1. 滞后校正步骤

(1) 由给定的相位裕度 P_{md} 确定校正后系统的剪切频率 ω_{gc},即 $\phi(\omega_{gc}) = -180° + P_{md} + (5°\sim10°)$。

(2) 根据 ω_{gc} 计算校正器的零极点的转折频率 ω_{c1}。

(3) 由 ω_{c1} 和幅值的分贝数确定 β,即 $-20\lg\beta = L(\omega_{c1})$。

(4) 为了避免最大滞后角发生在已校正系统开环截止频率附近,通常使网络的频率 ω_1

远小于剪切频率，一般取 $0.1\omega_{gc}$。

（5）由交接频率 ω_1 和 β 确定 T，即 $T = 1/(\beta * \omega_1)$。

（6）由 T 和 β 确定校正传递函数 $G_c = \dfrac{1+Ts}{1+\beta Ts}$。

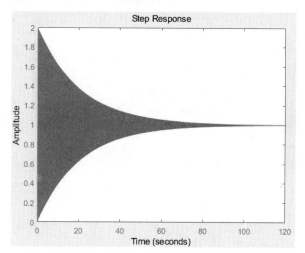

(a) 校正前阶跃响应(Step Response)曲线

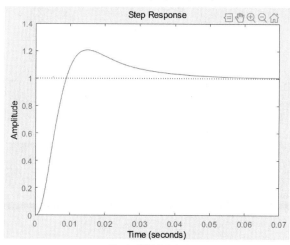

(b) 校正后阶跃响应曲线

图 6.8　校正前后的阶跃响应曲线

2. 滞后校正案例

【**例6-7**】　已知单位负反馈系统框图如图 6.9 所示，按照给定要求计算校正参数，要求：

（1）$K \geqslant 30$；

（2）校正使相位裕度大于 $45°$；

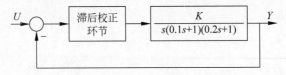

图 6.9　滞后校正网络框图

(3) 使得穿越频率 $\omega_c \geqslant 2.3\mathrm{rad/s}$；

(4) 使得幅值裕度大于 10。

程序命令：

```
K = 30; num = 1;
den = conv(conv([1 0],[0.1 1]),[0.2 1]);
Gp = tf(K * num,den);
[mag,phase,w] = bode(Gp);
fm = - 180 + 45 + 7;
for i = 1:length(phase)
m(i) = phase(:,:,i);
end
Wc1 = spline(phase,w,fm);
magdb = 20 * log10(mag);
Lg = spline(w,magdb,Wc1);
B = 10^( - Lg/20);w1 = 0.1 * Wc1;T = 1/(B * w1);
nc = [B * T,1];dc = [T,1];Gc = tf(nc,dc);
disp(['校正环节传递函数为:']);
printsys(nc,dc,'s'); G = Gp * Gc;
figure(1);margin(Gp);grid on;
figure(2);margin(G); grid on;
num1 = G.num{1};den1 = G.den{1};
disp(['校正系统总传递函数为:']);
printsys(num1,den1,'s')                    % 显示校正系统传递函数
[Gm,Pm1,Wcg,Wcp] = margin(G);
Gm1 = 20 * log10(Gm);
if Gm1 > = 10 & Pm1 > = 45 & Wc1 > = 2.3
disp(['设计后相位裕度:',num2str(Pm1),',幅值裕度: ',num2str(Gm1),',穿越频率:',num2str(Wc1),',满
足了设计要求'])
else
disp(['设计后相位裕度是: ',num2str(Pm1),' 幅值裕度: ',num2str(Gm1),'穿越频率: ',num2str
(Wc1),'不满足设计指标要求'])
end;
figure(3);bode(Gp,G);grid on;
```

结果：

校正环节传递函数为：
```
num/den =      4.3045 s + 1
               ------------------
               49.1016 s + 1
```

校正系统总传递函数为:

```
num/den =     129.1338 s + 30
          ---------------------------------------------
         0.98203 s^4 + 14.7505 s^3 + 49.4016 s^2 + s
```

设计后相位裕度:46.6747,幅值裕度:14.5513,穿越频率:2.3232,满足了设计要求

滞后校正前后 Bode 图(Bode Diagram)如图 6.10 所示。

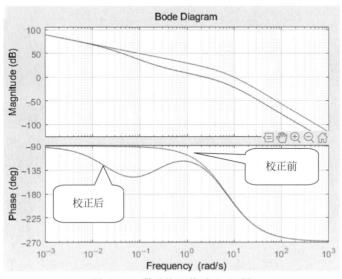

图 6.10　滞后校正前后 Bode 图

查看校正前后的幅值(Magnitude)裕度和相位(Phase)裕度及参数,如图 6.11(a)和图 6.11(b)所示。

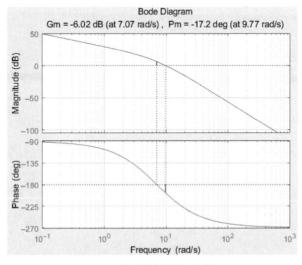

(a) 校正前参数及Bode图

图 6.11　校正前后参数对比及 Bode 图

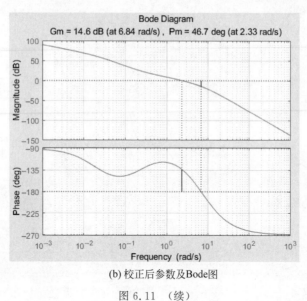

(b) 校正后参数及Bode图

图 6.11 （续）

6.3 根轨迹分析与校正设计

根轨迹分析是解决系统稳定性及动态性能的方法之一,它是在已知开环传递函数零极点分布的基础上,研究开环增益或某个参数变化对系统闭环极点分布的影响。根轨迹设计需要先计算闭环系统主导极点的值,再将主导极点配置到期望的位置上,达到提高系统性能指标的目的。

6.3.1 根轨迹分析

1. 计算轨迹图指标

1) 系统特征方程的根

设系统的闭环传递函数为 $G_\phi(s) = \dfrac{G(s)}{1+G(s)H(s)}$,由此可得到系统的特征方程,系统的特征方程为 $1+G(s)H(s)=0$。

根据标准二阶系统特征方程 $s^2 + 2\zeta\omega_n s + \omega_n^2 = 0$ 可以求解系统的特征根,即

$$s_{1,2} = -\zeta\omega_n \pm j\omega_n\sqrt{1-\zeta^2}$$

可见,特征根与阻尼比 ζ、自由振动频率 ω_n 有直接关系,ζ 及 ω_n 变化可影响系统的稳定性及动态性能。

2）根轨迹方程

当系统有 m 个开环零点和 n 个开环极点时，根轨迹方程为

$$G(s) = K * \frac{\prod\limits_{j=0}^{m}(s - Z_j)}{\prod\limits_{i=0}^{n}(s - P_i)}$$

3）根轨迹的相角条件

$$\sum_{j=1}^{m} \angle(s - Z_j) - \sum_{i=1}^{n} \angle(s - P_i) = (2k + 1)\pi, \quad k = 0, \pm 1, \pm 2, \cdots$$

4）根轨迹的模值条件

$$K = \frac{\prod\limits_{j=0}^{m}(s - Z_j)}{\prod\limits_{i=0}^{n}(s - P_i)}$$

根据相角条件和模值条件，可以确定 S 平面上根轨迹放大系数 K 的值。

2. 使用 MATLAB 绘制根轨迹

根轨迹图直观、完整地再现了系统特征根在 S 平面的全局分布，是自动控制理论分析和设计的常用方法。

语法格式：

```
rlocus(G)                    % 绘制传递函数 G 的根轨迹
rlocus(G₁,G₂,…)              % 绘制传递函数 G₁,G₂,… 多个系统的根轨迹
[r,K] = rlocus(G)            % 由传递函数 G 获取闭环极点和对应的 K
r = rlocus(G,K)              % 由参数 K 获取对应的闭环极点
[K,p] = rlocfind(G)          % 由传递函数 G 获取定位点的增益 K 和极点 p
sgrid(ζ,ωₙ)                  % 在根轨迹和零极点图中绘制阻尼比和自然频率栅格
```

说明：使用 rlocfind() 函数，在根轨迹图形上将显示十字坐标，单击出现"×"，求得该点对应的 K 值，并分析该值的稳定情况。一般选择根轨迹与虚轴的交点，找到临界的 K 和 p 值，分析系统的稳定性。根轨迹在虚轴的点为临界稳定点，穿过虚轴即纵轴后，系统就不稳定了。

【例 6-8】 绘制开环传递函数 $G(s) = \dfrac{Y(s)}{U(s)} = \dfrac{K}{s(s+4)(s+2-4j)(s+2+4j)}$ 的根轨迹曲线，并找到临界稳定的 K 值。

程序命令：

```
num = 1;den = [conv([1,4],conv([1 2 - 4i],conv([1,0],[1 2 + 4i])))]; G = tf(num,den);
rlocus(G)                    % 绘制根轨迹
[r,K] = rlocus(G);           % 得出闭环极点和增益
```

```
[K,p] = rlocfind(G)          % 获得定位点的增益和极点
```

结果如图 6.12 所示。

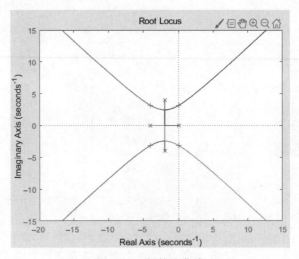

图 6.12　根轨迹曲线

注：Root Locus 表示根轨迹，Real Axis 表示实轴，Imaginary Axis 表示虚轴。

当光标定位在根轨迹与虚轴的交点时，结果为

```
selected_point =   - 0.0072 + 3.1827i
K =   260.9202
p = -4.0041 + 3.1649i
   -4.0041 - 3.1649i
    0.0041 + 3.1649i
    0.0041 - 3.1649i
```

从结果中看出，当 $K>260.92$ 时，系统不稳定。

由于根轨迹法是一种直接由开环系统零极点分布确定系统闭环极点的图解方法，根轨迹上的零极点直接影响系统的稳定性，增加开环零点，根轨迹左移，有利于改善系统的动态性能。

【例 6-9】　绘制传递函数 $G(s)=\dfrac{K(s+2)}{(s+3)(s^2+2s+2)}$ 含有零点的根轨迹曲线。

程序命令：

```
num = [ - 1  - 2]; den = conv([1 3],[1 2 2]); G = tf(num,den);
rlocus(G)
```

结果如图 6.13 所示。

利用根轨迹图可以清楚地看到，当开环系统的增益 K 或其他参数改变时，闭环系统极点位置及其动态性能的改变情况。

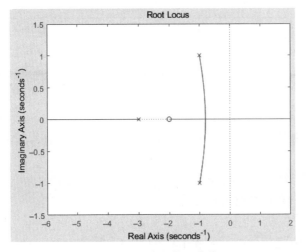

图 6.13　零点根轨迹曲线

6.3.2　根轨迹校正设计

根轨迹设计是按照给定的时域指标(峰值时间、调整时间、超调量、阻尼比、稳态误差等特征量),先计算一对主导极点值,再将闭环系统的主导极点配置到期望的位置上,达到改善系统性能的目的。如果系统的期望主导极点不在系统的根轨迹上,需要增加开环零点或极点校正环节,适当选择零极点的位置,可使得系统的根轨迹经过期望主导极点,且在主导极点处满足给定要求,这个过程称为根轨迹校正。

1. 理论计算依据

(1) 根据二阶系统标准闭环传递函数 $G(s) = \dfrac{Y(s)}{U(s)} = \dfrac{\omega_n^2}{s^2 + 2\zeta\omega_n s + \omega_n^2}$ 的两个重要参数:阻尼比 ζ 和自由振动频率 ω_n,可以计算超调量 M_p 与稳态时间 t_s,即

$$t_s \approx \frac{3}{\zeta\omega_n}$$

$$M_p = e^{-\pi\zeta/\sqrt{1-\zeta^2}}$$

已知阻尼比 ζ,推导超调量 M_p 的计算公式为

$$\zeta = \sqrt{\frac{\ln^2(M_p)}{\pi^2 + \ln^2(M_p)}}$$

(2) 根据超调量 M_p 和稳态时间 t_s 可计算闭环主导极点,由于计算阻尼比比较复杂,常用的方法是从二阶系统阻尼比与超调量的关系表查找对应的阻尼比,如表 6.1 所示。

表 6.1 二阶系统阻尼比与超调量的关系表

ζ	0	0.1	0.15	0.2	0.25	0.3	0.4	0.5	0.707
M_p	100%	72.92%	62%	52.7%	44.43%	37.23%	25.38%	16.3%	4.33%

2. 根轨迹校正步骤

(1) 依据要求的系统性能指标,计算主导极点 s_1 的期望值,绘制根轨迹曲线,观察期望主导极点的位置,判断原根轨迹是否能通过期望的闭环极点。如果不在根轨迹上,必须加入超前校正环节。

(2) 确定校正环节零点的方法:可直接在期望的闭环极点位置下方(或在前两个实数极点的左侧)增加一个相位超前实数零点。

(3) 确定校正环节极点的方法:可利用极点的相角,使得系统在期望主导极点上满足根轨迹的相角条件,通过几何作图法来确定零极点位置,其步骤:

① 过主导极点 A 与原点作直线 OA,过主导极点 A 作水平线 PA;

② 平分两线夹角 $\angle PAO$ 作直线 AB 交负实轴于 B 点,由直线 AB 两边各分 $\phi/2$ 作射线交负实轴于 C、D 点,左边交点 C 为极点 $-P$,右边交点 D 为零点 $-Z$,如图 6.14 所示。

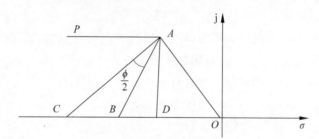

图 6.14 根轨迹校正零极点方法

③ 根据期望的闭环极点,计算校正相角:

$$\varphi = -180° - \angle G_0(s_1)$$

④ 利用校正相角、期望极点相角值计算校正环节的零点 Z 和极点 P,由期望极点到原系统零极点的距离积计算校正环节的放大系数 K_C,得到超前环节的传递函数。

$$G_C(s) = K_C \frac{s+Z}{s+P}$$

说明:首先,应根据系统期望的性能指标确定系统闭环主导极点的理想位置;然后,通过选择校正环节的零极点来改变根轨迹的形状,使得理想的闭环主导极点位于校正后的根轨迹上。

3. 根轨迹校正框图

为了使根轨迹校正环节计算参数方便,将系统传递函数转换成零极点的形式,用 z、p、k 分别表示系统的零点、极点和放大系数,根轨迹校正的框图如图 6.15 所示。

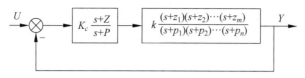

图 6.15　根轨迹校正框图

说明：Z，P，K_c 为校正环节参数，z_1，z_2，$\cdots$，z_m，p_1，p_2，$\cdots$，p_n，k 为被控对象参数。

4. 根轨迹校正举例

【**例 6-10**】　已知系统的开环传递函数为 $G_0(s) = \dfrac{5}{s(s^2 + 3s + 2)}$，给定性能指标为 $M_p \leqslant 25\%$，$t_s \leqslant 3\mathrm{s}$，试用根轨迹校正法确定校正环节参数，要求：

（1）计算校正环节传递函数并输出；

（2）输出校正后总闭环传递函数；

（3）绘制校正前后的根轨迹曲线及时域的阶跃响应曲线；

（4）比较校正前后系统的动态指标参数，判定超调量 M_p 和 t_s 是否满足给定的性能指标。

程序命令：

```
clc;clear;num = 5;den = [1 3 2 0];G = tf(num,den);G1 = feedback(G,1);    %原系统传递函数
figure(1);rlocus(num,den);                          %绘制原系统根轨迹曲线
Mp = 0.25;ts = 3;                                   %设定校正指标
zata = sqrt((log(Mp))^2/(pi^2 + (log(Mp))^2));     %计算阻尼比
wn = 3/(ts * zata);                                %计算自由振动频率的值
sgrid(zata,wn)                                      %绘制给定指标栅格
s1 = - zata * wn + wn * sqrt(1 - zata^2) * j;       %s1 为期望极点
[z,p,k] = zpkdata(G,'v');                           %设计原传递函数零点、极点和 k 值
sys_pha = (180/pi) * (sum(angle(s1 - z)) - sum(angle(s1 - p)));    %s 计算原系统相角
Correct_pha = - 180 - sys_pha;                      %计算校正相角
Phase = angle(s1) * 180/pi;                         %计算期望极点相角
Thetap = Phase/2 - Correct_pha /2; Thetaz = Phase/2 + Correct_pha /2;
P = real(s1) - imag(s1)/tan(Thetap * pi/180);       %计算校正极点
Z = real(s1) - imag(s1)/tan(Thetaz * pi/180);       %计算校正零点
K0 = (abs(s1 - P) * prod(abs(s1 - p)))/(abs(s1 - Z) * prod(abs(s1 - z)));
                                                    %计算到零极点的距离积
Kc = K0/k;                                          %计算校正放大系数
disp(['根轨迹校正参数 Z P K 的值为：']);
disp(['Z = ',num2str(Z),'  P = ',num2str(P),'  K = ',num2str(Kc)])    %输出校正参数
Gc = tf([Kc, - Kc * Z],[1, - P])                    %输出校正传递函数
% ------------------------------ 计算校正前参数
[y1,t1] = step(G1);                                 %求阶跃响应曲线值
[Y1p,t1p] = max(y1);                                %求 y 的峰值及峰值时间
C1 = dcgain(G1);                                    %求取系统的终值
MOp = 100 * (Y1p - C1)/C1;                          %计算超调量
n = length(t1);
```

```
while (y1(n) > 0.98 * C1)&(y1(n) < 1.02 * C1)
n = n - 1;
end
t0s = t1(n);
disp(['校正前的超调量 Mp 和稳态时间 ts 的值为: ']);
disp(['Mp = ',num2str(M0p),'%','    ts = ',num2str(t0s),'秒']);    % 输出超调量及稳态时间
%--------------------- 计算校正后参数
disp(['根轨迹校正后的总传递函数为: ']);
G2 = feedback(Gc * G,1)                        % 校正后传递函数
figure(2);
subplot(1,2,1);step(G1);title('校正前');        % 绘制校正前阶跃响应
subplot(1,2,2);step(G2);  title('校正后');       % 绘制校正后阶跃响应
[y,t] = step(G2);
[Yp,tp] = max(y);
C = dcgain(G2);
Mp = 100 * (Yp - C)/C;
k1 = length(t);
while (y(k1) > 0.98 * C)&(y(k1) < 1.02 * C)
k1 = k1 - 1;
end
tss = t(k1);
disp(['校正后的超调量 Mp 和稳态时间 ts 的值为: ']);
disp(['Mp = ',num2str(Mp),'%','    ts = ',num2str(tss),'秒']);    % 输出超调量及稳态时间
if Mp < = 25 & tss < = 4                        % 判断是否满足设计指标
    disp(['本设计满足了给定性能指标']);            % 输出校正参数数
    else
    disp(['本设计不满足给定性能指
标']);
end
figure(3);rlocus(G2);
                    % 绘制校正后根轨迹
```

原系统根轨迹如图 6.16 所示。

系统校正前后的阶跃响应曲线如图 6.17(a) 和图 6.17(b) 所示。

输出结果如下:

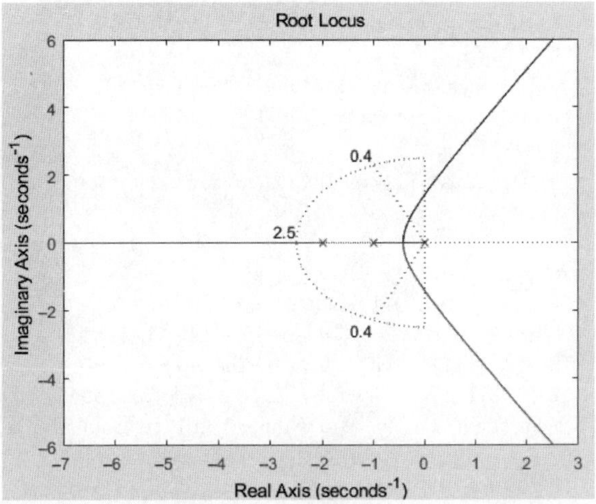

```
根轨迹校正参数 Z P K 的值为:
Z = - 0.52222   P = - 11.7489
K = 13.1902
Gc = 13.19 s + 6.888
       ---------------------
          s + 11.75
Continuous - time transfer function.
校正前的超调量 Mp 和稳态时间 ts 的值为:
Mp = 81.0901 %     ts = 79.5712 秒
根轨迹校正后的总传递函数为:
G2 =
          65.95 s + 34.44
```

图 6.16 原系统根轨迹

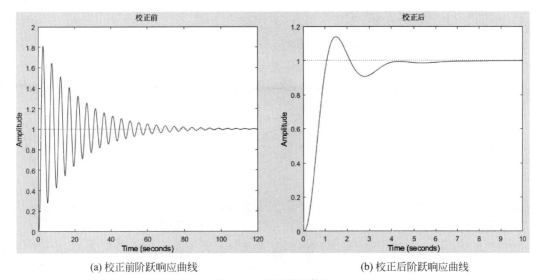

(a) 校正前阶跃响应曲线　　　　　　　　　　　(b) 校正后阶跃响应曲线

图 6.17　原系统根轨迹

```
                s^4 + 14.75 s^3 + 37.25 s^2 + 89.45 s + 34.44
Continuous – time transfer function.
```
校正后的超调量 Mp 和稳态时间 ts 的值为：
Mp = 13.4647 %　　　ts = 3.7762 秒
本设计满足了给定性能指标

绘制校正后的根轨迹如图 6.18 所示。

结论：根轨迹校正后增加了开环零点，而且所加零点为 −0.52，非常靠近虚轴，有利于改善系统的动态性能。

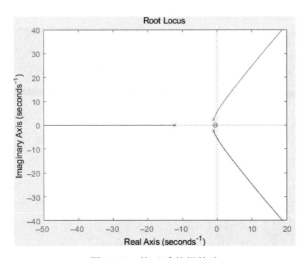

图 6.18　校正后的根轨迹

PID 控制器由比例控制器 P、积分控制器 I 和微分控制器 D 组成,工业自动化领域 90% 以上的闭环操作使用 PID 控制器,通过改变控制器的比例系数 K_p、积分系数 K_i 和微分系数 K_d,可减少动态偏差,消除稳态误差,预测误差变化的趋势,使系统快速稳定并控制在给定范围内。因此,PID 控制器的参数整定是控制系统设计的核心内容。本章利用 MATLAB 编写针对被控对象的 PID 控制程序,使用试凑法、工程整定法及 Smith 预估法实现参数的自动整定,通过对比控制前后系统的阶跃响应曲线及参数,可观测 PID 控制器的效果。

7.1　使用试凑法设计 PID 控制器

试凑法是工程中最常见的一种方法,根据被控对象的特征和经验,不断调整参数直到满足系统要求的指标。对于有安全风险的被控对象,不能使用试凑法,否则会发生危险。

7.1.1　PID 控制原理

PID 控制系统是由被控对象 $G_p(s)$ 和 PID 控制器组成的一个负反馈系统。其中,比例系数 K_p 用于控制输出与误差的比例关系;积分系数 K_i 用于控制系统的平均误差;微分系数 K_d 用于对系统变化作出预测控制。综合使用"P 控制＋I 控制＋D 控制"来控制任何可被测量的且能控制的线性时不变系统。它们既可以单独使用也可以组合使用,常用的有 P 控制、PI 控制、PD 控制或 PID 控制。PID 控制系统框图如图 7.1 所示。

(1) PID 控制器的对象传递函数为

$$G_c(s) = K_p + \frac{K_i}{s} + K_d s = K_p\left(1 + \frac{1}{T_i s} + T_d s\right) \tag{7-1}$$

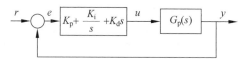

图 7.1　PID 控制系统框图

其中，T_i 为积分时间常数，T_d 为微分时间常数。

（2）P 控制：比例控制是一种最简单的控制方式，其控制器的输出与输入误差信号呈比例关系。当仅有比例控制时，系统输出存在稳态误差。

（3）I 控制：在积分控制中，控制器的输出与输入误差信号的积分呈正比例关系。若控制系统存在稳态误差，则必须引入积分项。因为随着时间的增加，积分项使控制器的输出增大，使稳态误差进一步减小，直到等于零。通常使用 PI 控制和 PID 控制消除稳态误差。

（4）D 控制：在微分控制中，控制器的输出与输入误差信号的变化呈正比例关系，微分对抑制误差产生"超前"作用，能预测误差变化的趋势。对有较大惯性或滞后的被控对象，不能单独使用 D 控制，通常使用 PD 控制。

【例 7-1】　针对图 7.1 及 PID 控制器传递函数式(7-1)，设置采样周期 $T=0.01$，添加控制器参数 $K_p=1.8, K_i=1.5, K_d=0.5$，分析控制器的输出结果。

设输入为 r，输出为 y，误差为 e，控制器输出为 u，位置式 PID 算式为：

$$u(k)=K_p\left\{e(k)+\frac{T}{T_i}\sum_{j=0}^{k}e(j)+\frac{T_d}{T}[e(k)-e(k-1)]\right\}$$

程序命令：

```
clear;clc;
T = 0.01;                                  % 设置采样周期
Kp = 1.8;Ki = 1.5;Kd = 0.5;                % 设置 PID 参数
t = 0:T:20;                                % 0~20s
e = 0;u = 0;y = 0;                         % 初始化变量
r = ones(1,length(t));                     % 系统输入
ierror = 0;                                % 积分误差
derror = 0;                                % 微分误差
pre_error = 0;                             % 前一次误差
fori = 2:length(t)                         % PID 控制循环
    e(i) = r(i) - y(i-1);                  % 误差
    ierror = ierror + e(i) * T;            % 积分误差
    derror = (e(i) - pre_error)/T;         % 微分误差
    u(i) = Kp * e(i) + Ki * ierror + Kd * derror;   % PID 控制计算
    y(i) = y(i-1) + T * u(i);              % 系统模拟
    pre_error = e(i);                      % 记录前一次误差
end
plot(t,y,t,r); grid on;
```

```
xlabel('时间(s)'); ylabel('输出幅值');
legend('控制输出','控制输入');
```

结果如图 7.2 所示。

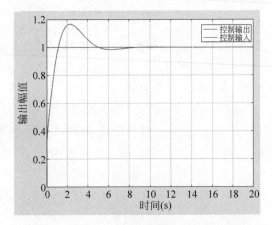

图 7.2   指定 PID 控制参数的阶跃响应曲线

7.1.2   PID 试凑原则

试凑法是一种凭借经验整定参数的方法,在闭环系统中,按照"$K_p \to K_i \to K_d$"的顺序进行调节,一边调节参数一边观察过程,直到达到要求为止。其过程如下:

(1) 先调节 K_p 使系统闭环,让积分控制和微分控制不起作用($K_d = 0, K_i = 0$),观察系统的响应,若响应速度快、超调量小,静态误差小,则可使用纯比例控制器。

(2) 若超调量较大,增加 K_i 的同时调整 K_p,使 K_i 略增大(如调节至原来的 120%,因加入积分控制会使系统稳定性下降,故应减小 K_p),直到满足超调量要求为止。

(3) 若系统动态特性不好,则加入 K_d,同时使 K_p 稍微增大,K_p 由小到大进行调节,直到动态特性满足要求为止。

7.1.3   PID 控制器参数的作用

(1) 增大比例系数 K_p 一般将加快系统的响应速度,并有利于减小稳态误差,但是过大的比例系数会使系统有较大的超调量,并产生振荡,使系统稳定性下降。

(2) 增大积分系数 K_i 有利于减小超调量,减小稳态误差,但是系统稳态误差的消除时间将变长。

(3) 增大微分系数 K_d 有利于加快系统的响应速度,使系统超调量减小,稳定性增加,但会减弱系统对扰动的抑制能力。

7.1.4　试凑法 PID 控制器设计分析

在控制系统中,设定控制指标整定 PID 控制器参数的理论计算是一个相当烦琐、复杂的过程,借助 MATLAB 编程或仿真的实验方法可有效解决三个参数的设计问题。使用循环程序反复试凑参数并跟踪系统输出,实时监测系统的指标,即可寻找到一组合适的 PID 参数。

具体步骤为:

(1) 在 MATLAB 中输入被控对象传递函数 G_p。

(2) 将控制器的传递函数式(7-1)变换为 $G_\mathrm{c}(s) = K_\mathrm{p} + \dfrac{K_\mathrm{i}}{s} + K_\mathrm{d}s = \dfrac{K_\mathrm{d}s^2 + K_\mathrm{p}s + K_\mathrm{i}}{s}$,

便于输入到 MATLAB 中,输入参数 $G_\mathrm{c} = \mathrm{tf}([K_\mathrm{d}, K_\mathrm{p}, K_\mathrm{i}], [1\ 0])$ 即可建立控制器模型。

(3) 构造总闭环负反馈系统的传递函数:$G = \mathrm{feedback}(G_\mathrm{c} * G_\mathrm{p}, 1)$。

(4) 将参数 $K_\mathrm{p}, K_\mathrm{i}, K_\mathrm{d}$ 按照 7.1.2 小节介绍的原则进行试凑,试凑范围及步长自行设定,实时判断是否满足给定的系统指标,若满足则退出循环,否则可调整循环范围继续试凑;若长时间不能满足给定指标,则输出无法满足指标的相应信息。

【**例 7-2**】　针对被控对象传递函数 $G_\mathrm{p}(s) = \dfrac{100}{s^2 + 3s + 100}$,要求:

(1) 使用试凑法设计 PID 控制系统的 $K_\mathrm{p}, K_\mathrm{i}$ 和 K_d 控制参数,使得系统的动态特性参数超调量 $M_\mathrm{p} \leqslant 10\%$,稳态时间 $t_\mathrm{s} \leqslant 2\mathrm{s}$(稳态误差为 2%)。

(2) 输出控制前后系统的阶跃响应曲线并进行对比。

(3) 输出 PID 控制状态下的超调量 M_p、稳态时间 t_s 和稳态误差值。

程序命令:

```
clc;Gp = tf(100,[1,3,0]);                    % 原系统传递函数
flag = 1;
for Kp = 0.1:0.1:10;                         % 从 0.1~10 试凑 Kp
if flag == 0
    break;
end
    for Ki = 10: - 0.1:1;                     % 从 0.1~10 试凑 Kp
        if flag == 0
        break;
        end
for Kd = 0.1:0.1:0.5;
    Gc = tf([Kd,Kp,Ki],[1,0]); G = feedback(Gp * Gc,1);    % 计算控制器及闭环传递函数
    [y,t] = step(G); C = dcgain(G);          % y,t 为阶跃响应的幅值和时间,C 为稳态值
    [Y,k] = max(y);Mp = 100 * (Y - C)/C;     % Mp 为超调量
    i = length(t);
    while (y(i)> 0.98 * C)&(y(i)< 1.02 * C);  % 稳态误差在 2% 的范围
```

```
    i = i – 1;
    end
    ts = t(i);                                    % ts 为稳态时间
    if abs(Mp)< = 0.1 & ts < = 2                  % 判断是否满足设计指标
flag = 0;
ys = step(G,ts);
ess = 1 – ys; Ep = ess(length(ess))             % 计算稳态误差 Ep
disp(['Kp = ',num2str(Kp),',Ki = ',num2str(Ki),',Kd = ',num2str(Kd)]);  % 输出 PID 参数
disp(['Mp = ',num2str(Mp),'%',',ts = ',num2str(ts),',Ep = ',num2str(Ep * 100),'%']);
break;end
    end;   end; end
      if flag == 1;
      disp(['Search for failure! ']);end
      G2 = feedback(Gp,1);
      step(G);hold on;step(G2)
```

结果：

```
Kp = 0.6,Ki = 1.7,Kd = 0.5
Mp = 0.0044727 % ,ts = 0.18276,
Ep = 2.0083 %
```

输出曲线如图 7.3 所示。

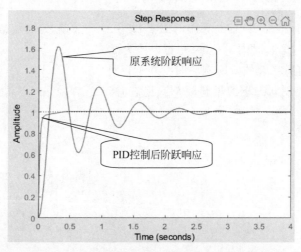

图 7.3　PID 控制前后系统的阶跃响应曲线对比

结论：由输出曲线及结果看，系统达到了给定的指标。

【例 7-3】　三阶被控对象的控制系统如图 7.4 所示。使用试凑法编程设计 PID 控制器参数，要求稳态误差为 5% 的情况下，使得超调量小于 10%，稳态时间小于 2s，并绘制 PID 控制前后系统的阶跃响应曲线。

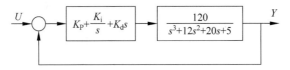

$$\frac{120}{s^3+12s^2+20s+5}$$

图 7.4　PID 控制系统框图

程序命令：

```
Gp = tf(120,[1 12 20 5]);flag = 1;
for Kp = 0.1:0.1:2;
  if flag == 0
break;
end
for Ki = 2: - 0.01:0.5;
  if flag == 0; break; end
  for Kd = 0.1:0.01:1;
Gc = tf([Kd,Kp,Ki],[1,0]);              %控制器传递函数
    G = feedback(Gp * Gc,1);
  [y,t] = step(G); C = dcgain(G);
[Y,k] = max(y);
Mp = 100 * (Y - C)/C; i = length(t);
while (y(i)> 0.95 * C)&(y(i)< 1.05 * C);   %稳态误差在 5 % 的范围
  i = i - 1; end;
ts = t(i);                              %稳态时间
if abs(Mp)< = 10 & ts < = 2
flag = 0;
ys = step(G,ts);
ess = 1 - ys; Ep = ess(length(ess))
disp(['Kp = ',num2str(Kp),',Ki = ',num2str(Ki),',Kd = ',num2str(Kd)]);
disp(['Mp = ',num2str(Mp),'% ',',ts = ',num2str(ts),',Ep = ',num2str(Ep * 100),'% ']);
break; end;
end; end;end
if flag == 1;
disp(['查找控制参数失败!']);end
G2 = feedback(Gp,1);
step(G);hold on;step(G2)
```

结果：

```
Kp = 0.5,Ki = 0.56,Kd = 0.99
Mp = 4.9927 % ,ts = 0.94051,
Ep = 5.0848 %
```

PID 控制前后系统的阶跃响应曲线如图 7.5 所示。

结论：从 PID 控制结果可以看出，满足了控制指标。

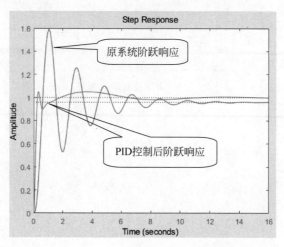

图 7.5　三阶系统 PID 控制结果

7.2　工程整定法求 PID 控制参数

工程上常使用实验方法和经验方法来整定 PID 的参数,称为 PID 参数的工程整定法。该方法根据经典理论并结合长期的工作经验获得的经验公式,其最大的优点在于整定参数不必依赖被控对象的数学模型。该方法简单易行,适用于现场的实时控制。常见的求 PID 参数的工程整定法有 4 种:

(1) 动态特性参数法;

(2) 科恩-库恩整定法;

(3) 4∶1 衰减曲线法和 10∶1 衰减曲线法;

(4) 临界比例度法。

7.2.1　动态特性参数法

对于一阶系统带延迟环节的被控对象,可使用动态特性参数法设计 PID 控制参数,其闭环控制系统框图如图 7.6 所示。

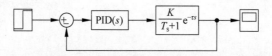

图 7.6　一阶带延迟的闭环控制系统

动态特性参数法根据惯性环节和延迟环节参数设计 PID 参数,公式如表 7.1 和表 7.2 所示。

表 7.1　$\tau/T < 0.2$ 时的控制参数

控制方式	$1/K_p$	T_i	T_d
P 控制	$K\tau/T$	—	—
PI 控制	$1.1K\tau/T$	3.3τ	—
PID 控制	$0.8K\tau/T$	2.0τ	0.5τ

表 7.2　$0.2 \leqslant \tau/T \leqslant 1.5$ 时的控制参数

控制方式	$1/K_p$	T_i	T_d
P 控制	$2.6K(\tau/T-0.08)/(\tau/T+0.7)$	—	—
PI 控制	$2.6K(\tau/T-0.08)/(\tau/T+0.6)$	$0.8T$	—
PID 控制	$2.6K(\tau/T-0.15)/(\tau/T+0.88)$	$0.81T+0.19\tau$	$0.25T$

【例 7-4】 已知开环传递函数 $G(s) = \dfrac{22}{(50s+1)}e^{-20s}$，要求：

（1）判断该闭环系统的稳定性，并绘制单位阶跃响应曲线；

（2）使用动态特性参数法设计 PID 控制参数，绘制控制前后系统的单位阶跃响应曲线，并对 P 控制、PI 控制、PID 控制三种控制方式效果进行比较。

分析：

（1）先判断原系统闭环情况。

```
G0 = tf(22,[50 1],'outputdelay',20);
G10 = feedback(G0,1);
step(G10);
```

绘制的系统阶跃响应曲线如图 7.7 所示，可以看出，该闭环系统是不稳定的。

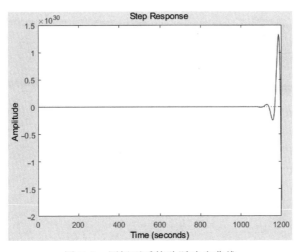

图 7.7　原闭环系统阶跃响应曲线

（2）计算 $\tau/T = 20/50 = 0.4 > 0.2$，利用表 7.2 进行设计。

程序命令：

```
K = 22; T = 50; tau = 20; G1 = tf(K, [T, 1]);
[n1, d1] = pade(tau, 2);                              % 延迟环节拟合二阶传递函数
G2 = tf(n1, d1); Gp = G1 * G2;                        % 等价原系统传递函数
for PID = 1:3
    if  PID == 1; Kp = (tau/T + 0.7)/(2.6 * K * (tau/T - 0.08));      % 设计 P 控制器
      elseif PID == 2; Kp = (tau/T + 0.6)/(2.6 * K * (tau/T - 0.08)); Ti = 0.8 * T;
                                                       % 设计 PI 控制器
else PID == 3; Kp = (tau/T + 0.88)/(2.6 * K * (tau/T - 0.15)); Ti = 0.81 * T + 0.19 * tau; Td = 0.25
* T;
% PID 控制器
end
    switch PID                                         % 计算 P 控制器、PI 控制器、PID 控制器参数
        case 1, Gc1 = Kp; disp(['Kp = ', num2str(Kp)]);
        case 2, Gc2 = tf([Kp * Ti, Kp], [Ti, 0]);
        disp(['Kp = ', num2str(Kp), '   Ti = ', num2str(Ti)]);
        case 3, Gc3 = tf([Kp * Ti * Td, Kp * Ti, Kp], [Ti, 0]);
        disp(['Kp = ', num2str(Kp), '   Ti = ', num2str(Ti), '   Td = ', num2str(Td)]);
    end
end
    G11 = feedback(Gp * Gc1, 1); step(G11); hold on;   % 加入 P 控制，并绘制响应曲线
    G22 = feedback(Gp * Gc2, 1); step(G22); hold on;   % 加入 PI 控制，并绘制响应曲线
    G33 = feedback(Gp * Gc3, 1); step(G33);            % 加入 PID 控制，并绘制响应曲线
    legend('P Controller', 'PI Controller', 'PID Controller');
```

结果：P 控制参数：$K_p = 0.060096$；PI 控制参数：$K_p = 0.054633$，$T_i = 40$；PID 控制参数：$K_p = 0.08951$，$T_i = 44.3$，$T_d = 12.5$，三种控制阶跃响应曲线如图 7.8 所示。

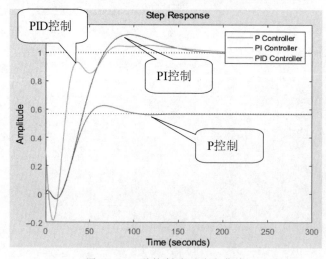

图 7.8　三种控制阶跃响应曲线

结论：从三种控制效果看，使用PID控制上升速度最快，且在5%的稳态误差下，最先达到稳态值。

7.2.2 科恩-库恩整定法

科恩-库恩整定法也是针对一阶惯性加延迟的被控对象，控制系统框图如图7.5所示，利用原系统的时间常数T、比例系数K和延迟时间τ，设计比例控制器、积分控制器、微分控制器的参数。

由于该方法属于近似经验公式，因此仅提供参数校正的基准，需要在此基础上再对参数进行微调，以达到最优控制指标。科恩-库恩整定法计算公式如表7.3所示。

说明：若被控对象不满足一阶惯性加延迟环节的条件，可进行等效变换后，再计算参数。

表7.3 科恩-库恩整定法公式

控制方式	K_p	T_i	T_d
P控制	$((\tau/T)^{-1}+0.333)/K$	—	—
PI控制	$(0.9(\tau/T)^{-1}+0.082)/K$	$(3.33(\tau/T)+0.3(\tau/T)^2)/$ $(1+2.2(\tau/T))T$	—
PID控制	$(1.35(\tau/T)^{-1}+0.27)/K$	$T(2.5(\tau/T)+0.5(\tau/T)^2)/$ $(1+0.6(\tau/T))$	$T(0.37(\tau/T)/$ $(1+0.2(\tau/T))$

【例7-5】 使用科恩-库恩整定法设计例7-4中传递函数的PID控制器，分别计算P控制、PI控制和PID控制参数，并绘制控制前后系统的阶跃响应曲线。

程序命令：

```
K = 22;T = 50;tau = 20;
G1 = tf(K,[T,1]);
[n1,d1] = pade(tau,2);
G2 = tf(n1,d1); Gp = G1 * G2;
m = tau/T;
for PID = 1:3
if PID == 1; Kp = (1/m + 0.333)/K;
   elseif PID == 2; Kp = (1/m * 0.9 + 0.082)/K;
   Ti = T * (3.33 * m + 0.3 * m^2)/(1 + 2.2 * m);
else PID == 3; Kp = (1.35/m + 0.27)/K;
   Ti = T * (2.5 * m + 0.5 * m^2)/(1 + 0.6 * m);
   Td = T * (0.37 * m)/(1 + 0.2 * m);
end
switch PID
    case 1,Gc1 = Kp;
       disp(['Kp = ',num2str(Kp)]);
```

```
    case 2, Gc2 = tf([Kp * Ti, Kp], [Ti, 0]);
       disp(['Kp = ', num2str(Kp), '  Ti = ', num2str(Ti)]);
    case 3, Gc3 = tf([Kp * Ti * Td, Kp * Ti, Kp], [Ti, 0]);
       disp(['Kp = ', num2str(Kp), '   Ti = ', num2str(Ti), '   Td = ', num2str(Td)]);
          end
       end
    G11 = feedback(Gp * Gc1, 1); step(G11); hold on;
    G22 = feedback(Gp * Gc2, 1); step(G22); hold on;
    G33 = feedback(Gp * Gc3, 1); step(G33);
    legend('P Controller', 'PI Controller', 'PID Controller');
```

结果:

```
Kp = 0.12877                                   % P 控制参数
Kp = 0.106   Ti = 36.7021                      % PI 控制参数
Kp = 0.16568   Ti = 43.5484   Td = 6.8519      % PID 控制参数
```

三种控制的响应曲线如图 7.9 所示。

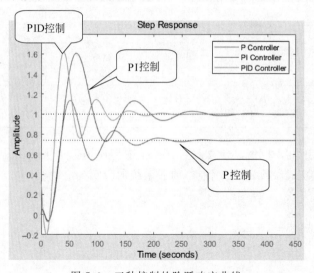

图 7.9　三种控制的阶跃响应曲线

结论:从三种控制效果看,P 控制稳态误差超过 20%,PI 控制与 PID 控制的超调量相同,但 PID 控制上升速度较快,达到稳态时间相对较短。科恩-库恩整定法控制效果比动态特性参数法稍差,需要进行参数微调。

【例 7-6】 根据例 7-5 的被控对象及科恩-库恩整定法获取的 PID 控制参数结果,调整控制参数 K_p 为原来的 1/2,观测控制效果,并说明控制参数。

程序命令:

```
K = 22; T = 50; tau = 20;
G1 = tf(K, [T, 1]);
```

```
[n1,d1] = pade(tau,2);
G2 = tf(n1,d1);
Gp = G1 * G2;
    Kp = 0.16568/2;Ti = 43.5484;   Td = 6.8519;
    Gc = tf([Kp * Ti * Td,Kp * Ti,Kp],[Ti,0]);
    disp(['Kp = ',num2str(Kp),'Ti = ',num2str(Ti),
 ' Td = ',num2str(Td)]);
G = feedback(Gp * Gc,1);
step(G);
```

结果：

```
Kp = 0.08284   Ti = 43.5484   Td = 6.8519
```

修改参数后，PID 控制的阶跃响应曲线如图 7.10 所示。

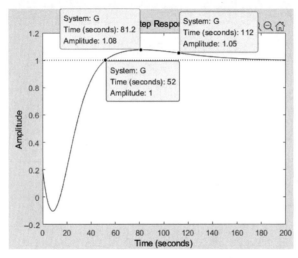

图 7.10　调整 K_p 为原 1/2 的结果

结论：从阶跃响应曲线可以看出，调整 K_p 为原来的 1/2，上升时间为 52s，超调量为 8%，在稳态误差为 5% 的情况下，稳态时间是 112s。超调量由改变前的 62% 降低到 8%，在同样的稳态误差 5% 情况下，稳态时间由 133s 降低到 112s，但上升时间变为原来的 2 倍。

7.2.3　使用衰减曲线法整定参数

工程整定的衰减曲线法有两种：一种是 4 ∶ 1 衰减曲线法；另一种是 10 ∶ 1 衰减曲线法。具体方法是先把控制器设置成纯比例控制，即令积分系数 K_i 和微分系数 K_d 为零，形成比例控制系统，结构如图 7.11 所示。

调节参数时，比例系数由小变大，并增加扰动观察响应过程，直到响应曲线峰值衰减比为 4 ∶ 1，记录此时的比例系数 K_p 为 K_s，两个峰值之间的时间为周期 T_s，如图 7.12 所示。

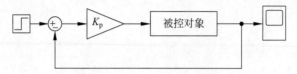

图 7.11　比例控制结构框图

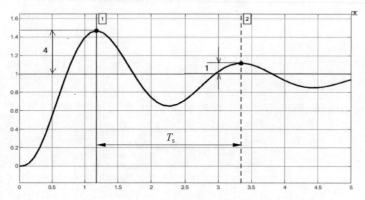

图 7.12　衰减比为 4∶1 的结果

根据记录的 K_s 及 T_s 值确定控制器参数,计算公式如表 7.4 所示。

表 7.4　4∶1 衰减法控制

控制方式	$1/K_p$	T_i	T_d
P 控制	$1/K_s$	—	—
PI 控制	$1.2/K_s$	$0.5T_s$	—
PID 控制	$0.8/K_s$	$0.3T_s$	$0.1T_s$

同理,对于衰减比 10∶1,调节到阶跃响应曲线峰值衰减比为 10∶1 为止,记录此时的比例值为 K_r,两个峰值之间的时间为周期 T_r,计算 PID 控制参数的公式如表 7.5 所示。

表 7.5　10∶1 衰减法控制

控制方式	$1/K_p$	T_i	T_d
P 控制	$1/K_r$	—	—
PI 控制	$1.2/K_r$	$2T_r$	—
PID 控制	$0.8/K_r$	$1.2T_r$	$0.4T_r$

【例 7-7】　使用 4∶1 衰减曲线法设计下列被控传递函数的 PID 控制器,分别计算 P 控制、PI 控制和 PID 控制的参数值,并绘制控制前后系统的单位阶跃响应曲线。

$$G_p(s) = \frac{1}{100s^3 + 80s^2 + 17s + 1}$$

程序命令：

```
clear;
Gp = tf(1,[100 80 17 1]);
for Ks = 2:0.01:30                          % 寻找 4:1 的 Ks
Gp1 = Ks * Gp;G2 = feedback(Gp1,1);         % 形成闭环系统
C = dcgain(G2);[y,t] = step(G2);            % C 为稳态值,y 为阶跃响应曲线幅值,t 为时间
  [Yp,tt] = findpeaks(y)                    % Yp 为阶跃响应曲线的峰值,tt 为峰值对应的点
if (Yp(1) - C)/(Yp(2) - C) - 4 <= 0.01      % 判断出现 4:1 的误差≤0.01 时满足条件
  break;
end
end
Ts = t(tt(2)) - t(tt(1));                   % 计算两个峰值的时间
disp(['Ks = ',num2str(Ks),'Ts = ',num2str(Ts)]);   % 输出计算 PID 控制参数所需的 Ks 和 Ts
  for PID = 1:3
    if PID == 1; Kp = Ks;                   % P 控制参数
      elseif PID == 2; Kp = Ks/1.2; Ti = 0.5 * Ts;   % PI 控制参数
      else PID == 3; Kp = Ks/0.8; Ti = 0.3 * Ts; Td = 0.1 * Ts;   % PID 控制参数
    end
    switch PID                              % 计算并输出 P 控制、PI 控制和 PID 控制传递函数
        case 1,Gc1 = Kp;
        disp(['Kp = ',num2str(Kp)]);
        case 2,Gc2 = tf([Kp * Ti,Kp],[Ti,0]);
        disp(['Kp = ',num2str(Kp),'  Ti = ',num2str(Ti)]);
        case 3,Gc3 = tf([Kp * Ti * Td,Kp * Ti,Kp],[Ti,0]);
        disp(['Kp = ',num2str(Kp),'  Ti = ',num2str(Ti),'  Td = ',num2str(Td)]);
    end
end
    G11 = feedback(Gp * Gc1,1);step(G11);hold on;   % 计算加入 P 控制闭环传函并绘图
    G22 = feedback(Gp * Gc2,1);step(G22);hold on;   % 计算加入 PI 控制闭环传函并绘图
    G33 = feedback(Gp * Gc3,1);step(G33);           % 计算加入 PID 控制闭环传函并绘图
    legend('P Controller','PI Controller','PID Controller');
```

结果：

```
Ks = 4.74   Ts = 21.9967
Kp = 4.74
Kp = 3.95   Ti = 10.9984
Kp = 5.925   Ti = 6.599   Td = 2.1997
```

4∶1衰减曲线法的P控制、PI控制和PID控制的输出曲线如图7.13所示。

说明：findpeaks()为查找峰值函数，MATLAB需要安装 Signal Processing ToolBox 才能运行此函数。

【例 7-8】　使用10∶1衰减曲线法设计例7-7中传递函数的PID控制器，分别计算P控制、PI控制和PID控制参数的值，并绘制控制前后系统的单位阶跃响应曲线，并与4∶1衰减曲线法进行对比。

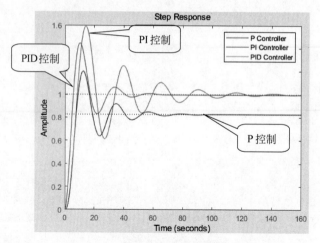

图 7.13 衰减比为 4:1 的仿真结果

程序命令:

```
clear;
Gp = tf(1,[100 80 17 1]);
for Kr = 2:0.01:30                          %寻找 10:1 的 Kr
    Gp1 = Kr * Gp;G2 = feedback(Gp1,1);
    C = dcgain(G2); [y,t] = step(G2);
    [Yp,tt] = findpeaks(y);
    if (Yp(1) - C)/(Yp(2) - C) - 10 < = 0.01
        break;
    end
end
Tr = t(tt(2)) - tt(1));
disp(['Kr = ',num2str(Kr),'Tr = ',num2str(Tr)]);
    for PID = 1:3
    if PID == 1; Kp = Kr;
        elseif PID == 2; Kp = Kr/1.2; Ti = 2 * Tr;
        else PID == 3; Kp = Kr/0.8; Ti = 1.2 * Tr;Td = 0.4 * Tr;
        end
    switch PID
    case 1,Gc1 = Kp; disp(['Kp = ',num2str(Kp)]);
    case 2,Gc2 = tf([Kp * Ti,Kp],[Ti,0]); disp(['Kp = ',num2str(Kp),'  Ti = ',num2str(Ti)]);
    case 3,Gc3 = tf([Kp * Ti * Td,Kp * Ti,Kp],[Ti,0]);
    disp(['Kp = ',num2str(Kp),'  Ti = ',num2str(Ti),'  Td = ',num2str(Td)]);
    end
end
    t = 0:0.01:160;
    G11 = feedback(Gp * Gc1,1);step(G11);hold on;
    G22 = feedback(Gp * Gc2,1);step(G22);hold on;
    G33 = feedback(Gp * Gc3,1);step(G33);
```

```
legend('P Controller','PI Controller','PID Controller');
```

结果：

```
Kr = 2.91   Tr = 26.8177
Kp = 2.91
Kp = 2.425   Ti = 53.6355
Kp = 3.6375   Ti = 32.1813   Td = 10.7271
```

10：1 衰减曲线法的 P 控制、PI 控制和 PID 控制的输出曲线如图 7.14 所示。

结论：对比例 7-7 中的 4：1 阶跃响应曲线，10：1 衰减曲线法的 P 控制、PI 控制、PID 控制的超调量显著下降，上升速度有所提高，达到稳态的时间明显减少。对于该被控对象，10：1 衰减曲线法比 4：1 衰减曲线法的控制效果好，但并不说明任何被控对象的 10：1 衰减曲线法都优于 4：1 衰减曲线法。

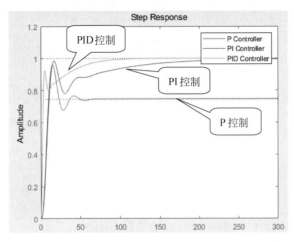

图 7.14　衰减比为 10：1 的仿真结果

7.2.4　使用临界比例度法整定参数

临界比例度法整定参数的步骤是：对被控对象仅加载比例环节，令积分系数 K_i 和微分系数 K_d 为零，形成比例控制系统，如图 7.11 所示；调整比例从小到大，使系统阶跃响应输出为等幅振荡，如图 7.15 所示；记录此时临界状态的比例值 K_p 为 K_{cr}，周期为 T_{cr}，根据表 7.6 中的经验公式计算出 PID 控制参数值。

表 7.6　临界比例度法

控制方式	$1/K_p$	T_i	T_d
P 控制	$2/K_{cr}$	—	—
PI 控制	$2.2/K_{cr}$	$0.85T_{cr}$	—
PID 控制	$1.67/K_{cr}$	$0.5T_{cr}$	$0.125T_{cr}$

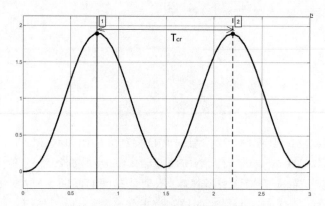

图 7.15　临界比例度法等幅振荡结果

【例 7-9】　使用临界比例度法设计例 7-8 中传递函数的 PID 控制器,分别计算 P 控制、PI 控制和 PID 控制参数的值,并绘制控制前后系统的单位阶跃响应曲线,将该结果与 10∶1 衰减曲线法进行比较。

程序命令:

```
clear;Gp = tf(1,[100 80 17 1]);
for Kcr = 2:0.01:30
Gp1 = Kcr * Gp;G2 = feedback(Gp1,1);[y,t] = step(G2);[Yp,tt] = findpeaks(y);
    if abs(Yp(1) - Yp(2)) < = 0.01          % 判断第 1、2 次出现的峰值相等,误差≤0.01
    break;
    end
end
Tcr = t(tt(2)) - t(tt(1));                  % 计算两个峰值的时间差
    disp(['Kcr = ',num2str(Kcr),'Tcr = ',num2str(Tcr)]); % 输出计算 PID 控制所需参数 Kcr 和 Tcr
for PID = 1:3
    if PID == 1; Kp = Kcr/2;
    elseif PID == 2; Kp = Kcr/2.2; Ti = 0.85 * Tcr;
    else PID == 3; Kp = Kcr/1.67; Ti = 0.5 * Tcr;Td = 0.125 * Tcr;
    end
    switch PID
      case 1,Gc1 = Kp;
        disp(['Kp = ',num2str(Kp)]);
      case 2,Gc2 = tf([Kp * Ti,Kp],[Ti,0]);
        disp(['Kp = ',num2str(Kp),'  Ti = ',num2str(Ti)]);
      case 3,Gc3 = tf([Kp * Ti * Td,Kp * Ti,Kp],[Ti,0]);
      disp(['Kp = ',num2str(Kp),'  Ti = ',num2str(Ti),'  Td = ',num2str(Td)]);
    end
end
    t = 0:0.01:160;
    G11 = feedback(Gp * Gc1,1);step(G11);hold on;
```

```
G22 = feedback(Gp * Gc2,1);step(G22);hold on;
G33 = feedback(Gp * Gc3,1);step(G33);
legend('P Controller','PI Controller','PID Controller');
```

结果：

$K_{cr} = 12.47$　　$T_{cr} = 15.331$

$K_p = 6.235$ 　　　　　　　　　　　　 % P 控制

$K_p = 5.6682$ 　$T_i = 13.0313$ 　　　　　% PI 控制

$K_p = 7.4671$ 　$T_i = 7.6655$ 　　$T_d = 1.9164$ 　% PID 控制

P 控制、PI 控制和 PID 控制响应曲线如图 7.16 所示。

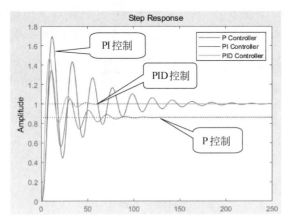

图 7.16　临界比例度法控制结果

结论：临界比例度法的 PID 控制相对于 P 控制、PI 控制有较快的上升速度,但超调量值还是比 10∶1 衰减曲线法大得多,达到 35%,在 2% 的稳态误差下的稳态时间和 10∶1 衰减曲线法相差不大。两种方法的 PI 控制和 PID 控制均能达到稳态误差为零的效果。

总结：针对例 7-2～例 7-9,分别使用了试凑法和 4 种工程 PID 控制器设计方法。其中,动态特性参数法和科恩-库恩整定法使用的是相同的惯性加延迟的被控对象,并对控制效果进行了对比。例 7-6 在科恩-库恩整定法的基础上微调了参数,得到了相对较好的控制效果。衰减曲线法和临界比例度法使用的也是同一个三阶被控对象,对其控制结果也进行了对比,每个案例均采用 P 控制、PI 控制、PID 控制三种控制方案进行了整定。实验表明,P 控制有较大的稳态误差;PI 控制、PID 控制都能使稳态误差为零,但有一定的超调量和稳态时间。实际应用中可在工程整定法的基础上进行参数微调,实验也证明了试凑法的控制效果最好。

7.3　使用 Smith 预估器设计 PID 控制器

被控对象纯滞后使系统的稳定性降低,动态性能变差,导致超调量变大和持续振荡,对控制器的设计带来困难。Smith 预估器是一种广泛用于补偿纯滞后的方法,具体方法是在

PID 控制器中并联一个补偿环节分离纯滞后的部分,以改善大延迟带来的影响。

7.3.1　Smith 预估器控制的基本原理

对于过程控制中的大延迟系统,使用工程整定法仍具有较长的稳态时间,Smith 预估器控制原理就是在 PID 控制的基础上增加补偿设计,以抵消被控对象的纯滞后因素。该方法预先估计出系统在基本扰动下的动态特性,然后由预估器进行补偿控制,力图使被延迟的被调量提前反映到控制器中,以达到减小超调量的目的。如果预估模型准确,可消除纯滞后的不利影响,获得较好的控制效果。

其实现方法如图 7.17 所示。$G_0(s)\mathrm{e}^{-\tau s}$ 为被控对象的传递函数,$G_0(s)$ 为除去纯滞后因素的部分对象,$G_c(s)$ 为控制器传递函数,$G_s(s)$ 为预估补偿器的传递函数。

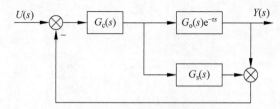

图 7.17　Smith 预估器控制原理

由控制系统框图 7.17 看出,经补偿后等效被控对象的传递函数为

$$\frac{C'(s)}{U(s)} = G_0(s)\mathrm{e}^{-\tau s} + G_s(s) \tag{7-2}$$

令

$$\frac{C''(s)}{U(s)} = G_0(s)\mathrm{e}^{-\tau s} + G_s(s) = G_0(s) \tag{7-3}$$

式(7-3)即 Smith 预估器的数学模型,由此看出补偿器完全补偿了被控对象的纯滞后因素 $\mathrm{e}^{-\tau s}$。此时,传递函数可等效成

$$\frac{C(s)}{U(s)} = \frac{C_c G_0(s)}{1 + G_c(s)G_0(s)}\mathrm{e}^{-\tau s} \tag{7-4}$$

式(7-4)中 $G_0(s)$ 为不包含延迟时间的对象模型,如图 7.18 所示。

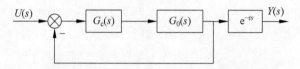

图 7.18　Smith 预估器分离延迟的结果

其中,Smith 预估器 G_s 的数学模型为

$$G_s(s) = G_0(s)(1 - \mathrm{e}^{-\tau s}) \tag{7-5}$$

7.3.2 Smith 预估器控制特点

由控制系统在 Smith 预估器作用下的传递函数式(7-4)可以看出,纯滞后环节 $e^{-\tau s}$ 被放在了闭环控制回路之外,此时的特征方程中已经不包含 $e^{-\tau s}$ 项,说明系统已经消除了纯滞后因素对控制特性的影响,但延迟项在传递函数的分子上,也会将输出响应在时间轴上推迟时间 τ。控制系统的过渡过程及其他性能指标和特性与对象 $G_0(s)$ 完全相同。因此,将 Smith 预估器与控制器并联,理论上可以使控制对象的时间滞后得到完全补偿。

使用计算机实现 Smith 预估器非常容易,一方面可在原 PID 控制的基础上进行编程实现,也可以通过 Simulink 仿真实现。在实际应用中,Smith 预估器不是连接到被控对象上,而是反向连接到控制器上,即由式(7-5)得到的控制框图(见图 7.19)与图 7.17 是等价的。

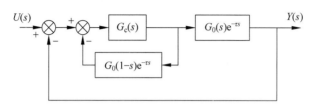

图 7.19 Smith 预估器前移

一般认为 Smith 预估器补偿方法是解决大滞后问题的有效方法,模型基本准确时预估器能表现出良好的性能,但预估器对模型的精度或运行条件的变化十分敏感,对预估模型的精度要求较高,抗干扰性和健壮性较差。研究表明,简单 PID 控制系统承受对象变化的能力要强于带有 Smith 预估器的系统。

【例 7-10】 使用 Smith 预估器重新设计例 7-4 中被控对象的控制系统,要求:

(1) 在使用动态特性参数法设计 PID 控制器的基础上,加入 Smith 预估器,比较 Smith 预估器和 PID 控制的效果,并绘制两种控制的阶跃响应曲线。

(2) 根据 Smith 预估器得到的结论,使用动态特性参数法计算 PID 控制参数,重新编写程序。

程序命令:

```
K = 22;T = 50;tau = 20;G1 = tf(K,[T,1]);
[n1,d1] = pade(tau,2);G2 = tf(n1,d1);Gp = G1 * G2;
  Kp = (tau/T + 0.88)/(2.6 * K * (tau/T - 0.15));   Ti = 0.81 * T + 0.19 * tau;   Td = 0.25 * T
Gc = tf([Kp * Ti * Td,Kp * Ti,Kp],[Ti,0]);       % 计算 PID 控制器传递函数
  disp(['Kp = ',num2str(Kp),'  Ti = ',num2str(Ti),'  Td = ',num2str(Td)]);
G11 = feedback(G1 * Gc,1);                % Smith 将延迟环节移动到了闭环之外
G12 = G11 * G2;                           % 添加闭环外的延迟环节,为 Smith 预估器传递函数
G22 = feedback(Gp * Gc,1);                % 未加 Smith 预估器的闭环传递函数
subplot(1,2,1);step(G12);                 % 绘制 Smith 预估器控制的阶跃响应曲线
```

```
subplot(1,2,2);step(G22);          %绘制PID控制的阶跃响应曲线
```

结果：

Kp = 0.08951   Ti = 44.3   Td = 12.5

两种方法的阶跃响应曲线如图 7.20 所示。

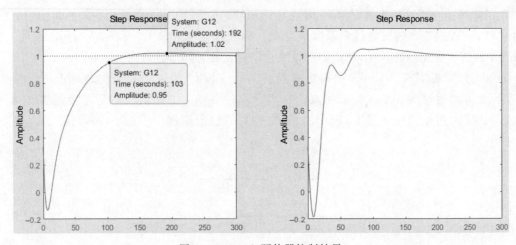

图 7.20   Smith 预估器控制结果

结论：工业自动化生产中，一般当纯延迟时间 τ 与时间常数 T 之比大于 0.3 时则认为该过程是具有大延迟的工艺过程。当 τ/T 增大，过程中的相位滞后增加，将导致系统不稳定；当被控量超过安全限制时，会危及设备及人身安全。其中，例 7-10 中的系统就是一个不稳定系统。实验表明，使用 Smith 预估器比普通 PID 控制有更好的控制效果。

状态空间是状态向量所有可能值的集合，状态空间分析是了解状态变量、状态空间描述中可控性、可观测性的常用方法。根据系统过去、现在和将来的运动状态空间点，表示系统在任意时刻的状态信息。借助MATLAB函数可建立控制系统的运动方程，并转换成状态空间形式的数学模型，完成状态空间可控性、可观测性的判断，通过极点配置实现最优控制的解决方案。

8.1　极点配置与必要条件

极点配置是将系统极点配置到期望的极点上，对被控系统选择期望极点需要满足可控条件，才能设计状态空间控制器。

8.1.1　极点配置说明

系统的动态特性及稳定性主要取决于系统极点的位置，极点配置是将系统的极点准确配置在根平面给定的一组期望极点上，或与给定时域指标等价的期望极点上，以获得所期望的动态指标。状态空间方程如式(8-1)所示。

$$\begin{cases} \dot{x} = Ax + Bu \\ y = Cx \end{cases} \tag{8-1}$$

引入状态反馈后，系统的控制信号变成系统的外部输入行向量，此时闭环系统的状态方程为式(8-2)。

$$\begin{cases} \dot{x} = (A - BK)x + Bu \\ y = Cx \end{cases} \tag{8-2}$$

其中，K 为反馈增益矩阵。理论证明，当系统状态完全可控时，可通过状态反馈增益矩阵将系统配置到复平面的任何位置。控制系统的状态反馈框图如图 8.1 所示。

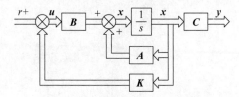

图 8.1　控制系统状态反馈框图

8.1.2　极点配置方法

极点配置有矩阵变换法和矩阵多项式法,后者也称为 Ackermann 公式法。

1. 矩阵变换法

(1) 列出系统状态空间模型,判定系统的可控性。当状态矩阵 A 满秩时,系统可控。在 MATLAB 中可用 rank(ctrb(A,B))判断系统的可控性。

(2) 由期望的闭环极点得到期望的闭环特征方程,使用 poly()函数确定系统矩阵 A 的特征多项式系数。

(3) 使用 ctrb(A,B)和 hankel()函数确定变换矩阵 T,即 $T=B*w$。其中,B 为可控性判别矩阵,通过 ctrb(A,B)获得,w 可通过 hankel()函数获得。

(4) 将引入反馈系数的特征方程与期望的特征方程进行对比,确定期望特征多项式系数。

(5) 求增益矩阵系数 K。

2. Ackermann 公式法

根据式(8-2),得到 $|SI-(A-BK)|$ 的系统矩阵 A,由 Caley-Hamilton 理论:设 A 是数域 P 上的 n 阶方阵,$f(\lambda)=|\lambda E-A|=\lambda n+b_1\lambda_{n-1}+\cdots+b_{n-1}\lambda+b_n$ 是 A 的特征多项式,则存在 $f(A)=A_n+b_1A_{n-1}+\cdots+b_{n-1}A+b_nE=0$,根据矩阵特征多项式性质配置闭环极点,可获得状态反馈系数矩阵 K。

语法格式:

(1) K = acker(A,B,p)　　%单输入单输出系统

说明:A 为系统状态矩阵,B 为系统控制矩阵,p 为期望极点,K 为状态反馈增益系数矩阵。acker()函数利用 Ackermann 公式计算 K,通过选择 K,使得闭环系统的极点恰好处于预先选择的一组期望极点上。

(2) K = place(A,B,p)或[K,near,message] = place(A,B,p)　　%多输入多输出系统

说明:A,B,p,K 的含义同(1);near 是闭环系统与期望极点 p 的接近程度,它返回每个量值的匹配位数;message 为输出信息。如果系统闭环极点的实际位置偏离期望极点

10%以上,则 message 将给出警告信息。

place()函数利用 Ackermann 公式先计算反馈阵 u＝－Kx ,通过选择 K 值,使得全反馈的多输入多输出系统具有指定的闭环极点。

(3) 计算得到反馈增益系数矩阵 K 后,可以使用 p＝eig(A－BK)输出全部极点值;MATLAB 控制系统工具箱中提供了 place()和 acker()函数,可方便地进行极点配置。

8.1.3 系统可控性及判断方法

1. 充分必要条件

若状态矩阵 A 满秩,即

$$\text{rank}[A \quad AB \quad \cdots \quad A_{n-1}B] = n \tag{8-3}$$

其中,对矩阵 A 的所有特征值 $\lambda_i (i=1,2,3,\cdots,n)$,存在

$$\text{rank}[\lambda_i I 、 AB] = n (i=1,2,3,\cdots,n), \quad n \text{ 为矩阵 } A \text{ 的维数}$$

则$[A \quad AB \quad \cdots \quad A_{n-1}B]$ 称为系统的可控性判别矩阵。

对于线性定常 n 阶连续系统,可控性矩阵必须满秩,且给出的 n 个期望极点是实数或成对出现的共轭复数,才能进行极点配置。

2. MATLAB 可控性判别命令

(1) 语法格式:

```
Qc = ctrb(A,B)              % Qc 为可控矩阵
rank(Qc)                    % 判断 Qc 是否满秩
```

若 Qc 的秩等于系统的阶次或 A 的维数 n,则系统完全可控。
(2) 完整可控性判别函数。
为了方便,常将可控性判别编写成函数用于调用,即

```
function m = controllble(A,B)
ctrl = rank(ctrb(A,B));     % 求可控矩阵的秩,ctrb(A,B)为系统的可控矩阵
n = length(A);             % 获取矩阵 A 的阶次
if n == ctrl               % 判断系统可控矩阵是否满秩
    disp('系统可控')
    else
    disp('系统不可控')
end
```

8.1.4 状态反馈极点配置空间变换参数

通过状态反馈增益矩阵 K 的选取,使闭环系统的极点,即 $A-BK$ 的特征值恰好处于所

期望的闭环极点位置。此时,状态反馈在 $u = -Kx + v/L$ 作用下的闭环系统框图如图 8.2 所示。

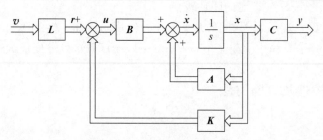

图 8.2　带变换器的状态反馈

其中,A,B 为系统矩阵,C 为输出矩阵,L 为输入配准值。系统经过状态反馈后,需要输入变换器 L 进行配准,配准后的控制阵 $B_1 = L.*B$,L 取值为极点配置中的状态矩阵。$A_1 = A - BK$ 后传递函数 $s = 0$ 的值用于消除极点配置后的稳态误差,即 L 的取值是加入状态反馈系数矩阵后的传递函数转换成多项式传递函数,再令 s 为零,即

$$\frac{1}{L} = \left. \frac{s^m + b_1 s^{m-1} + b_2 s^{m-2} + \cdots + b_m}{s^n + a_1 s^{n-1} + a_2 s^{n-2} + \cdots + a_n} \right|_{s=0} \tag{8-4}$$

语法格式:

```
[num1,den1] = ss2tf(A - B * K,B,C,D)      % 极点配置后的分子、分母
L = polyval(den1,0)/polyval(num1,0)
GK = ss(A - B * K,L. * B,C,D)             % 获得极点配置后的闭环传递函数 GK
```

其中,polyval()函数为分子分母多项式取零点的值,该函数使用见第 2 章,用于求状态空间配准参数 L。

结论: 由于 n 阶系统含有 n 个可以调节的参数,极点配置不改变系统零点的分布状态。因此,状态反馈对系统特性的改进程度通常比输出反馈要好。输出反馈是将观测到的输出作为反馈量构成的反馈。系统的极点配置能用于完全可控的单输入单输出系统。

8.1.5　系统可观测性及判断方法

1. 状态观测器结构

状态观测器的结构如图 8.3 所示。

当观测器的状态 x_2 与系统实际状态 x_1 不相等时,则它们的输出 y_2 与 y_1 也不相等,产生的误差信号为 $y_1 - y_2 = y_1 - Cx_2$,经反馈矩阵 G 送到观测器中的每个积分器输入端,参与调整观测器状态 x_2,使其以一定的精度和速度趋近于系统的真实状态 x_1。由图 8.3 可以得到状态值,即

$$\dot{x}_2 = Ax_2 + Bu + G(y_1 - y_2) = Ax_2 + Bu + Gy_1 - GCx_2$$

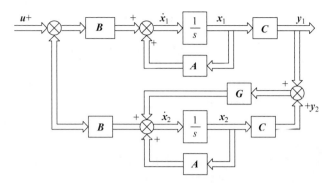

图 8.3 状态观测器的结构

简化为

$$\dot{\boldsymbol{x}}_2 = (\boldsymbol{A} - \boldsymbol{GC})\boldsymbol{x}_2 + \boldsymbol{B}\boldsymbol{u} + \boldsymbol{G}\boldsymbol{y}_1 \tag{8-5}$$

其中，$\boldsymbol{x}_2$ 为状态观测器的状态矢量，是状态 $\boldsymbol{x}_1$ 的估值；$\boldsymbol{y}_2$ 为状态观测器的输出矢量；$\boldsymbol{G}$ 为状态观测器的输出误差反馈矩阵。

对于线性定常系统，完全可观测的充分必要条件为

$$\text{rank}\begin{bmatrix} \boldsymbol{C} \\ \boldsymbol{CA} \\ \cdots \\ \boldsymbol{CA}^{n-1} \end{bmatrix} = n \quad \text{\%可观测矩阵满秩}$$

其中，n 是状态矩阵 $\boldsymbol{A}$ 的维数（阶次）。由此可得到系统的可观测性矩阵为

$$\boldsymbol{G} = \begin{bmatrix} \boldsymbol{C} & \boldsymbol{CA} & \cdots & \boldsymbol{CA}^{n-1} \end{bmatrix}^{-1}$$

系统的可观测性是指根据给定输入和测量系统得到其全部状态参数的过程，即判断可观测性是设计观测器以得到反馈状态，并由系统的状态矩阵 $\boldsymbol{A}$ 和输出矩阵 $\boldsymbol{C}$ 进行计算的过程。

2. MATLAB 可观测性判别命令

语法格式：

```
G0 = obsv(A,C)              % G0 为可观测矩阵
rank(G0)                    % 判断 G0 是否满秩
```

若 G0 的秩等于系统的阶次或 A 的维数 n，则系统完全可观测。

3. 完整可观测性判别函数

设计系统状态观测器的前提条件是系统必须可观测，在设计状态观测器前必须判断系统的可观测性，常将判断系统可观测性编写成一个函数用于调用，即

```
function m = observable(A,C)     % 判断系统的可观测性
```

```
obsvb = rank(obsv(A,C));              % 判断系统可观测矩阵的秩
n = size(A,1);                        % 状态矩阵阶次
if n == obsvb                         % 判断系统可观测矩阵是否满秩
  disp(['系统是可观测的!'])
    else
    disp(['系统是不可观测的!'])
end
```

【例 8-1】 已知系统状态方程,若期望特征值为 $p=[-2+2j,-2-2j,-10]$,判断系统是否可控? 若系统完全可控,求状态增益矩阵 K;判断系统是否可观测? 若系统完全可观测,求可观测矩阵 G。

$$A = \begin{bmatrix} 0 & 1 & 0 \\ 0 & 0 & 1 \\ -1 & -5 & -6 \end{bmatrix} \quad B = \begin{bmatrix} 0 \\ 0 \\ 1 \end{bmatrix} \quad C = [1\ 0\ 0] \quad D = 0$$

$$\begin{cases} \dot{x} = Ax(t) + Bu(t) \\ y = Cx \end{cases}$$

程序命令:

```
clear;clc;
a = [0 1 0;0 0 1;-1 -5 -6];b = [0;0;1];c = [1 0 0];d = 0;
[num0,den0] = ss2tf(a,b,c,d);G0 = tf(num0,den0);
G1 = feedback(G0,1);[num1,den1] = tfdata(G1,'v');   % 得到闭环系统
[A,B,C,D] = tf2ss(num1,den1);          % 将传递函数变换成状态空间形式
Nctr = rank(ctrb(A,B));                % 求可控矩阵的秩
Nobsv = rank(obsv(A,C));               % 求可观测矩阵的秩
n = length(A);                         % 求状态矩阵 A 的维数
if  n == Nctr                          % 判断系统是否可控
disp('该系统是可控的'); p = [-2+2j -2-2j -10];
K = place(A,B,p)
if  n == Nobsv                         % 判断系统是可观测
disp('该系统是可观测的');
G = place(A',C',p)
else
disp('该系统是不可观测的');
end
else
disp('该系统是不可控的'); disp('该系统也是不可观测的')
end
```

结果:

```
该系统是可控的
K =    8.0000   43.0000   78.0000
该系统是可观测的
G =    68.0000   -5.0000    8.0000
```

【例 8-2】 已知系统的开环传递函数为 $G(s) = \dfrac{5}{s^3 + 21s^2 + 83s}$，判断系统是否可控？若可控，设计状态反馈矩阵，期望极点为 $p = [-10, -2 \pm 2j]$，要求：

（1）求出极点配置系数阵 K，配置后的系统特征值 T。

（2）绘制极点配置前后的阶跃响应曲线并对比。

程序命令：

```
num = [5]; den = [1 21 83 0]; G = tf(num, den); G1 = feedback(G,1);
[A,B,C,D] = tf2ss(num,den); Nctr = rank(ctrb(A,B));
n = length(A);
   if  n == Nctr
     disp(['系统是可控的!']);
      p = [-10 -2+2j -2-2j]; K = place(A,B,p);
   T = eig(A-B*K)
[num1,den1] = ss2tf(A-B*K,B,C,D);      %极点配置后的分子、分母
L = polyval(den1,0)/polyval(num1,0);   %求状态空间变换参数
GK = ss(A-B*K,L.*B,C,D);               %极点配置后的闭环传递函数
t = 0:0.1:20; step(G1,GK,t)
     else
     disp(['系统是不可控的!']);
end
```

结果：

```
系统是可控的!
K = [    -7    -35    80 ]
T = -10.0000 + 0.0000i
    -2.0000 + 2.0000i
    -2.0000 - 2.0000i
```

绘制极点配置前后的阶跃响应曲线如图 8.4 所示。

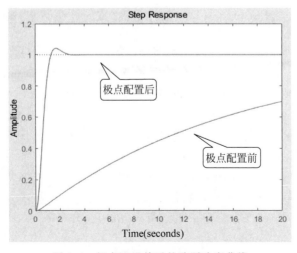

图 8.4 极点配置前后的阶跃响应曲线

结论:从图 8.4 可以看出极点配置前系统是不稳定的;极点配置后,系统的超调量约为 4%,稳态时间为 2.31s,说明该极点配置达到了很好的效果。

8.2 二次型最优控制器设计

线性二次型最优控制设计是指基于状态空间技术设计一个优化动态控制器。通过状态空间形式给出的线性系统,设计状态和控制输入的二次型目标函数,在线性系统约束条件下选择控制输入,使得二次型目标函数达到最小。使用 MATLAB 工具箱中提供的求解连续系统二次型最优控制函数 lqr() 可建立状态空间模型下的最优控制策略。

8.2.1 最优控制的基本概念

对于线性系统,选取系统状态和控制输入二次型函数的积分作为性能指标函数的最优控制方法,称为线性二次型最优控制。最优控制是现代控制理论的核心,是指在一定条件下,在完成所要求的控制任务时,使系统的某种性能指标具有最优值。根据系统不同的用途,可提出各种不同的性能指标。最优控制的设计就是使误差性能指标最小。

线性二次型最优控制一般包括两方面:一是线性二次型(Linear Quadratic,LQ)优化控制问题,选择具有状态反馈的线性最优控制系统;二是线性高斯(Linear Quadratic Gauss,LQG)控制问题,针对具有系统噪声和量测噪声的系统,用 Kalman 滤波器观测系统状态。

8.2.2 二次型最优控制函数

语法格式:

[K,P,E] = lqr(A,B,Q,R)   % 连续系统最优二次型控制器设计

其中,A 为系统的状态矩阵;B 为系统的输出矩阵;Q 为性能指标函数对于状态量的权重矩阵,为对角阵,元素越大则该变量在性能函数中越重要,Q 值越大,系统的抗干扰能力越强,且调整时间越短;R 为控制量的权重矩阵,也为对角阵,对应元素越大,则控制约束越大;Q 为给定的半正定实对称常数矩阵;R 为给定的正定实对称常数矩阵;一般将 R 固定后(单输入时 R=1)再改变 Q,可经过仿真比较后选择 Q 值,Q 值不唯一;K 为最优反馈增益矩阵;P 为对应 Riccati 方程(Riccati 方程是最简单的一类非线性方程,例如 $dy/dt = P(x)y^2 + Q(x)y + R(x)$ 形式的方程)的唯一正定解;若矩阵 A−BK 是稳定矩阵,则总有正定解 P 存在,E 为矩阵 A−BK 的闭环特征值。

【例 8-3】 已知系统状态方程为 $\dot{x} = Ax(t) + Bu(t)$,其中

$$A = \begin{bmatrix} 0 & 1 & 0 \\ 0 & 0 & 1 \\ -3 & 1 & -2 \end{bmatrix}, \quad B = \begin{bmatrix} 0 \\ 0 \\ 1 \end{bmatrix}, \quad C = \begin{bmatrix} 1 & 0 & 0 \end{bmatrix}, \quad D = 0 。$$

（1）求最优二次型控制器增益矩阵。

（2）绘制闭环系统控制前后的单位阶跃响应并进行对比。令 $R = 1$，Q 为单位矩阵，即

$$Q = \begin{bmatrix} 1 & 0 & 0 \\ 0 & 1 & 0 \\ 0 & 0 & 1 \end{bmatrix}$$

程序命令：

```
A = [0 1 0;0 0 1;-3 1 -2];
B = [0;0;1];C = [1 0 0];D = 0;
Q = eye(3);  R = 2;  [K,P,E] = lqr(A,B,Q,R);K1 = K(1);
Ac = (A - B * K);Bc = B * K1; G0 = ss(A,B,C,D);G1 = ss(Ac,B,C,D);
[num,den] = tfdata(G1,'v'); %求分子和分母
   KL = polyval(den,0)/polyval(num,0)
   [A,B,C,D] = tf2ss(num,den);  B1 = KL. * B; G2 = ss(A,B1,C,D)
figure(1);step(G0);figure(2);step(G2);
```

结果：

```
K =   0.0822   4.4810   1.6691
```

控制前后的阶跃响应曲线如图 8.5(a)和图 8.5(b)所示。

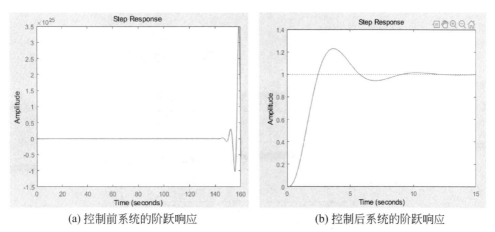

(a) 控制前系统的阶跃响应　　　　　　(b) 控制后系统的阶跃响应

图 8.5　最优控制的单位阶跃响应结果对比

结论：控制前的系统是不稳定的，经最优状态反馈后的阶跃响应曲线有较小的超调量和稳态时间，说明通过选择最优二次型控制器增益矩阵，达到了最优控制的效果。

【**例 8-4**】　已知倒立摆对象的系统传递函数模型为

$$A = \begin{bmatrix} 0 & 1 & 1 & 0 \\ 0 & -0.2 & 2.7 & 0 \\ 0 & 0 & 0 & 1 \\ 0 & -0.45 & 31.2 & 0 \end{bmatrix}, \quad B = \begin{bmatrix} 0 \\ 2 \\ 0 \\ 4.5 \end{bmatrix}, \quad C = \begin{bmatrix} 1 & 0 & 0 & 0 \\ 0 & 0 & 1 & 0 \end{bmatrix}, \quad D = 0 。$$

要求：设计最优二次型求解反馈矩阵 K 使得倒立摆稳定，选择不同的 Q 性能指标函数，使倒立摆具有较好的响应速度。

分析：

取 $R = 1$，分别取 $Q = \mathrm{diag}([1\ 0\ 1\ 0])$ 和 $Q = \mathrm{diag}([100\ 0\ 10\ 0])$ 进行对比。

程序命令：

```
A = [0 1 0 0;0 - 0.2 2.7 0;0 0 0 1;0 - 0.45 31.2 0];
B = [0;2;0;4.5];C = [1 0 0 0;0 0 1 0];D = 0;
G0 = ss(A,B,C,D);
R = 1;Q = diag([1 0 1 0]);
Q1 = diag([100 0 10 0]);
[K,P,E] = lqr(A,B,Q,R);
[K1,P1,E1] = lqr(A,B,Q1,R);
Ac = (A - B * K); Ac1 = (A - B * K1);
G1 = ss(Ac,B,C,D);
G2 = ss(Ac1,B,C,D);
figure(1);step(G0);
figure(2);step(G1);
```

结果：

```
K =    - 1.0000   - 1.5872   19.2257   3.5505
K1 = - 10.0000   - 7.4206   36.8492   7.0489
```

控制前系统的阶跃响应曲线如图 8.6 所示；控制后系统的阶跃响应曲线如图 8.7(a)和图 8.7(b)所示。

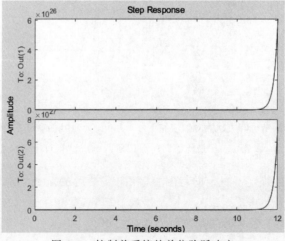

图 8.6　控制前系统的单位阶跃响应

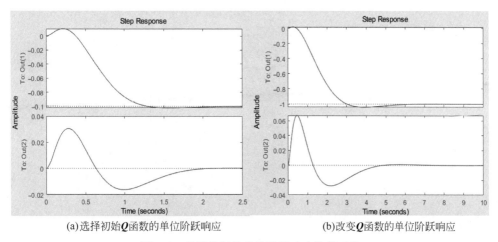

(a)选择初始Q函数的单位阶跃响应　　　　(b)改变Q函数的单位阶跃响应

图 8.7　最优控制的单位阶跃响应结果对比

结论：从倒立摆控制前后的响应曲线看出，控制前系统是不稳定的；Q 函数元素值增大，系统响应速度得到了提高。

8.3　使用 Kalman 滤波器设计 LQG 最优控制器

MATLAB 控制工具箱中提供了 Kalman()函数用于求解 Kalman 滤波器。根据给定的系统、噪声协方差值，该函数能返回滤波器的状态空间模型、反馈增益和状态估计误差的协方差，由此进一步设计 LQG(Linear-Quadratic-Gaussian，线性高斯控制)最优控制器优化系统指标。

8.3.1　Kalman 滤波器的 MATLAB 实现

实际应用中，若系统存在随机扰动，系统的状态通常需要由状态方程 Kalman 滤波器的形式给出。Kalman 滤波器就是最优观测器，能够抑制或滤除噪声对系统的干扰和影响。利用 Kalman 滤波器对系统进行最优控制是非常有效的。

语法格式：

```
[kest,L,P] = kalman(sys,Q,R,N)
```

其中，kest 为滤波器的状态空间模型，L 为滤波器反馈增益矩阵，P 为状态估计误差的协方差矩阵，sys 为给定系统，Q，R，N 为给定噪声协方差矩阵。

8.3.2　LQG 最优控制器的 MATLAB 实现

1．LQG 最优控制器构成

LQG 最优控制器是由系统的最优反馈增益矩阵 $\boldsymbol{K}$ 和 Kalman 滤波器构成，如图 8.8 所示。在 **K** 和 Kalman 滤波器设计已经完成的情况下,可以借助 MATLAB 工具箱函数 reg() 来实现 LQG 最优控制。

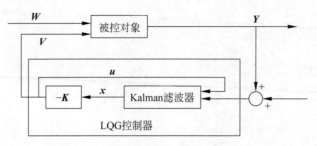

图 8.8 最优控制器构成

语法格式:

[A,B,C,D] = reg(sys,K,L)

其中,sys 为系统状态空间模型,K 为用函数 lqr() 等设计的最优反馈增益矩阵,L 为滤波器反馈增益,[A,B,C,D] 为 LQG 控制器的状态空间模型。

2. 基于全维状态观测器的控制器

控制系统工具箱中的函数 reg() 用来设计基于全维状态观测器的控制器。
语法格式:

G_c = reg(G,k,1)

其中,G 为受控系统的状态空间表示,k 表示状态反馈的行向量,1 表示全维状态观测器的列向量,G_c 为基于全维状态观测器的状态空间表示。

【例 8-5】 已知系统的状态方程为

$$\dot{x} = \begin{bmatrix} -1 & 0 & 1 \\ 1 & 0 & 0 \\ -3 & 7 & -2 \end{bmatrix} x + \begin{bmatrix} 6 \\ 1 \\ 1 \end{bmatrix} u + \begin{bmatrix} 1 \\ 0 \\ 0 \end{bmatrix} \omega, \quad y = \begin{bmatrix} 0 & 0 & 1 \end{bmatrix} x + v$$

令 $Q=0.001, R=0.1$,设计 Kalman 滤波器的增益矩阵与状态估计误差的协方差矩阵。

程序命令:

```
A = [-1,0,1;1,0,0;-3,7,-2];
B = [6,1,1]';C = [0,0,1];D = 0;
S = ss(A,B,C,D); Q = 0.001;R = 0.1;
[kest,L,P] = kalman(S,Q,R)
```

结果:

```
L =   1.0150
```

$$P = \begin{array}{l} 1.2056 \\ 1.8469 \\ \begin{bmatrix} 0.0680 & 0.0722 & 0.1015 \\ 0.0722 & 0.0825 & 0.1206 \\ 0.1015 & 0.1206 & 0.1847 \end{bmatrix} \end{array}$$

其中,L 为滤波器反馈增益矩阵,P 为状态估计误差的协方差矩阵。

【例 8-6】 设系统的传递函数框图如 8.9 所示。

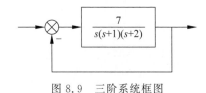

图 8.9 三阶系统框图

令加权矩阵 $\boldsymbol{A} = \begin{bmatrix} 10 & 0 & 0 \\ 0 & 1 & 0 \\ 0 & 0 & 1 \end{bmatrix}$, $\boldsymbol{R} = 1$,设有噪声矩阵 $\boldsymbol{Q}_2 = 1$, $\boldsymbol{R}_2 = 1$,设计 Kalman 滤波

器,对系统进行 LQG 最优控制,画出控制前后系统闭环的单位阶跃响应曲线。

程序命令:

```
p = [-2, -1, 0]; z = [ ]; k = 7;
G = zpk(z, p, k); G1 = feedback(G, 1);
[a, b, c, d] = zp2ss(z, p, k);
s1 = ss(a, b, c, d);
  q1 = [10, 0, 0; 0, 1, 0; 0, 0, 1]; r1 = 1;
  K = lqr(a, b, q1, r1);
% 设计 Kalman 滤波器
  q2 = 1; r2 = 1;
  [kest, L, P] = kalman(s1, q2, r2);
% LQG 控制器设计
[af, bf, cf, df] = reg(a, b, c, d, K, L);
sf = ss(af, bf, cf, df); sys = feedback(G, sf);
  [num, den] = tfdata(sys, 'v');
% 求分子和分母
  KL = polyval(den, 0)/polyval(num, 0)  % 获得控制增益
  [A, B, C, D] = tf2ss(num, den);
  B1 = KL. * B;
  sys1 = ss(A, B1, C, D);
t = 0:0.1:10; step(G1, sys1, t);
```

最优控制前后系统的单位阶跃响应曲线分别如图 8.10(a)和图 8.10(b)所示。

结论:从图 8.10 可以看出,控制前系统不稳定,是发散的。经过最优控制后,系统稳定在给定值,没有超调量,系统指标得到了很大改善,说明最优控制不仅适用于稳定系统,也适用于不稳定的系统。

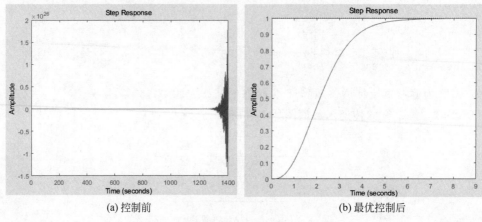

(a) 控制前   (b) 最优控制后

图 8.10   控制前后系统的单位阶跃响应曲线

第9章 基于Simulink模块的设计与仿真

Simulink 仿真模块是 MATLAB 最重要的组件之一，它提供了一种可视化图形仿真环境，主要用于动态系统建模、仿真分析与设计中。利用系统提供的输入、输出模块、数学运算、连续、离散和非线性等二十多个模块库，不需要过多编程即可搭建模块化的实验环境。其功能相当于把多种被控对象、信号源、示波器、运算器和控制器等设备搬到了实验室，模拟半实物仿真实验平台。Simulink 使用简单方便，是工程领域技术工作者使用非常广泛的分析工具。

9.1 仿真编辑及参数设置

完成一个仿真过程需要编辑模块、设置仿真参数，然后运行仿真查看结果并进行分析。双击不同的仿真模块，均会弹出一个名为 Block Parameters 的参数对话框，用于管理、设置、修改仿真参数。

9.1.1 创建仿真模型

1. 打开编辑窗口

(1) 在 MATLAB 命令窗口中输入 Simulink 或在工具栏中单击 Simulink 按钮，均可打开 Simulink 起始页，如图 9.1 所示。

(2) 选择“空白模型”，则出现 Create Model 标识，单击即可打开编辑窗口，建立新的仿真模型，此时需要单击打开“库浏览器”，打开仿真模块库，如图 9.2 所示。

2. 编辑仿真模型

打开系统中预置的模块库窗口，其中左栏为模块库名称，右栏为工具模块，如图 9.3 所示。

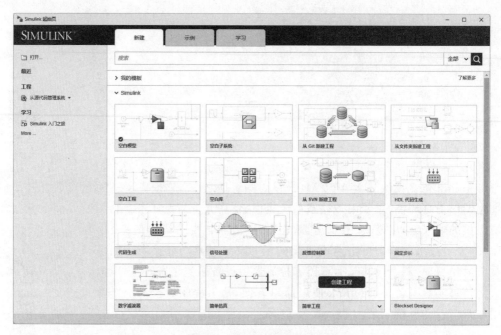

图 9.1　Simulink 起始页

图 9.2　打开仿真模块库

　　将所需的模块库对象拖曳到编辑窗口中,设计一个简单的 PID 控制系统需要方波信号、求和模块、PID 控制器、连续系统传递函数和示波器模块,拖动连线即可完成,如图 9.4 所示。

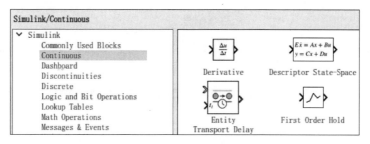

图 9.3　模块库窗口

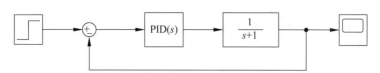

图 9.4　简单的 PID 控制系统

9.1.2　仿真模块库基本模块

数学运算(Math Operations)模块库基本模块如表 9.1 所示。

表 9.1　数学运算模块库基本模块

名　称	模块形状	功能说明
Add		加法运算
Divide		除法运算
Gain		比例运算
Math Function		包括指数函数、对数函数、求平方、开平方等常用数学函数
Sign		符号函数
Subtract		减法运算
Sum		求和运算
Sum of Elements		元素求和运算

连续(Continuous)系统模块库基本模块如表 9.2 所示。

表 9.2　连续系统模块库基本模块

名　称	模块形状	功能说明
Derivative	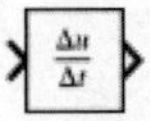 $\frac{\Delta u}{\Delta t}$	微分环节
Integrator	 $\frac{1}{s}$	积分环节
State-Space	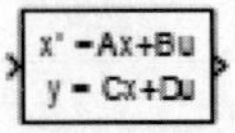 $x' = Ax+Bu$ $y = Cx+Du$	状态方程模型
Transfer Fcn	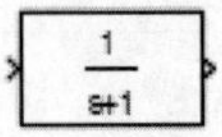 $\frac{1}{s+1}$	传递函数模型
Transport Delay		按给定时间延时输入信号
Zero-Pole	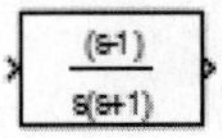 $\frac{(s+1)}{s(s+1)}$	零极点增益模型

非线性(Discontinuities)系统模块库基本模块如表 9.3 所示。

表 9.3　非线性系统模块库基本模块

名　称	模块形状	功能说明
Backlash		间隙非线性
Coulomb & Viscous Friction	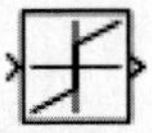	库仑和黏度摩擦非线性
Dead Zone	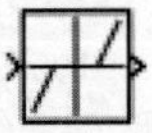	死区非线性
Rate Limiter Dynamic	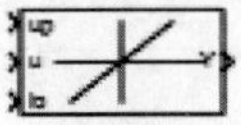	动态限制信号的变化速率
Relay	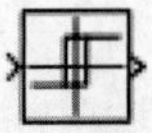	滞环比较器,限制输出值在某一范围内
Saturation	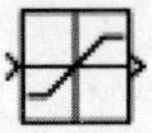	饱和输出,当输出值超过某一值时能够饱和

离散(Discrete)系统模块库基本模块如表 9.4 所示。

表 9.4　离散系统模块库基本模块

名　称	模块形状	功能说明
Difference	$\dfrac{z\text{-}1}{z}$	差分环节
Discrete Derivative	$\dfrac{K\,(z\text{-}1)}{Ts\,z}$	离散微分环节
Discrete FIR Filter	$\dfrac{0.5+0.5z^{-1}}{1}$	离散滤波器
Discrete State-Space	$E\dot{x}=Ax+Bu$ $y=Cx+Du$	离散状态空间系统模型
Discrete Transfer Fcn	$\dfrac{1}{z+0.5}$	离散传递函数模型
Discrete Zero-Pole	$\dfrac{(z\text{-}1)}{z(z\text{-}0.5)}$	以零极点表示的离散传递函数模型
Discrete-Time Integrator	$\dfrac{K\,Ts}{z\text{-}1}$	离散时间积分器
First-Order Hold		一阶保持器
Zero-Order Hold		零阶保持器
Transfer Fcn First Order	$\dfrac{0.05z}{z\text{-}0.95}$	离散一阶传递函数
Transfer Fcn Lead or Lag	$\dfrac{z\text{-}0.75}{z\text{-}0.95}$	超前滞后传递函数
Transfer Fcn Real Zero	$\dfrac{z\text{-}0.75}{z}$	离散零点传递函数

输入信号源(Sources)模块库基本模块如表 9.5 所示。

表 9.5　输入信号源模块库基本模块

名　称	模块形状	功能说明
Sine Wave		正弦波信号
Chirp Signal		产生一个频率不断增大的正弦波
Clock		显示和提供仿真时间
Constant		常数信号,可设置数值
Step		阶跃信号
From File	untitled.mat	从 .mat 数据文件获取数据
In1	1	输入信号
Pulse Generator		脉冲发生器
Ramp		斜波输入
Random Number		产生正态分布的随机数
Signal Generator		信号发生器,可产生正弦波、方波、锯齿波及随意波

接收(Sinks)模块库基本模块如表 9.6 所示。

表 9.6　接收模块库基本模块

名　　称	模块形状	功能说明
Display	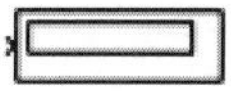	数字显示器
Floating Scope		悬浮示波器
Out1	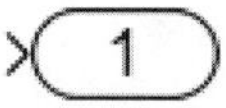 1	输出端口
Scope	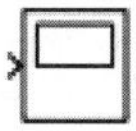	示波器
Stop Simulation	 STOP	仿真停止
Terminator		连接到无连接的输出端
To File	 untitled.mat	将输出数据写入 .mat 数据文件保存
To Workspace	 simout	将输出数据写入工作空间
XY Graph		显示二维图形

通用模块库(Commonly Used Blocks)基本模块如表 9.7 所示。

表 9.7　通用模块库基本模块

名　　称	模块形状	功能说明
Bus Creator		创建信号总线
Bus Selector		总线选择模块
Mux		多路信号集成一路

名　　称	模块形状	功能说明
Demux		一路信号分解成多路
Logical Operator	AND	逻辑"与"操作

9.1.3　模块的参数和属性设置

（1）数学运算（Math Operations）模块库中比例运算 Gain 的设置。

选择 Math Operations 模块库，拖动比例运算（Gain）模块到编辑窗口，双击打开参数设置对话框，添加比例值，如图 9.5 所示。

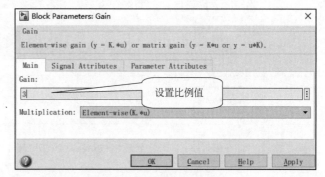

图 9.5　比例运算参数设置对话框

（2）数学运算模块库中求和运算的设置。

拖动求和运算（Sum）模块到编辑窗口，双击打开参数设置对话框，默认运算符是"＋＋"，也可修改为相减运算符"＋－"，如图 9.6 所示。

图 9.6　求和运算参数设置对话框

（3）输入信号源（Sources）模块库中阶跃输入信号的设置。

拖动输入信号源中的阶跃信号（Step）模块到编辑窗口，单击打开参数设置对话框，如图 9.7 所示。其中，Step time 为阶跃信号的变化时刻，Initial value 为初始值，Final value 为终止值，Sample time 为采样时间。

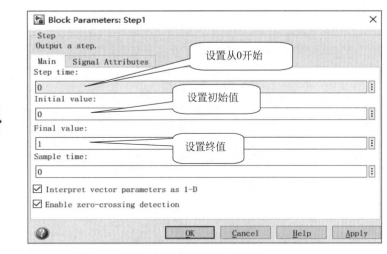

图 9.7　阶跃信号源参数设置对话框

（4）连续（Continuous）系统模块库中传递函数的设置。

拖动连续系统传递函数（Transfer Fcn）模块到编辑窗口，单击打开参数设置对话框，添加传递函数的分子和分母，如图 9.8 所示。

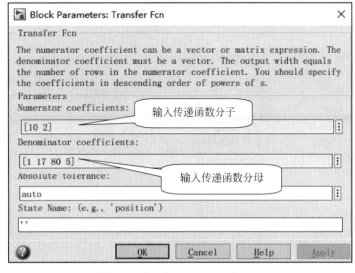

图 9.8　连续系统传递函数的参数设置对话框

(5) 接收(Sinks)模块库中示波器(Scope)设置

拖动接收模块库中的示波器(Scope)模块到编辑窗口,若要显示多条曲线,需要选择表9.7中的Mux模块。双击该示波器,在显示窗口中选择View即可设置背景、前景坐标轴线颜色、线型等显示属性,如图9.9所示。

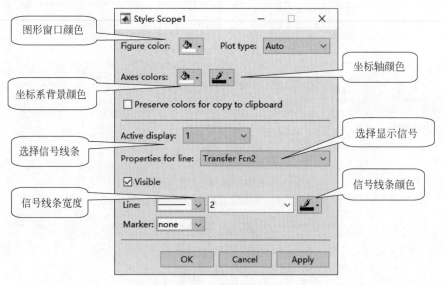

图 9.9　设置显示效果

(6) 将输入信号、连续系统和接收模块连接在一起组成仿真系统,单击顶部工具栏的运行按钮Run或按快捷键Ctrl+T,即可开始仿真。仿真时间默认为10s,也可自行设置,例如设置仿真时间为300s;也可选择运行模式,例如选择加速器等,如图9.10所示。

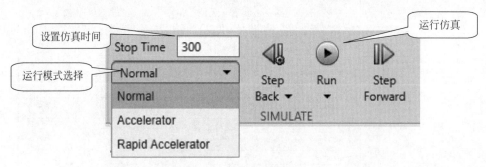

图 9.10　设置显示效果

(7) 双击示波器,可查看结果分析。单击示波器的比例尺,可测量信号图形中某一点的数据,如图9.11所示。

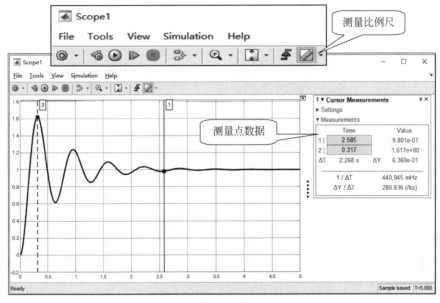

图9.11　查看仿真结果

9.2　二阶系统仿真

针对标准二阶系统传递函数 $G(s)=\dfrac{\omega_n^2}{s^2+2\zeta\omega_n s+\omega_n^2}$，改变 ζ（阻尼比）和 ω_n（自由振荡频率）的参数设置，观测对系统输出的影响。

9.2.1　改变阻尼比的二阶系统仿真分析

在二阶系统自由振荡频率 ω_n 不变的情况下，改变阻尼比系数 ζ 为无阻尼（$\zeta=0$）、欠阻尼（$0<\zeta<1$）、临界阻尼（$\zeta=1$）和过阻尼（$\zeta>1$）的 4 种状态，分别取 $\zeta=0,\zeta=0.5,\zeta=1,\zeta=2$，代入二阶系统传递函数 $G(s)$ 中，搭建 4 个不同的仿真模型，设置示波器输入端口数为 4，将 4 路信号显示到一个示波器上，如图 9.12(a) 和图 9.12(b) 所示。

结论： 从仿真结果看出，改变阻尼比，系统的超调量也在变化，系统达到稳态的时间也发生变化。当 $\zeta=0$（无阻尼）时，出现等幅振荡曲线，超调量为 100%，稳态时间为无穷大（∞）；当 $\zeta<1$ 时，信号曲线衰减振荡，有超调量；当 $\zeta\geqslant1$ 时，没有超调量，随着 ζ 增大，达到稳态的时间也增大。

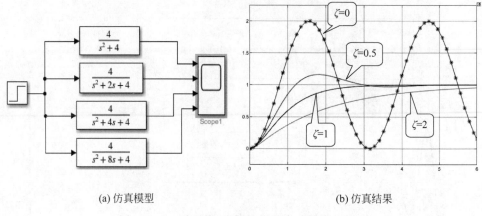

| (a) 仿真模型 | (b) 仿真结果 |

图 9.12 二阶系统不同阻尼比的仿真模型及结果

9.2.2 改变频率的二阶系统仿真分析

对于二阶系统标准传递函数,令阻尼比 $\zeta=0.3$,分别设置 $\omega_n=1,2,4$,建立的仿真模型及仿真结果如图 9.13(a)和图 9.13(b)所示。

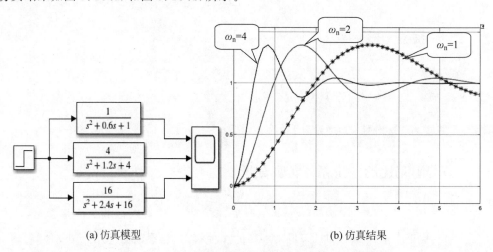

| (a) 仿真模型 | (b) 仿真结果 |

图 9.13 二阶系统不同振荡频率的仿真模型及结果

结论:从仿真结果看出,在 ζ 不变的情况下,改变频率 ω_n,超调量没有变化,但上升时间、稳态时间均发生变化。ω_n 越大,响应速度越快,上升时间和稳态时间越小。

9.3 稳定性及稳态误差仿真

对于一个稳定的系统,当输入信号为典型的阶跃信号时,经过一段时间会进入稳定状态,系统稳定性与开环增益有直接的关系,改变系统的开环增益 K 即可改变系统的稳定性。

稳态误差为期望值与实际稳态输出量之差,是系统控制精度的一种度量,通常输入斜波信号进行稳态误差分析,方便观测稳态误差参数。

9.3.1 稳定性的仿真

【例 9-1】 通过改变系统的开环增益 K,研究系统的稳定性。已知被控对象为 4 阶系统,其闭环系统框图如图 9.14 所示,根据 K 的变化判定系统的稳定性。要求:

(1) 判定 K 的稳定范围,确定系统临界稳定的 K 值;

(2) 改变 K 值,分别对系统稳定、不稳定和临界稳定状态进行仿真。

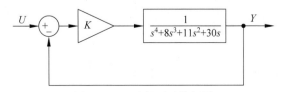

图 9.14　4 阶闭环系统框图

步骤:

(1) 由根轨迹确定临界点。

先令 $K=1$,绘制系统的根轨迹,找出 K 的临界稳定值。编写程序如下:

```
G0 = tf(1,[1 8 11 30 0]);
G1 = feed back(G0,1); rlocus(G1);
[K,p] = rlocfind(G1)              % 查找临界点,画出根轨迹,如图 9.15 所示
```

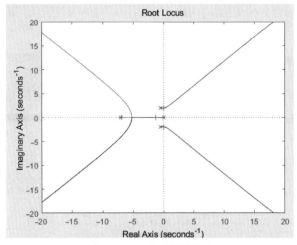

图 9.15　4 阶系统根轨迹

临界值结果:

```
K =   26.9736
```

(2) 在命令窗口输入 Simulink 命令,打开图形编辑窗口和模块库,拖动输入信号源模块库(Sources)的阶跃信号(Step)、数学模块库(Math Operations)的求和运算模块(Sum)及比例运算模块(Gain)、连续系统模块库(Continuous)的传递函数(Transfer Fcn)和接收模块库(Sinks)的示波器(Scope)共 5 个模块到窗口中。由于是负反馈系统,需将 Sum 模块的符号改为"+-",再根据临界点 $K = 26.9736$ 及传递函数,在 Gain 模块和 Transfer Fcn 模块添加参数及传递函数系数,搭建仿真模型,如图 9.16 所示。

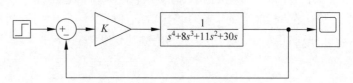

图 9.16 $K = 27$ 时的 4 阶系统模型

(3) 双击工具栏的运行按钮,得到仿真结果如图 9.17 所示。

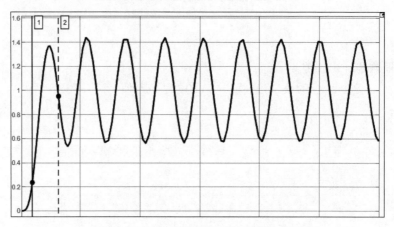

图 9.17 $K = 27$ 时 4 阶系统的阶跃响应

(4) 令 $K = 10$,系统的仿真结果如图 9.18 所示。

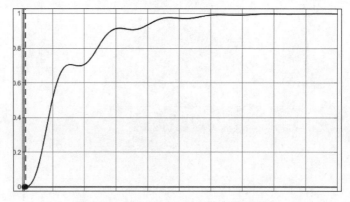

图 9.18 $K = 10$ 时 4 阶系统的阶跃响应

（5）令 $K=30$，仿真结果如图 9.19 所示。

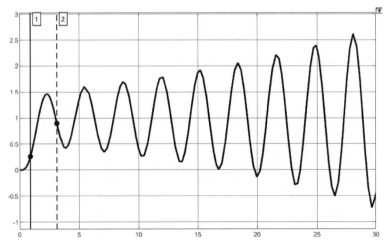

图 9.19　$K=30$ 时 4 阶系统的阶跃响应

9.3.2　增益 K 对稳态误差的影响

【例 9-2】　根据给定的二阶系统传递函数，按照例 9-1 的步骤建立的二阶系统框图如图 9.20 所示。选择输入信号为斜波信号，观测不同增益 K 对稳态误差的影响。

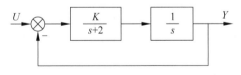

图 9.20　二阶系统框图

步骤：

（1）令 $K=1$ 和 $K=0.1$，选择输入信号为斜波信号，观测不同 K 值的输出，搭建的仿真模型如图 9.21 所示。

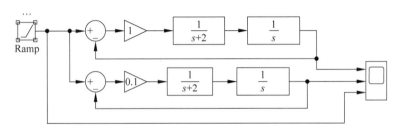

图 9.21　二阶系统仿真模型

（2）双击示波器,仿真结果如图 9.22 所示。

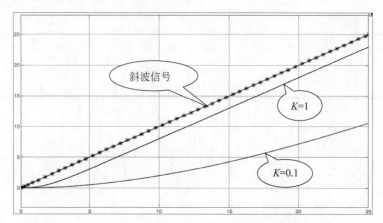

图 9.22　斜波信号及不同 K 值输出

结论：对同一被控对象,随着开环增益 K 的减小,稳态误差有变大的趋势。

9.3.3　积分环节个数对稳态误差的影响

在控制系统研究中,常常按系统中包含的积分环节个数对系统进行分类,这对研究不同典型输入下系统的稳态误差是很方便的。系统前馈通道中不包含积分环节时称为 0 型系统；包含一个积分环节时称为Ⅰ型系统；包含两个积分环节时称为Ⅱ型系统；包含两个以上积分环节的控制系统很难稳定,在工程上几乎不采用。

【例 9-3】　研究当输入斜波信号时,0 型、Ⅰ型和Ⅱ型系统的稳定性和稳态误差。

步骤：

（1）按照要求,搭建 0 型、Ⅰ型和Ⅱ型系统的仿真模型,如图 9.23 所示。

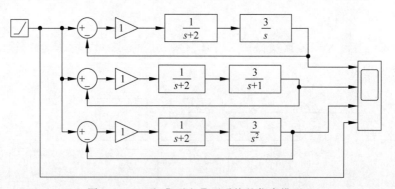

图 9.23　0 型、Ⅰ型和Ⅱ型系统的仿真模型

（2）双击示波器,观测仿真结果,如图 9.24 所示。

结论：通过仿真结果可以看出,0 型系统有一定的稳态误差；Ⅰ型系统误差较小,适当

调整 K 值可使得误差为零；Ⅱ型系统不稳定，不存在稳态误差。

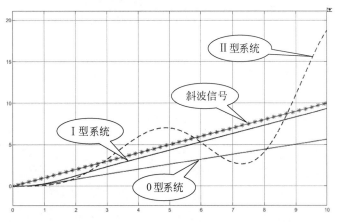

图 9.24　0 型、Ⅰ型和Ⅱ型系统的仿真结果

9.4　串联超前和滞后校正仿真设计

串联超前和滞后校正是在系统中串联一个校正环节 $\dfrac{T_1 s+1}{T_2 s+1}$ 形成闭环系统。当 $T_1 > T_2$ 时为串联超前校正，反之为滞后校正。T_1 和 T_2 的值是根据控制指标及被控系统的相位裕度得出的，计算方法详见 6.2 节。

9.4.1　相位超前校正

【例 9-4】已知被控对象开环传递函数为 $G(s)=\dfrac{120}{0.6s^2+s}$，使用超前校正环节 $G_c(s)=\dfrac{0.8s+1}{0.01s+1}$ 进行仿真，比较校正前后系统的动态特性参数。

步骤：

（1）按照给定传递函数，建立仿真模型，将校正前后的结果输出到一个示波器上，以对比校正环节的作用，仿真模型如图 9.25 所示。

（2）单击工具栏的 Run 按钮，添加比例尺观测数据，添加方法见 9.1.3 小节，结果如图 9.26 所示。

结论：从图 9.26 中可以看出，校正前系统超调量达到 80%，在稳态误差为 2% 的情况下，稳态时间为 4.93s；校正后系统超调量为 27%，稳态时间为 0.1s。由此可看出，在系统出现超调前完成了校正，校正速度较快，稳态时间减少为 1/50，超调量明显降低。

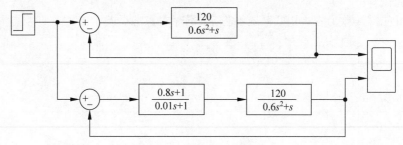

图 9.25　超前校正仿真模型

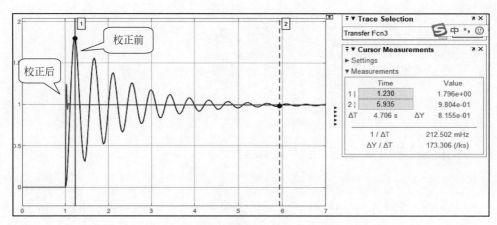

图 9.26　超前校正前后仿真结果

9.4.2　相位滞后校正

【例 9-5】已知被控对象开环传递函数 $G(s) = \dfrac{120}{0.03s^2 + s}$，使用滞后校正环节 $G_c(s) = \dfrac{0.8s+1}{3.6s+1}$ 进行仿真，比较校正前后系统的动态特性参数。

步骤：

（1）按照例 9-4 的步骤建立滞后校正仿真模型，如图 9.27 所示。

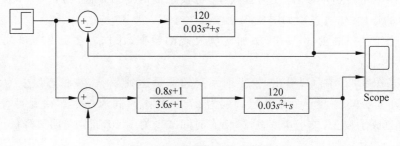

图 9.27　滞后校正仿真模型

（2）双击运行按钮后，打开示波器，观测滞后校正前后的仿真结果，如图9.28所示。

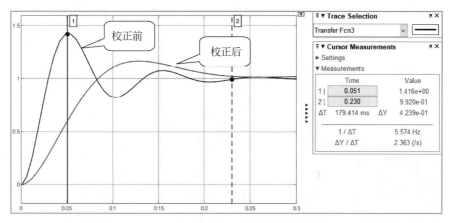

图9.28 滞后校正前后仿真结果

结论：滞后校正前，超调量达到41.6%，稳态时间为4s；校正后超调量为16%，稳态时间为0.23s。可见，滞后校正前后稳态时间基本不变，但超调量从41.6%降低到16.2%。滞后校正是在出现超调后才开始校正，时间有滞后，且校正后上升时间比校正前延长了。

9.5 PID控制仿真

使用Simulink进行PID仿真是常用的方法，减少了编程带来的麻烦，特别是试凑法、衰减曲线法、临界比例度法，直接搭建仿真模型，不断改变参数仿真即可。

9.5.1 使用试凑法整定PID参数

【例9-6】针对三阶被控对象$G(s)=\dfrac{85}{(s+2)(s+6)(s+9)}$，使用试凑法整定PID控制参数，要求：（1）超调量小于20%，稳态时间小于1s；（2）对比PID控制前后的参数。

步骤：

（1）根据已知的被控对象，在连续系统模块库（Continuous）中拖曳PID控制器模块（PID Controller）和传递函数模块，搭建PID控制前后的仿真模型，如图9.29所示。

（2）双击PID控制器模块修改参数，经过PID试凑，取$K_p=8$，$K_i=26$，$K_d=2$，输出曲线满足要求，控制参数设置如图9.30所示。

（3）从图9.30看出，系统设置的PID控制器模块的微分控制取了一个调整系数N，进行微分值的近似。根据图9.29试凑的参数，控制结果如图9.31所示。

结论：从图9.31看出，该被控对象在加入PID控制前闭环系统是稳定的，但存在55%的稳态误差，不能满足系统要求。加入PID控制后，稳态误差为零，且上升时间由原来的

0.85s减少到0.185s,速度有了明显提升。

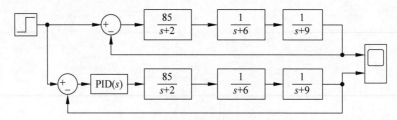

图 9.29 PID 控制前后仿真模型

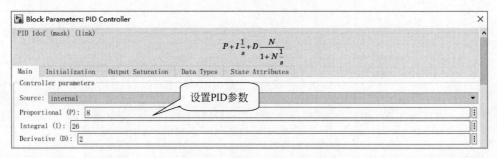

图 9.30 PID 控制参数设置

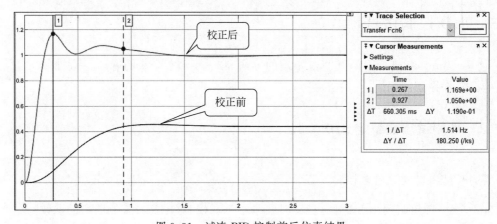

图 9.31 试凑 PID 控制前后仿真结果

9.5.2 使用衰减曲线法整定 PID 参数

【例 9-7】 已知开环传递函数 $\dfrac{2}{(s+3)(2s+1)}$,要求使用 4 : 1 或 10 : 1 衰减曲线法整定 PID 控制器参数。

步骤:

(1)根据开环传递函数建立纯比例的仿真模型,如图 9.32 所示。

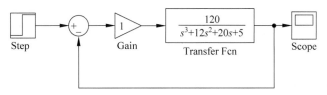

图 9.32　系统闭环系统模型

（2）原系统阶跃响应曲线如图 9.33 所示。

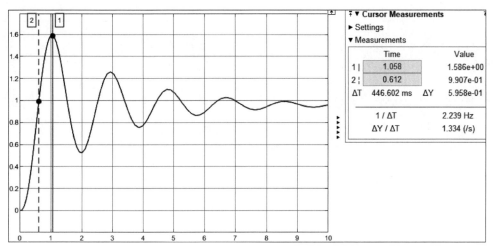

图 9.33　原系统阶跃响应曲线

（3）将图 9.32 的比例值（Gain）从小到大调节，当 $K_p = 0.615$ 时，出现 4∶1 振荡，记录此时的值为 K_s，即 $K_s = 0.615$，衰减比为 4∶1 的仿真结果如图 9.34 所示。

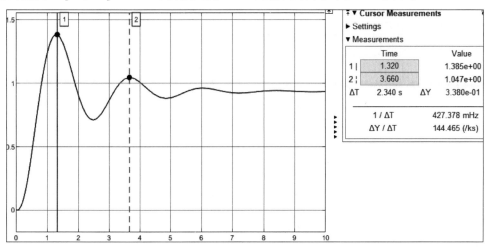

图 9.34　衰减比为 4∶1 的仿真结果

(4) 从图 9.34 中得到第一次峰值为 $1.385-0.933=0.452$,第二次峰值为 $1.0476-0.933=0.116$,两次峰值的比值为衰减比,即 $K=(1.385-0.933)/(1.047-0.933)=3.9649$,基本满足 4∶1 的衰减比,记录此时的 $K_s=0.615$,$T_s=3.66-1.32=2.34\text{s}$,代入表 7.4 中,计算结果如表 9.8 所示。

表 9.8　4∶1 衰减比控制参数计算

参　　数	K_p	T_i	T_d
计算公式	$K_s/0.8$	$0.3T_s$	$0.1T_s$
PID 参数值	$0.615/0.8=0.769$	$0.3\times2.34=0.702$	$0.1\times2.34=0.234$

(5) 根据表 9.8 中的 PID 参数值,$K_p\approx0.77$,构建的仿真模型如图 9.35 所示。

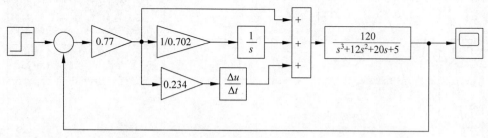

图 9.35　使用 4∶1 衰减曲线法整定 PID 参数仿真模型

(6) 使用 4∶1 衰减曲线法整定 PID 参数的仿真结果如图 9.36 所示。

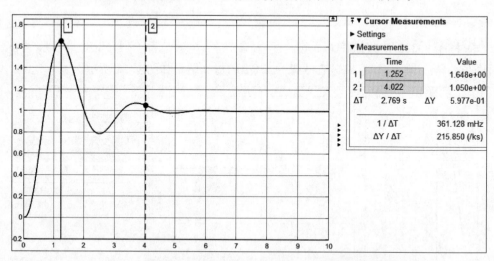

图 9.36　使用 4∶1 衰减曲线法整定 PID 参数的仿真结果

(7) 根据图 9.36 的仿真结果,进一步试凑参数,修改 $T_i=10$,保持 K_p 和 T_d 的值,仿真模型如图 9.37 所示。

(8) 修改控制参数,仿真结果如图 9.38 所示。

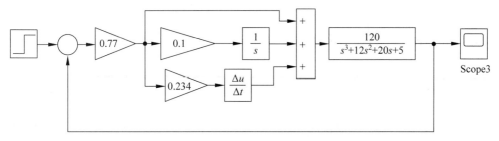

图 9.37　试凑法修正 PID 参数仿真模型

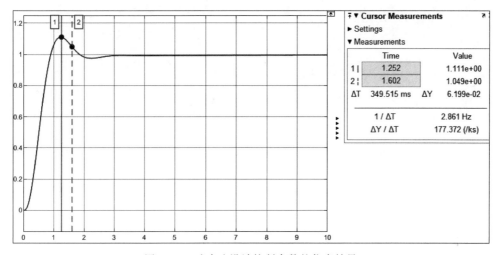

图 9.38　试凑法设计控制参数的仿真结果

　　结论：从仿真结果可以看出，原系统在控制前超调量为 57%，在稳态误差为 5% 的情况下，稳态时间为 9.9s。经过 4∶1 衰减曲线法整定 PID 参数，控制后的结果为：超调量为 64.8%；稳态误差为 5% 时，稳态时间为 4s。控制后超调量增大，但有了很大的衰减比，在此基础上，进一步试凑控制参数，增大积分时间常数为 10，可减小超调量，结果为：超调量为 11.1%，峰值时间为 1.6s；稳态误差为 5% 时，稳态时间为 1.455s。

9.5.3　使用临界比例度法整定 PID 参数

　　【**例 9-8**】　已知开环传递函数，要求使用临界比例度法整定控制器 PID 参数，若超调量大于 30%，需要微调 PID 参数，使之降到 30% 以下，$G(s)=\dfrac{1}{(5s+1)(2s+1)(10s+1)}$。

　　步骤：

　　(1) 根据开环传递函数建立纯比例仿真模型，不断调整比例系数，当 $K=12.6$ 时，满足临界稳定条件，如图 9.39 所示。

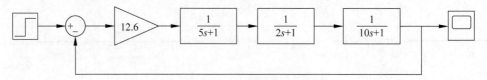

图 9.39　纯比例控制仿真模型

（2）单击"运行"按钮，打开示波器，观测输出曲线，如图 9.40 所示。

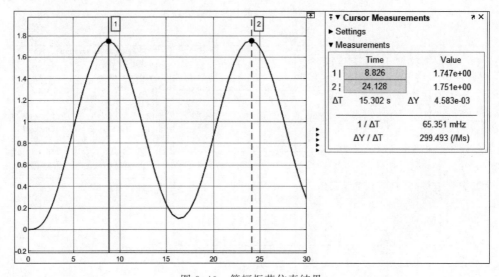

图 9.40　等幅振荡仿真结果

（3）从图 9.39 看出，$K_{cr}=12.6$，$T_{cr}=24.128-8.826=15.3020s$，根据表 7.6 临界比例度法计算 PID 参数，结果如表 9.9 所示。

表 9.9　临界比例度法 PID 控制参数

参　　数	$1/K_p$	T_i	T_d
计算公式	$K_{cr}/1.67$	$0.5T_{cr}$	$0.125T_{cr}$
PID 参数值	$12.6/1.67=7.545$	$0.5\times15.3=7.65$	$0.125\times15.3=1.913$

（4）根据表 9.9 计算的参数搭建 PID 仿真模型，如图 9.41 所示。

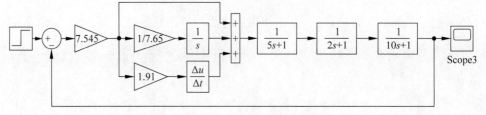

图 9.41　PID 控制仿真模型

（5）单击"运行"按钮，打开示波器，观测的仿真结果如图9.42所示。

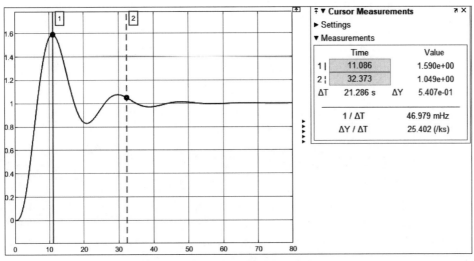

图9.42 临界比例度法的PID仿真结果

（6）由仿真曲线得出系统超调量达到60%，调节时间大于40s，需要进一步修正参数。根据PID各部分参数对系统过程的影响，适当增大积分时间常数T_i，减弱积分作用，可以有效减少超调量。令$T_i=20$，再次运行仿真，结果如图9.43所示。

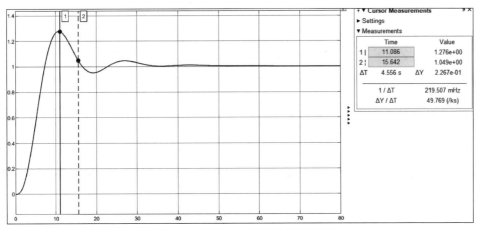

图9.43 调整PID参数的仿真结果

结论：增大积分时间常数T_i可有效控制超调量。

9.5.4 Smith预估器控制仿真

【例9-9】 针对例7-9中大延迟环节的系统$G(s)=\dfrac{22}{50s+1}e^{-20s}$，先使用动态特性参数法整定 PID 控制参数,再使用 Smith 预估器,要求满足指标为超调量小于 10%,稳态误差在 5% 的情况下,稳态时间小于 120s。

步骤:

(1) 根据 Smith 预估器的原理(详见图 7.16)构建的仿真模型如图 9.44 所示。

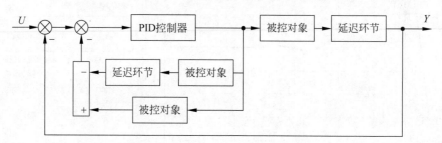

图 9.44　Smith 预估器控制仿真模型

(2) 根据该传递函数,使用动态特性参数法整定 PID 参数(见 7.3.2 节例 7-9),得到控制参数 $K_p = 0.08951$, $T_i = 44.3$, $T_d = 12.5$,代入仿真,如图 9.45 所示。

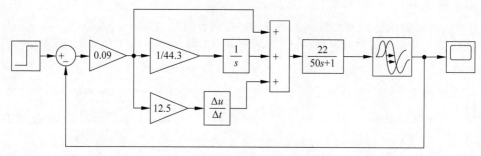

图 9.45　延迟环节 PID 控制仿真模型

(3) 仿真曲线如图 9.46 所示。

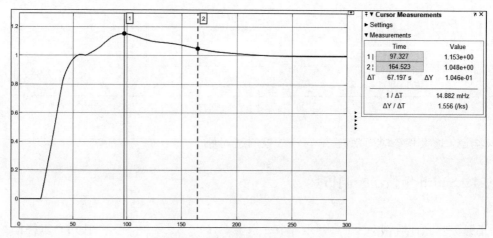

图 9.46　使用 PID 控制仿真结果

（4）在 PID 参数不变的情况下,添加 Smith 预估器,构建的仿真模型如图 9.47 所示。

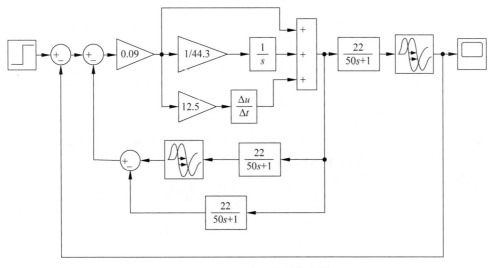

图 9.47　Smith 预估器控制仿真模型

（5）仿真结果如图 9.48 所示。

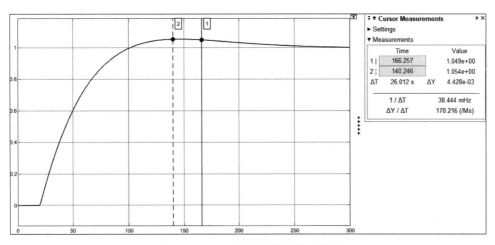

图 9.48　Smith 预估器控制仿真结果

结论:由仿真结果看出,加入 Smith 预估器后,超调量从 15.3% 降低到 5.4%,Smith 预估器的控制效果是明显的。

9.6　非线性相平面分析与校正设计

任何控制系统中都存在非线性,自动控制理论中一般将非线性进行线性化处理后再分析。在无阻尼、欠阻尼和负阻尼情况下,通过仿真得到相平面图与阶跃响应曲线进行比较,使用非线性方法分析二阶系统并进行系统校正。

9.6.1　二阶系统的相平面分析

针对二阶系统标准传递函数 $G(s) = \dfrac{\omega_n^2}{s^2 + 2\zeta\omega_n s + \omega_n^2}$，利用相平面法分析无阻尼、欠阻尼和负阻尼时系统的稳定情况。

【例 9-10】　根据二阶系统标准传递函数，令自由振荡频率 $\omega_n = 10$，分析阻尼比 $\zeta = 0$，$0 < \zeta < 1$，$-1 < \zeta < 0$ 三种情况下的相平面并进行分析。

步骤：

(1) 无阻尼时 $\zeta = 0$，相平面仿真模型如图 9.49 所示。

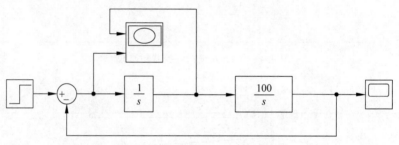

图 9.49　无阻尼相平面仿真模型

(2) 设置仿真接收模块库(Sinks)的 XY Graph 模块的显示范围：X 为 $[-1,1]$，Y 为 $[-4,4]$；设置输入信号源模块库(Sources)的阶跃输入信号的 Step time 为 0，Final value 为 3。输出的无阻尼相平面图和阶跃响应曲线如图 9.50 所示。

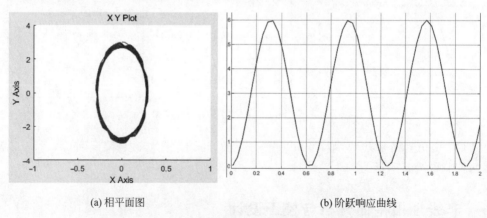

(a) 相平面图　　　　　　　　　　(b) 阶跃响应曲线

图 9.50　无阻尼相平面图和阶跃响应曲线

(3) 欠阻尼时选择 $\zeta = 0.15$，搭建的仿真模型如图 9.51 所示。

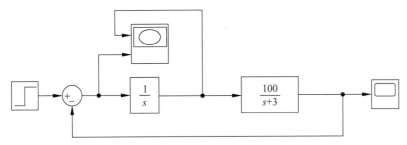

图 9.51 欠阻尼相平面仿真模型

（4）设置 XY Graph 显示范围：X 为 [−1,1]，Y 为 [−4,4]。将阶跃输入信号 Step time 设置为 0，Final value 为 3；输出的欠阻尼相平面图和阶跃响应曲线如图 9.52 所示。

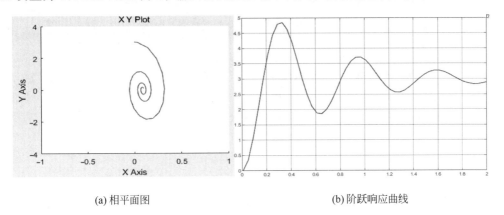

(a) 相平面图   (b) 阶跃响应曲线

图 9.52 欠阻尼相平面图和阶跃响应曲线

（5）设置负阻尼时选择 $\zeta = -0.15$，搭建的仿真模型如图 9.53 所示。

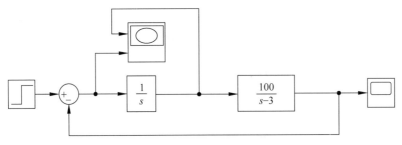

图 9.53 负阻尼相平面仿真模型

（6）设置接收（Sinks）模块库的 XY Graph 显示范围：X 为 [−2,1.5]，Y 为 [−10,20]；设置阶跃信号（Step）属性，Step time 为 0，Final value 为 1。输出的负阻尼相平面图和阶跃响应曲线如图 9.54 所示。

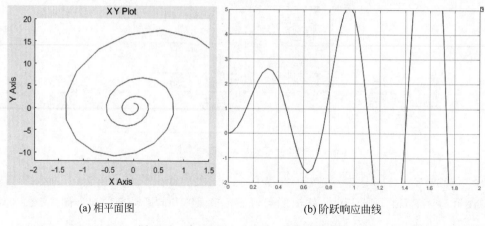

<table>
<tr><td>(a) 相平面图</td><td>(b) 阶跃响应曲线</td></tr>
</table>

图 9.54　负阻尼相平面图和阶跃响应曲线

结论：

（1）针对二阶系统标准传递函数，从相平面图中看出，无阻尼($\zeta=0$)时相平面是一组同心椭圆，每个椭圆相当于一个简谐振动，相当于一个极限环，表现在时域中为等幅振荡曲线。

（2）欠阻尼($0<\zeta<1$)时，无论欠阻尼初始状态如何，相平面经过衰减振荡最后趋于平衡状态，坐标原点是一个奇点，周围的相轨迹是收敛于它的对数螺旋线。因此，原点的奇点为稳定的焦点。

（3）负阻尼($-1<\zeta<0$)时，相平面图与欠阻尼时相似，也是对数螺旋线，但运动方向与欠阻尼时运动方向相反，运动过程是振荡发散的，坐标原点是一个奇点，该奇点为不稳定的焦点。

9.6.2　非线性校正设计

利用饱和非线性特性，在原来的线性系统基础上，采用非线性校正改善系统的动态特性。饱和非线性的表示：

$$x_1 = \begin{cases} Ka, & x>a \\ Kx, & |x| \leqslant a \\ -Kx, & x<-a \end{cases}$$

其中，a 是线性范围，K 是传递函数的放大系数。

由数学表达式看出，在有大信号时，饱和特性可降低输出的幅值，使得输出控制在一个范围内。这样可有效利用非线性降低超调量，使系统的稳定性增强。

【**例 9-11**】　针对一个积分环节和惯性环节组成的随动系统被控对象，使用相平面分析系统的稳定性，加入饱和非线性进行校正和速度反馈改善系统动态特性，并对校正前后系统的特性参数进行对比分析。

（1）针对被控对象，未加入非线性校正时建立的仿真模型如图 9.55 所示。

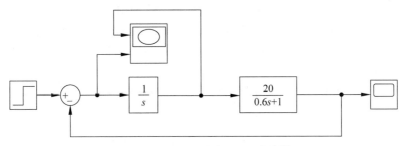

图 9.55 二阶随动系统相平面仿真模型

（2）设置接收（Sinks）模块库的 XY Graph 显示范围：X 为 $[-0.1, 0.2]$，Y 为 $[-1, 1]$；设置 Step 属性 Step time 为 0，Final value 为 1。输出的相平面图和阶跃响应曲线分别如图 9.56 所示。

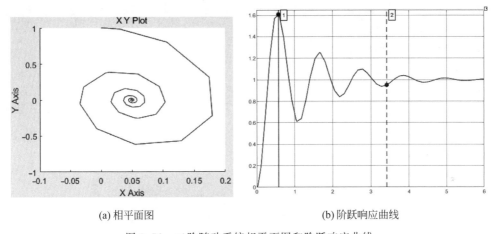

(a) 相平面图　　　　　　　　　　(b) 阶跃响应曲线

图 9.56 二阶随动系统相平面图和阶跃响应曲线

从相平面图上看，该系统与欠阻尼的二阶系统相平面图相似，经过衰减振荡最后趋于平衡状态。但超调量比较大，衰减的时间比较长，不能满足随动系统超调量和稳态时间的要求，下一步采用饱和非线性的特性改善系统的性能，使之达到系统给定指标。

（3）加入饱和非线性校正建立的仿真模型如图 9.57 所示。

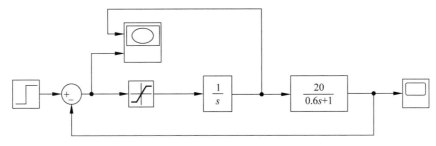

图 9.57 加入饱和非线性校正建立的仿真模型

（4）设置 Discontinuities 模块库的 Saturation 模块的属性 Upper limit 为 0.1，Lower limit 为 −0.1；设置 Sinks 模块库的 XY Graph 模块的显示范围：X 为 [−0.1,0.2]，Y 为 [−1,1]；设置 Step 属性 Step time 为 0，Final value 为 1。输出的相平面图和阶跃响应曲线如图 9.58 所示。

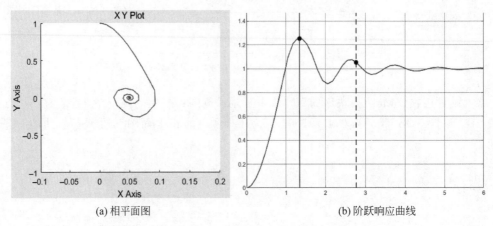

(a) 相平面图   (b) 阶跃响应曲线

图 9.58 加入饱和非线性校正的相平面图和阶跃响应曲线

（5）在步骤（4）的基础上，为了改善系统稳态时间，加入速度反馈进行控制，仿真模型如图 9.59 所示。

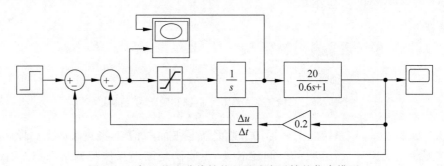

图 9.59 加入饱和非线性校正及速度反馈的仿真模型

（6）加入速度反馈后进行仿真，输出的相平面图和阶跃响应曲线如图 9.60 所示。

结论：从加入非线性校正后的相平面图看，振荡的幅度有所减少，相轨迹圈数减少，反映在阶跃响应曲线上，超调量从 61% 降低到 25.4%，达到稳态的时间从 3.4s 减小到 2.7s。在此基础上，加入速度反馈后，上升速度增大，稳态时间进一步减小，从仿真的相平面图及阶跃响应曲线看，超调量降低到 1%，稳态时间减小为 1.04s。

【例 9-12】 对于发散振荡的三阶随动系统，加入饱和非线性进行校正，减小稳态时间，使得系统快速达到稳定。

步骤：

（1）针对三阶随动不稳定系统，未加入饱和非线性校正建立的仿真模型如图 9.61 所示。

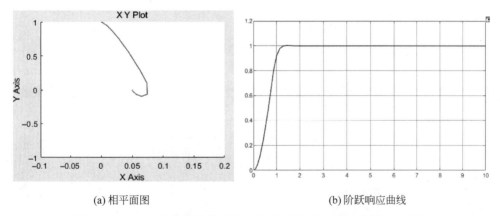

(a) 相平面图 (b) 阶跃响应曲线

图 9.60　加入饱和非线性校正及速度反馈的相平面图和阶跃响应曲线

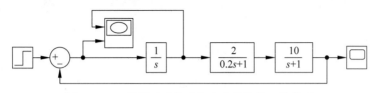

图 9.61　三阶随动系统未加入非线性校正的模型

（2）设置 Sinks 模块库的 XY Graph 的显示范围：X 为[−3,3]，Y 为[−10,10]；设置 Step 属性 Step time 为 0，Final value 为 1。原系统未加入校正的相平面图和阶跃响应曲线如图 9.62 所示。

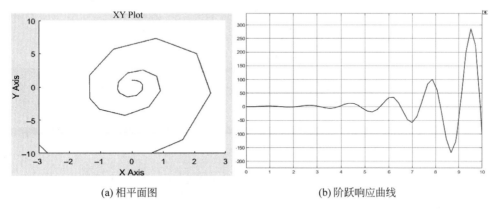

(a) 相平面图 (b) 阶跃响应曲线

图 9.62　三阶随动系统未加入非线性校正的相平面图和阶跃响应曲线

（3）选择非线性（Discontinuities）模块库，加入 Saturation 模块串联到系统前向通道进行校正，设置属性 Upper limit 为 0.1，Lower limit 为−0.1，建立的仿真模型如图 9.63 所示。

（4）加入非线性校正后运行仿真，得到的相平面图及阶跃响应曲线如图 9.64 所示。

（5）在系统稳定的基础上，加入速度反馈以改善系统的动态特性，仿真模型如图 9.65 所示。

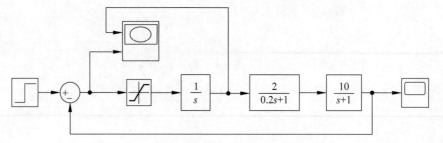

图 9.63　三阶随动系统加入非线性校正的模型

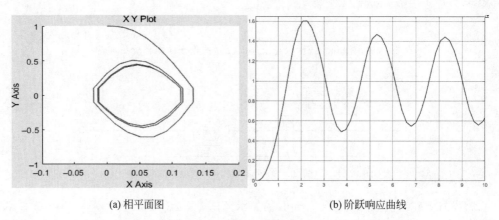

(a) 相平面图　　　　　　　　　　　　　　　(b) 阶跃响应曲线

图 9.64　三阶随动系统加入非线性校正后的仿真结果

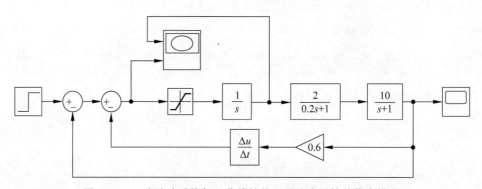

图 9.65　三阶随动系统加入非线性校正及速度反馈的仿真模型

（6）加入速度反馈后运行仿真，得到的相平面图及阶跃响应曲线如图 9.66 所示。

结论：从仿真后的相平面图和阶跃响应曲线可以看出，未加入校正前，系统是发散振荡的不稳定系统，加入饱和非线性校正后，相平面出现极限环状态，进入了临界稳定状态，阶跃响应曲线也出现了等幅振荡。在此基础上，加入速度反馈提高响应速度，使得系统被校正到一个较好的稳定状态，从仿真曲线得出稳态时间是 2.2s，超调量变为 0。

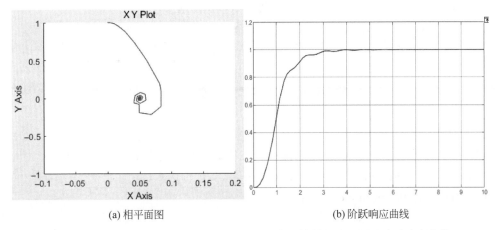

(a) 相平面图　　　　　　　　　　　(b) 阶跃响应曲线

图 9.66　三阶随动系统加入非线性校正及速度反馈的相平面图及阶跃响应曲线

9.7　状态反馈控制器仿真设计

状态反馈是系统的状态变量通过比例环节反馈到输入端而改变系统特征的一种方式，属于现代控制理论特色的一种控制手段。状态变量反映了系统的内部特性，因此，状态反馈比传统的输出反馈能更有效地改善系统的性能。

9.7.1　状态反馈与极点配置

针对状态空间方程 $\begin{cases} \dot{x} = Ax(t) + Bu(t) \\ y = Cx \end{cases}$ 及极点配置增益矩阵 K，对极点配置的状态反馈系统仿真结构图如图 9.67 所示。

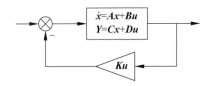

图 9.67　状态反馈系统仿真结构图

K 矩阵可通过 MATLAB 的 place( )或 acker( )两个函数获得，详见 8.1 节。

9.7.2　状态反馈与极点配置案例

【例 9-13】　已知开环系统状态方程，判断该闭环系统是否可控？若完全可控，将特征

值配置到 $p=[-2+2j,-2-2j,-10]$,求状态增益矩阵 $\boldsymbol{K}$。

$$\begin{cases} \dot{x}=\boldsymbol{A}x(t)+\boldsymbol{B}u(t) \\ y=\boldsymbol{C}x \end{cases}$$

$$\boldsymbol{A}=\begin{bmatrix} 0 & 1 & 0 \\ 0 & 0 & 1 \\ -1 & -5 & -6 \end{bmatrix}, \quad \boldsymbol{B}=\begin{bmatrix} 0 \\ 0 \\ 1 \end{bmatrix}, \quad \boldsymbol{C}=\begin{bmatrix} 1 & 0 & 0 \end{bmatrix}, \quad \boldsymbol{D}=0$$

要求：

(1) 编程计算增益矩阵 $\boldsymbol{K}$,并绘制加入状态反馈控制器前后的阶跃响应曲线；

(2) 根据设计的状态反馈控制器,使用 Simulink 进行仿真；

(3) 对比程序和 Simulink 输出结果。

步骤：

(1) 程序命令：

```
clear;clc;
a = [0 1 0;0 0 1;-1 -5 -6];b = [0;0;1];c = [1 0 0];d = 0;
[num0,den0] = ss2tf(a,b,c,d);G0 = tf(num0,den0);
G1 = feedback(G0,1);[num1,den1] = tfdata(G1,'v');
[A,B,C,D] = tf2ss(num1,den1)
Nctr = rank(ctrb(A,B)); n = length(A);
if  n == Nctr
disp('该系统是可控的');
p = [-2+2j -2-2j -10];
K = place(A,B,p)
[num2,den2] = ss2tf(A-B*K,B,C,D);
G2 = tf(num2,den2);step(G2);
L = polyval(den2,0)/polyval(num2,0)
GK = ss(A-B*K,L.*B,C,D);
else
disp('该系统是不可控的');
end
step(GK,G1);grid on;
```

结果：

```
A = -6.0000    -5.0000    -2.0000
     1.0000     0          0
     0          1.0000     0
B =  1
     0
     0
C =      0     0     1
该系统是可控的
K =  [8  43  78]
L = 80
```

加入状态反馈控制器前后的阶跃响应曲线如图9.68所示。

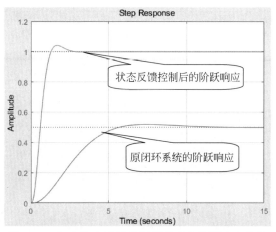

图9.68 加入状态反馈控制器前后的阶跃响应曲线

（2）根据给定的传递函数、计算的闭环系统状态矩阵 A 及状态反馈增益矩阵 K，构造的仿真模型如图9.69所示。

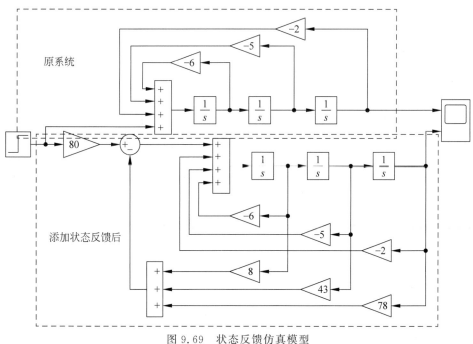

图9.69 状态反馈仿真模型

（3）加入状态反馈控制前后的仿真结果如图9.70所示。

结论：对比编程实现与仿真实现的状态反馈极点配置，输出结果是一致的，加入极点配置前，系统有近50%的稳态误差，且上升时间较慢，经过极点配置后，超调量仅为4%，稳态时间为 2.2s,且稳态误差为 0,满足了给定指标。

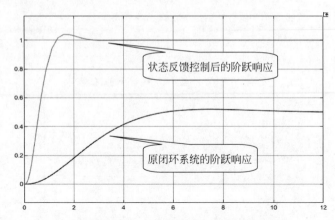

图 9.70 加入状态反馈控制前后的仿真结果

【例 9-14】 已知闭环系统框图如图 9.71 所示,若期望特征值为 $p = [-1+\mathrm{j}, -1-\mathrm{j}, -9]$,判断该系统是否可控? 若完全可控,求状态增益矩阵 $\boldsymbol{K}$。

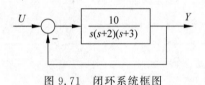

图 9.71 闭环系统框图

要求:

(1) 编程计算增益矩阵 $\boldsymbol{K}$,并绘制加入状态反馈控制前后的阶跃响应曲线;

(2) 根据设计的状态反馈控制器,使用 Simulink 进行仿真;

(3) 对比 Simulink 仿真与编程实现的结果,并对比分析状态反馈前后的动态特性参数。

步骤:

(1) 程序命令:

```
clc; num = 10;
den = conv([1,0],conv([1,2],[1,3]));
G0 = tf(num,den);
G1 = feedback(G0,1);
[num1,den1] = tfdata(G1,'v');
[A,B,C,D] = tf2ss(num1,den1);
Nctr = rank(ctrb(A,B));
n = length(A);
if  n == Nctr
disp('该系统是可控的');
p = [-1+j  -1-j  -9];
```

```
K = place(A,B,p)
[num2,den2] = ss2tf(A - B * K,B,C,D);
L = polyval(den2,0)/polyval(num2,0)
GK = ss(A - B * K,L. * B,C,D);
else
disp('该系统是不可控的');
end
step(G1,GK);grid on;
```

（2）绘制的状态反馈控制前后的阶跃响应曲线如图 9.72 所示。

程序输出结果为：

```
A =    - 5     - 6     - 10
        1       0       0
        0       1       0
B =     1
        0
        0
C =     0       0       10
该系统是可控的
K =    6.0000 14.0000 8.0000

L =    1.8000
```

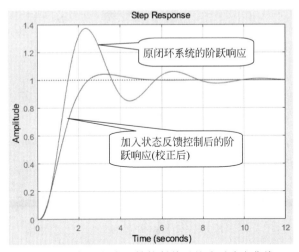

图 9.72　加入状态反馈控制前后的阶跃响应曲线

（3）根据给定的传递函数、计算的闭环系统状态矩阵 **A** 及状态反馈增益 **K**，构造的仿真模型如图 9.73 所示。

（4）加入极点配置前后的仿真结果如图 9.74 所示。

结论：对比编程和仿真两种方法的极点配置结果，从图 9.73 和图 9.74 可以看出输出是一致的。仅有状态反馈而未加入极点配置前，阶跃响应的超调量为 37%，稳态时间为

4.53s,峰值时间为 2.27s,稳态误差为 0;加入极点配置的阶跃响应的超调量为 4%,稳态时间为 9.08s,峰值时间为 2.95s,稳态误差为 0。可见,加入极点配置后的超调量及稳态时间有很大变化,峰值时间稍有延迟。

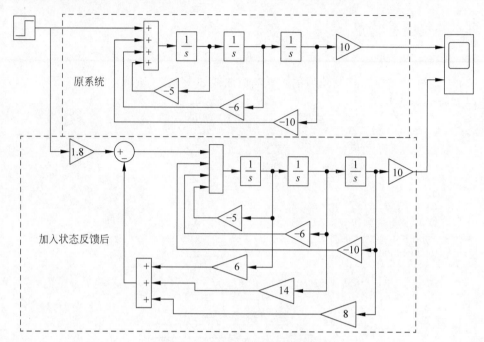

图 9.73　状态反馈仿真模型

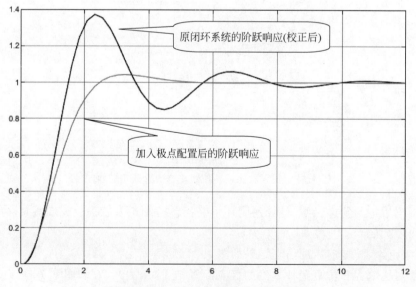

图 9.74　加入极点配置前后的仿真结果

App 是 MATLAB 2016a 版本中推出的替换 GUI(图形用户界面)的产品,在 MATLAB R2023a 版本中不再建议使用 guide 命令设计 GUI,因为 App 能使用户利用新的图形系统,更方便地设计出美观、面向对象的图形用户界面。App 集成了"设计视图"的画布和"代码视图"的编程环境,在设计视图中,只需拖动如标签、按钮、编辑字段、表、坐标区、对话框或菜单等多种组件到画布,再根据要求实现精确排列即可完成界面布局;代码视图根据事件编写回调函数,如单击事件响应,状态改变及交互逻辑等,完成界面组件的行为设计。当拖动不同组件到画布时,系统能自动生成相应事件的代码框架协助编程,方便实现人-机交互式的图形用户界面设计。

10.1 图形用户界面开发环境

构建 App 时,可使用按钮、复选框、树和下拉列表等标准组件,也可使用仪表、指示灯、旋钮和开关等仪器组件,复现仪表面板的外观和操作。为了管理或排列画布上的组件,可添加选项卡、面板和网格布局等容器组件。设计完成后,App 可打包或将独立应用程序分发给其他用户,也可以创建 Web App 界面,直接使用浏览器与多用户共享操作。

10.1.1 初识 App

MATLAB R2023a 系统中的 App 也称为 App 设计器(App Designer),它内含的大量模板,能使非专业开发人员快速创建出专业的图形界面,同时,系统提供的 Demo 样例,不仅可帮助用户拓展创建应用程序的开发思维,还能快捷地构建满足要求的界面框架,其使用步骤为:

(1) 在 MATLAB 主界面上,单击 APP 选项卡,即可打开 App 设计工具,工具栏中提供专业化模板,如图 10.1 所示。

图 10.1　打开 APP 选项卡

（2）单击模板样例的下拉按钮，还可获得更多模板，包括"控制系统设计和分析""线性系统分析"及"信号处理和通信"等，如图 10.2 所示。

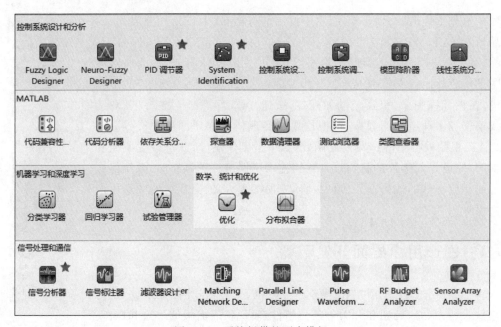

图 10.2　系统提供的更多模板

（3）若选择图 10.1 中的 PID Controller Simulator 模板，添加被控对象参数及 PID 控制器参数，单击 Simulate 按钮，即可得到仿真结果，如图 10.3 所示。

（4）若选中 Numerical Computing with MATLAB 模板，再选择 randgui 函数，即可查看 MATLAB 图形用户界面和随机数的动态填充效果，如图 10.4 所示。

（5）同理，若选中图 10.4 中的 fftqui 模板，可看到快速傅里叶变换及绘图界面，通过修改变量参数，能实时绘制出相应的图形，如图 10.5 所示。

10.1.2　使用空白 App 界面建立应用程序

设计 App 图形用户界面可以使用模板，但更多的是使用空白 App 设计个性化的程序，当拖动任一组件到界面时，编程框架由系统自动生成，用户只需要按照自己的实际需要添加

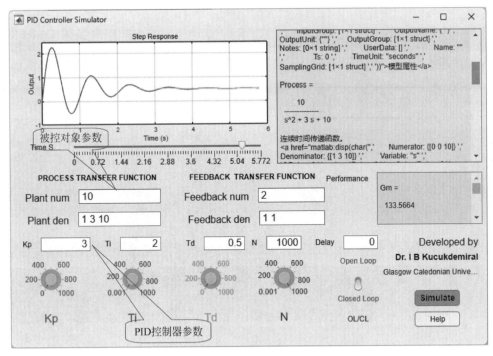

图 10.3　系统提供的模板界面

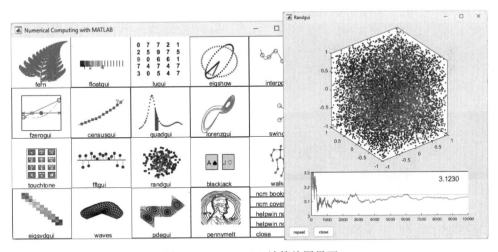

图 10.4　MATLAB 计算绘图界面

全局变量、回调函数,修改组件属性即可。

App 的设计步骤如下:

(1) 在 MATLAB 主界面上单击 APP 选项卡,选择"设计 App"下的"空白 App"选项,或直接在命令窗口输入 appdesigner,均可打开"App 设计工具"界面,如图 10.6 所示。

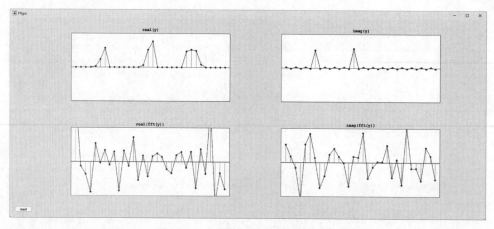

图 10.5　快速傅里叶变换模板示例

图 10.6　新建空白 App

（2）App 设计工具分为三个区域，左侧区域为系统提供的 App 组件库；中间区域是用户界面设计区，该区域提供了设计视图和代码视图，默认的设计视图称为画布，可将各种组件，如标签、图像、按钮、编辑字段、坐标区等组件拖动到画布中，即可实现各种用户界面设计；右侧是"组件浏览器"窗口，用于设置组件的属性（组件的外观特征）和编写回调函数，完成后的设计文件默认保存为 app1.mlapp 文件，用户也可自行命名文件并保存到指定的目录中，如图 10.7 所示。

（3）一个 App 就是一个类，在代码视图或在组件回调函数中均可查看程序代码，每个类名使用"<"符号继承 App 的基类（matlab.apps.appBase），类中包括组件属性和组件方法（组件回调函数），类的主体结构如图 10.8 所示。

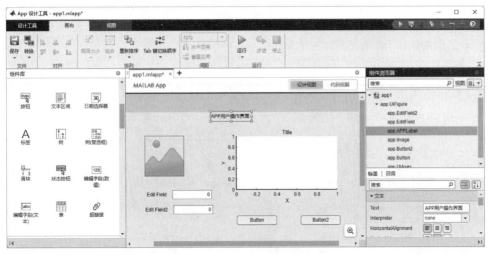

图 10.7 创建 App 界面

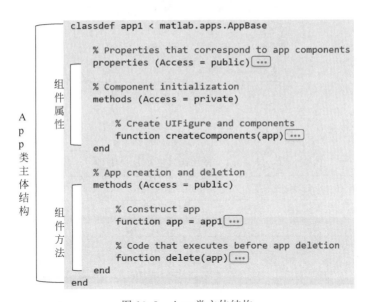

图 10.8 App 类主体结构

10.2 App 组件与属性

App 组件是构建 GUI 的元素,通过标签或事件响应完成特定任务。MATLAB 中的组件大致可分为两种:一种为动作组件,单击这些组件时会产生相应的响应,如按钮、列表框、旋钮、仪表、信号灯等;另一种为不需要产生响应的静态组件,如标签组件。每种组件都需要设置属性参数,用于表现组件的外观、功能及效果,例如,仪表中改变旋钮的位置、信号灯颜色及开关是否打开等。组件属性由属性名和属性值两部分组成,它们必须是成对出现的。

10.2.1 组件

1. 常用组件

常用组件是界面布局的主要元素,共有 21 项,如图 10.9 所示。

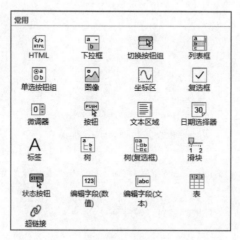

图 10.9 常用组件

常用组件名称及说明如表 10.1 所示。

表 10.1 常用组件名称及说明

序号	组件对象	组件名称	说明
1	HTML	app. HTML	将网页文件嵌入 App 中
2	下拉框	app. DropDown	创建下拉框
3	切换按钮组	app. ButtonGroup	创建切换按钮组
4	列表框	app. ListBox	创建列表框
5	单选按钮组	app. Button Group	创建单选按钮组
6	图像	app. Image	添加图片
7	坐标区	app. UIAxes	创建 UI 绘图坐标区
8	复选框	app. CheckBox	创建复选框
9	微调器	app. Spinner	创建微调器
10	按钮	app. Button	创建按钮
11	文本区域	app. TextArea	创建文本区域
12	日期选择器	app. DatePicker	创建日期
13	标签	app. Label	创建标签
14	树	app. Tree	创建树
15	树(复选框)	app. Tree2	创建树复选框

序号	组件对象	组件名称	说明
16	滑块	app.Slider	创建滑块
17	状态按钮	app.Button 2	创建状态按钮
18	编辑字段(数值)	app.EditField	创建数值编辑字段
19	编辑字段(文本)	app.EditField	创建文本编辑字段
20	表	app.UITable	创建表
21	超链接	app.Hyperlink	创建超级链接

图 10.10　容器组件

2. 容器组件

容器组件主要用于界面管理布局,共有 3 项,如图 10.10 所示。

容器组件名称及说明如表 10.2 所示。

表 10.2　容器组件名称及说明

序号	组件对象	组件名称	说明
1	网格布局	app.GridLayout	按照网格布局界面
2	选项卡组	app.TabGroup	创建选项卡组
3	面板	app.Panel	创建面板

3. 图窗工具组件

图窗工具(图形窗口工具)组件主要用于菜单设计,共有 3 项,如图 10.11 所示。

图窗工具组件名称及说明如表 10.3 所示。

图 10.11　图窗工具组件

表 10.3　图窗工具组件名称及说明

序号	组件对象	组件名称	说明
1	上下文菜单	app.contextMenu	创建上下文菜单
2	工具栏	app.Toolbar	添加工具栏
3	菜单栏	app.Menu	创建菜单

4. 仪器组件

仪器组件用于模拟操作台设计,共有 10 项,如图 10.12 所示。

仪器组件名称及说明如表 10.4 所示。

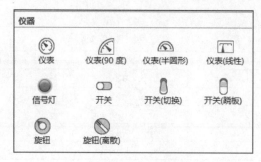

图 10.12　仪器组件

表 10.4　仪器组件名称及说明

序　号	组　件	组件名称	说　明
1	圆形仪表	app.Gauge	创建圆形仪表
2	90 度仪表	app.Gauge2	创建 90 度仪表
3	线性仪表	app.Gauge3	创建线性仪表
4	半圆形仪表	app.Gauge4	创建半圆形仪表
5	圆形旋钮	app.Knob	创建圆形旋钮
6	分档旋钮	app.Knob2	创建分档旋钮
7	信号灯	app.Lamp	创建信号灯
8	开关	app.Switch	创建开关
9	开关(跷板)	app.Switch2	创建跷板开关
10	开关(切换)	app.Switch3	创建拨动开关

10.2.2　组件控制属性

　　界面设计主要包含两大类对象属性:第一类是所有组件都具有的公共属性;第二类是组件作为图形对象所具有的属性。用户可以在创建组件时设定其属性值,未设定时,系统将使用默认值,所有组件属性根据界面交互的需求设定值。

　　1. 组件的公共属性(见表 10.5)

表 10.5　公共属性

属　性　名	说　明
Children	取值为空矩阵,因为组件没有自己的子对象
Parent	取值为某个图形窗口,表明组件所在的图形窗口句柄
Tag	取值为字符串,定义组件标识值,根据标识值控制组件
Type	取值为 uicontrol,表明图形对象的类型
TooltipString	当鼠标指针位于此组件上时显示提示信息
UserDate	取值为空矩阵,用于保存与该组件相关的重要数据和信息
Position	组件的尺寸和位置

2. 组件的基本控制属性(见表 10.6)

表 10.6 基本控制属性

属 性 名	说 明
BackgroundColor	取背景颜色为预定义字符或 RGB 数值;默认值为浅灰色
ForegroundColor	设置组件标题字符颜色,取值为预定义字符或 RGB 数值;默认为黑色
Enable	取值为 on(默认值)、inactive 和 off
Extend	取值为四元素矢量[0,0,width,height],记录组件标题字符的位置和尺寸
Max/Min	取值都为数值,默认值分别为 1 和 0
String	取值为字符串矩阵或块数组,定义组件标题或选项内容
Style	取值可以是 pushbutton(默认值)、RadioButton、CheckBox、EditText、Slider、Frame、Popupmenu 或 Listbox
Units	取值可以是 pixels(默认值)、normalized(相对单位)、inches(英寸)、centimeters(厘米)或 pound(磅)
Value	取值可以是矢量,也可以是数值,其含义及解释依赖于组件的类型

3. 组件的修饰控制属性(见表 10.7)

表 10.7 修饰控制属性

属 性 名	说 明
FontAngle	取值为 normal(正常体,默认值)、italic(斜体)
FontName	取值为组件标题等字体的字库名
FontSize	设置字体大小,取值为数值
FontUnits	取值为 points(默认值)、normalized、inches、centimeters 或 pixels
FontWeight	定义字符的粗细,取值为 normal(默认值)、light、demi 和 bold
Rotation	设置字体旋转角度,取值为 $0 \sim 2\pi$
HorizontalAligment	设置组件标题等对齐方式,取值为 left、center(默认值)或 right

4. 组件辅助属性(见表 10.8)

表 10.8 辅助属性

属 性 名	说 明
ListboxTop	在列表框中显示最顶层的字符串索引,取值为数量值
SliderStep	[minstep,maxstep]表示滑块组件取值范围
Selected	表示是否选中,取值为 on 或 off(默认值)
SelectionHighlight	表示是否为高亮,取值为 on 或 off(默认值)
Max/Min	表示最大/最小,取值都为数值,默认值分别为 1 和 0
String	定义组件对象标题或选项内容,取值为字符串矩阵或块数组

10.2.3　句柄式图形对象

在 MATLAB 中,创建 App 的 GUI,一方面使用工具栏的组件对象,另一方面直接使用脚本程序建立。每一个组件对象都有一个符号标识称为图形对象句柄,当用命令代码组成一个图形对象时,MATLAB 就为它创建一个唯一的句柄。

图形对象从根(root)对象开始,构成层次关系,每一个图形(figure)窗口对象下可以有 4 种对象,即菜单(uimenu)对象、坐标区(axes)对象、用户界面控件(uicontrol)对象和上下文菜单(uicontextmenu)对象,使用这些对象和句柄即可完成图形窗口设计。

1. 句柄式图形对象结构

句柄式图形对象结构如图 10.13 所示。

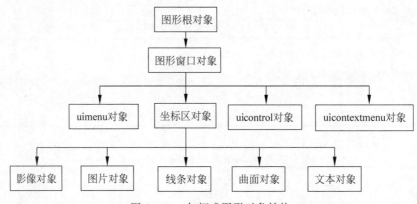

图 10.13　句柄式图形对象结构

2. 创建图形组件

利用用户界面控件对象 uicontrol,可通过程序命令方式设置属性值,创建菜单及多种人-机交互界面。uicontrol 对象相当于创建 GUI 的一个载体,在其上面能添加菜单、按钮、单选框、复选框、编辑字段、标签、列表等多种组件,若编写了组件的回调函数,即可完成所需的交互窗口界面。

语法格式:

```
handle = uicontrol(当前窗口,属性名,属性值,...)
handle = uicontrol                %默认 Style 属性值为 pushbutton 对象句柄
uicontrol(uich)                   %将焦点移动到由 uich 所指定的对象上
```

说明:若用户没指定属性值,则系统自动使用默认属性值。uicontrol 默认属性值为 pushbutton(弹出式菜单)。可以在命令窗口中输入 set(uicontrol)命令来查看其属性和当前图形窗口值。当前图形窗口可以选择图形窗口、面板、按钮组句柄。uicontrol 属性设置可为如表 10.9 所示属性值之一。

表 10.9 uicontrol 属性说明

属 性 值	示 例	说 明
pushbutton	Push Button	释放鼠标按键前显示为按下状态的按钮
togglebutton	Toggle Button Toggle Button	开关按钮,有状态指示时使用,表示打开或关闭
checkbox	☑ Check Box ☐ Check Box	复选框,可以单选,也可多选
radiobutton	⦿ Radio Button ○ Radio Button	单选按钮,实现互斥行为,一般置于按钮组中
edit		在可编辑字段中写入文本字段,用于人机对话
text	"请输入数字"	静态文本,用于添加标签,提供信息
slider	◀ ▮ ▶	用户沿水平或垂直滑动条移动的"滑块"按钮
listbox	Item 1 Item 2 Item 3	用户可从中选择一项或多项列表,单击列表框时可展开全部,它与弹出菜单相似,但弹出菜单不能展开

在命令窗口中输入 set(uicontrol)命令可查看 uicontrol 的属性。
例如:在命令窗口输入:

```
f = figure;
p = uipanel(f,'Position',[0.1 0.1 0.35 0.5]);  % Position[左 底 框 高]表示位置和大小
hpop = uicontrol('Style', 'popup','String', '画方框|画圆|画方圆','Position', [80 10 150 220]);
```

则出现一个面板和一个弹出式菜单,可以选择画方框、画圆、画方圆选项,代码中选项间用字符'|'来分隔,如图 10.14 所示。

图 10.14 弹出式菜单

10.2.4　创建图形句柄的常用函数

1. 句柄常用函数

句柄常用函数如表 10.10 所示。

表 10.10　句柄常用函数

函数名	说　明	函数名	说　明
figure	创建一个新的图形对象	gcbo	获得当前正在执行调用对象的句柄
uimenu	生成中层次菜单与下级子菜单	gcbf	获取包括正在执行调用对象的图形句柄
gcf	获得当前图形窗口的句柄	delete	删除句柄所对应的图形对象
gca	获得当前坐标轴的句柄	findobj	查找具有某种属性的图形对象
gco	获得当前对象的句柄	isa	判断变量是否为函数句柄

2. 通用函数 get 和 set

所有对象都由属性定义它们的特征,属性包括对象的位置、颜色、类型、父对象、子对象及其他内容。为了获取和改变句柄图形对象的属性需要使用两个通用函数 get 和 set。在 App 界面设计中,直接使用"app.组件名称.属性名"即可获取组件对象的值。

(1)函数 get 返回某个对象属性的当前值。用法为 get(对象句柄,'属性名')。属性名可以为多个,但必须是该对象具有的属性,例如:

```
p = get(handle, 'Position')        % 返回句柄 handle 图形窗口的位置向量
c = get(handle, 'color')           % 返回句柄 handle 对象的颜色
```

(2)函数 set 改变句柄图形对象属性,用法为 set(对象句柄,'属性名1','属性值1','属性名2','属性值2',…)

例如:

```
set(handle, 'Position',p_vect)          % 将句柄 handle 的图形位置设为向量 p_vect 所指定的值
set(handle, 'color', 'r')               % 将句柄 handle 对象的颜色设置成红色
set(handle, 'color', 'r', 'Linewidth',2) % 将句柄 handle 对象的颜色设置成红色,线宽为 2 像素
```

10.2.5　以编程方式开发 App

创建 App 的布局和行为可以使用 MATLAB 提供的函数进行编程,即以编程方式设计和编辑 App。若需要额外控制界面,一般使用该方法。

创建 App 图形窗口使用 uifigure 函数,该函数相当于建立了一个 App 画布(它可替代原有 GUI 设计的 uicontrol 函数),再使用 uiaxes 创建 UI 坐标区,编写相应绘图代码指定到

坐标区,即可在 App 上完成绘图。

【例 10-1】 使用脚本编写程序,完成在 App 上绘图。

编程代码如下:

```
fig = uifigure;                              % 建立图形窗口(图窗)画布赋给句柄 fig
ax = uiaxes(fig);                            % ax 为画布坐标区句柄
x = 0:pi/20:2 * pi;                          % 设置横坐标
y1 = sin(x);                                 % 设置纵坐标为正弦幅值 y1
y2 = cos(x);                                 % 设置纵坐标为余弦幅值 y2
h = plot(ax,x,y1,x,y2);                      % 绘制正弦、余弦曲线并创建绘图句柄 h
set(h, 'Color','r','LineStyle','--');        % 设置句柄
grid (ax,"on");                              % 添加栅格
title(ax,"绘制正弦曲线");                     % 添加标题
ylabel(ax,'幅值');
xlabel(ax,'时间');
```

运行结果如图 10.15 所示。

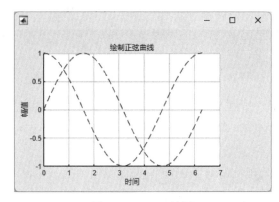

图 10.15　App 绘图

10.3　回调函数

MATLAB 除了静态组件外,均可使用回调函数完成界面组件的行为任务,它相当于把函数的指针(地址)作为参数传递给该对象,当该对象事件发生时,指针被调用便指向回调函数。回调函数不是直接调用,而是在特定的事件或条件发生时才调用,用于对该事件或条件进行响应。

10.3.1　打开回调函数

回调函数是连接图形用户界面行为、状态实质性功能的纽带,当某一事件发生时,应用程序通过回调函数作出响应,并执行某些预定的功能子程序。由于坐标区组件只能被回调

函数使用,当选中动态组件时,使用"组件浏览器"的"回调"按钮,会自动跳转到 App 设计器的代码视图,用户可自行编写回调函数,系统已经为相应事件建立了函数框架,只需添加相应程序在空白处即可。单击"运行"按钮后,该对象事件被激活并自动调用该回调函数。

例如:在画布中添加一个按钮(Button)对象,系统将自动命名一个 ButtonPushed 函数,在图 10.16 的"组件浏览器"属性窗口中单击"回调"按钮,选择 ButtonPushedFcn,即可打开代码视图,用户在给定的空白处编写回调函数即可,如图 10.16 所示。

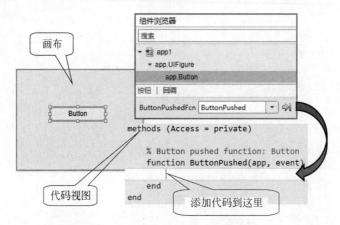

图 10.16　打开代码视图添加回调函数程序

10.3.2　回调函数的使用

回调函数采用事件处理机制调用,当事件被触发时才执行设置的回调函数,常用的回调函数包括如下。

1. 组件对象的回调函数

(1) ButtonDownFcn:当用户将鼠标放到按钮组件上,单击时启动的回调函数;

(2) CreatFcn:在组件创建过程中执行的回调函数,一般用于各种属性的初始化,包括初始化样式、颜色和初始值等;

(3) DeleteFcn:删除组件过程中执行的回调函数。

2. 图形窗口的回调函数

(1) CloseRequestFcn:当请求关闭图形窗口时调用的回调函数;

(2) KeyPressFcn:当用户在窗口内按下鼠标时调用的回调函数;

(3) ResizeFcn:当用户重画图形窗口时调用的回调函数;

(4) WindowButtonDownFcn:当用户在图形窗口无组件的地方按下鼠标时调用的回调函数;

（5）WindowButtonUpFcn：当用户在图形窗口释放鼠标时调用的回调函数；

（6）WindowButtonMotionFcn：当用户在图形窗口中移动鼠标时调用的回调函数。

10.4 标签、按钮与编辑字段组件

标签、按钮、编辑字段均是 UI 设计中常用组件，它们提供了方便的人-机交互功能。

10.4.1 标签（Label）

标签是图形界面中最常见的组件之一，也是最简单的组件，标签的作用是用作标题或对界面组件做说明，标识产品目标和分类，便于用户快速查找和定位目标，属性包括设置其字体、大小、颜色等。

10.4.2 按钮（Button）

按钮是最基本的交互组件，用于触发即时操作回调函数的行为。一般按钮不会被其他组件调用，常用作坐标区、编辑字段、仪表等组件的函数调用，执行某种预定的功能或操作。

10.4.3 编辑字段（EditField）

编辑字段分为数值、文本和文本区域组件，编辑字段（数值）组件用于接收人-机交互的数值操作，输入、输出的数据均可以直接参加数学运算。编辑字段（文本）组件用来使用键盘输入、输出字符串的值，编辑字段中的内容可以进行编辑、删除和替换等操作。文本区域组件用于输入、输出多行文本数据，这三种组件区域变量的属性名为 Value，若将数值、字符串数据或多行文本显示在文本区域时，要将数据赋给该属性。

【例 10-2】 创建一个"选择建立数学模型形式"的 App 界面，在界面上通过按钮选择建立数学模型方式。

该案例体现了编辑字段与按钮的联动设计方法。

操作步骤如下：

（1）在 MATLAB 主界面中选择 APP 选项卡，单击"设计 App"按钮，再选择"空白App"，即可打开设计视图（画布），拖动 1 个标签、3 个按钮和 1 个编辑字段（文本）组件到画布上，如图 10.17 所示。

（2）选中 Label 组件，在"组件浏览器"中修改 Text 属性为 "选择建立数学模型形式"，FontSize（字体大小）设置为 24，FontColor（字体颜色）设置为蓝色，如图 10.18 所示。

（3）选中 Edit Field（编辑字段）组件，在"组件浏览器"中，将"交互性"下的 Editable（可编辑属性）选项取消勾选，使得数据不能更改，如图 10.19 所示。

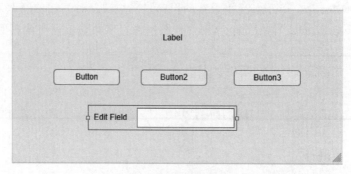

图 10.17　界面组件

图 10.18　Label 组件属性

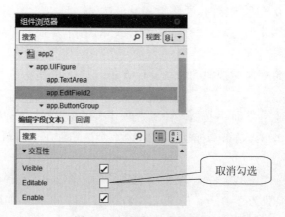

图 10.19　组件浏览器属性

（4）分别选中 button、button2 和 button3 按钮组件，在"组件浏览器"中，将 Text 属性分别改为"微分方程""传递函数"和"信号流图"，FontSize 设定设置为 18，同时，单击"回调"按钮，选择单击事件 ButtonPushed，如图 10.20 所示。

图 10.20　添加回调函数

（5）单击箭头或在下拉列表中选择"添加 ButtonPushedFcn 回调"，打开"代码视图"，分别编写回调函数代码：

```
function ButtonPushed(app, event)              //button 按钮回调函数
   set(app.EditField,'value','选择了微分方程建模')
end
      function Button_2Pushed(app, event)    //button2 按钮回调函数
    set(app.EditField,'value','选择了传递函数建模')
end
      function Button_3Pushed(app, event)    //button3 按钮回调函数
    set(app.EditField,'value','选择了信号流图建模')
end
```

（6）单击"运行"按钮，在出现的运行界面上，单击"传递函数"按钮，结果如图 10.21 所示。

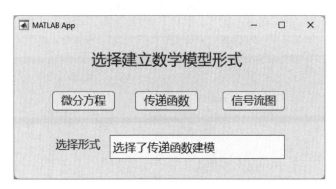

图 10.21　选择建模界面

【例 10-3】　编写一个数制转换的界面，单击"开始转换"按钮显示转换数据，单击"重置数据"按钮，编辑字段数据全部清空。

操作步骤如下：

（1）在 MATLAB 主界面中选择 APP 选项卡，单击"设计 App"按钮，再选择"空白

App"，在画布上拖动1个标签、1个编辑字段(数值)(EditField)——用于输入十进制数、3个编辑字段(文本)(Edit Field2~Edit Field4)——用于显示输出结果和2个按钮(Button~Button2)组件到设计画布上，如图10.22所示。

图 10.22　界面组件及组件名称

（2）选中标签(Label)组件，在"组件浏览器"上将 Text 改为"不同进制数据转换"，FontSize 设置为36，方法同上。

（3）分别按照上述步骤，修改4个编辑字段和2个按钮组件上的 Text 属性，修改结果如图10.23所示。

图 10.23　修改界面组件属性

（4）为了便于对添加的组件编写程序，在"组件浏览器"中右击组件名称并选择"重命名"，分别将4个编辑字段组件的默认名称修改为 app. d(十进制数)、app. h(十六进制数)、app. o(八进制数)、app. b(二进制数)，将"开始转换"和"重置数据"按钮组件的默认名称分别修改为 app.B1 和 app.B2,如图 10.24 所示。

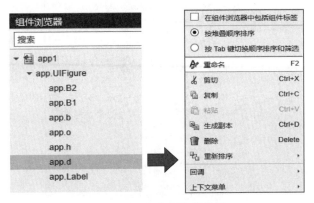

图 10.24　组件浏览器使用

（5）选中"开始转换"按钮组件,在"组件浏览器"中单击"回调"按钮,选择 ButtonPushed,
编写转换回调函数代码:

```
function ButtonPushed(app, event)       % 系统自动产生的按钮单击事件函数框架
  A = app.d.Value                       % 获取输入的十进制数
  set(app.h,"value",dec2hex(A))         % 转换成十六进制
  set(app.o,"value",dec2base(A,8))      % 转换成八进制
  set(app.b,"value",dec2bin(A))         % 转换成二进制
end
```

（6）选中"重置数据"按钮组件,在"组件浏览器"中单击 "回调"按钮,选择 ButtonPushed,
编写回调函数代码:

```
function Button_2Pushed(app, event)
  set(app.d,"Value",0)                  % 将输入数据置 0
  set(app.h,"value","")                 % 将输出数据清空
  set(app.o,"value","")
  set(app.b,"value","")
end
```

数制转换代码结构如图 10.25 所示。

（7）单击 "运行"按钮,输入十进制数据,结果如图 10.26 所示。

【例 10-4】　利用单选按钮和编辑字段,完成计算器界面设计。

操作步骤如下:

（1）在画布上添加 2 个标签(用作标题和计算的＝号)、2 个编辑字段(文本)(用于添加
计算数和得到结果)、18 个按钮(添加数字键)、清空和退格键。修改 18 个按钮的标签为 0、
1、2、3、⋯、9、.、＝、＋、－、＊、/、清空、退格,如图 10.27 所示。

（2）编辑字段用于添加数值及输出计算结果,为了便于编程,将编辑字段组件的默认名
称 app.EditField、app.EditField2 分别改为 app.calculate 和 app.result。选中 0～9 按钮,

```
methods (Access = private)
    % Button pushed function: B1
    function B1ButtonPushed(app, event)
        A=app.d.Value
        set(app.h,"value",dec2hex(A))
        set(app.o,"value",dec2base(A,8))
        set(app.b,"value",dec2bin(A))
    end
    % Button pushed function: B2
    function B2ButtonPushed(app, event)
        set(app.d,"Value",0)
        set(app.h,"value","")
        set(app.o,"value","")
        set(app.b,"value","")
    end
end
```

图 10.25 数制转换代码结构

图 10.26 数据转换结果

图 10.27 计算器组件

在"组件浏览器"中单击"回调"按钮,选择 ButtonPushed,编写回调函数代码:

```
function Button_1Pushed(app, event)          % "1"按钮的回调函数
    text = app.calculatel.Value;
    text = strcat(text,'0');
    app.cal.Value = text;
  end
```

.
.
.

```
function Button_9Pushed(app, event)          % "9"按钮的回调函数
    text = app.calculatel.Value;
    text = strcat(text,'9');
    app.cal.Value = text;
  end
```

(3) 同理,在"+、一、*、/、."按钮上分别添加回调函数,添加方法与数字 0~9 基本一致,如"*"回调函数如下:

```
function Button_13Pushed(app, event)          %乘法按钮的回调函数
    text = app.calculatel.Value;
    text = strcat(text,'*');
    app.cal.Value = text;
end
```

(4) 在"＝"按钮上得到运算结果,使用 eval 函数可将字符变成数学运算表达式,编写回调函数代码如下:

```
function Button_16Pushed(app, event)          % "＝"按钮的回调函数
    text = app.calculatel.Value;
    text = eval(text);
    app.cal.Value = num2str(text);
end
```

(5) 在"退格"按钮上使用 text(end)删除最后一个字符,编写回调函数代码如下:

```
function Button_12ValueChanged(app, event)   % "退格"按钮的回调函数
    text = app.calculatel.Value;
    if length(text) == 1
      app.calculatel.Value = '';
    else
      text(end) = '';
      app.calculatel.Value = text;
    end
  end
```

(6) 在"清空"按钮上使用单引号将编辑字段值设为空白,编写回调函数代码如下:

```
function Button_18ValueChanged(app, event)   % "清空"按钮的回调函数
    app.calculatel.Value = '';
    app.result.Value = '';
end
```

(7) 将计算数和得到结果的编辑字段的"交互性"下的 Editable 属性取消勾选,使得结果不能更改,操作方法如图 10.19 所示。

(8) 单击"运行"按钮,在"计算"的编辑字段中添加数据 5748.36,分别单击"5""7""4""8""."."3""6"按钮或直接从键盘上输入数字 5748.36,再单击"/"(除法运算符),使用同样的方法,再添加除数 83,然后单击最下方的"="按钮,得到计算商的结果,如图 10.28 所示。

图 10.28 计算器运行结果

10.5 单选按钮组、切换按钮组、复选框、面板、选项卡与日期选择器组件

在 UI 设计中,单选按钮组、切换按钮组、复选框、面板、选项卡与日期选择器组件在很多场合被用到,它们均能使得界面布局紧凑、排列有序,而且操作直观方便。

10.5.1 单选按钮组(Button Group)

在实际使用中,用户只能在一组状态中选择单一的状态(单选项)。当用一个功能对应多个不同参数的一项时,需要使用单选按钮组,它可产生一组选择按钮组件,系统默认单选

按钮组有 3 个按钮,可在"组件浏览器"中使用"复制""粘贴"和"删除"命令添加或删除按钮个数。

10.5.2 切换按钮组(ButtonGroup)

切换按钮组和单选按钮组的功能类似,它们均是多选一操作,当按下某切换按钮时状态为 1,否则为 0。在给定的按钮组中,一次只能选择(按下)一个切换按钮,当 Value 属性值设置为 1 时,表示切换按钮被按下。默认在切换按钮组中的第一个按钮的状态为 1,同一组中其他按钮的组状态值都为 0。

10.5.3 复选框(Check Boxes)

复选框允许用户在一组状态中作组合式的选择,既可单选,也可多选,而单选按钮仅允许从一组选项中选择一个,在 App 上一个用圆圈表示,另一个用方框表示。

10.5.4 面板(Panel)

面板是在图形窗口中圈出的一块区域,它一方面可以提供调整视图大小或位置的选项,让用户可以调整窗口的外观;另一方面可以提供升级应用程序版本或软件组件的选项。面板不仅用于集中管理数据,帮助用户快速浏览,而且增加了界面排版美观效果。

10.5.5 选项卡(TabGroup)

选项卡组件是在界面展示不同内容的一个方法,它能很方便地在窗口上放置多个标签,每个标签页(选项卡)相当于一个与图形窗口相同大小的组件摆放区域。每个区域可放置不同的操作内容。例如 MATLAB 主界面中有"主页""绘图"和"APP"选项卡,分别展示了三种不同操作环境,当界面内容比较多时,可按照选项卡进行分类设计界面,以体现不同操作功能。

10.5.6 日期选择器(Date Picker)

日期选择器组件用来选择一个很具体的时间,例如出生年月、出发时间等。要快速精准地确定选择日期,就需要将日期在界面上记录、登录或查询。时间选择器是一个工具,帮助用户记忆时间点。

【例 10-5】 利用选项卡,设计一个自动控制理论学习的向导界面。

操作步骤如下:

（1）在画布上分别添加 1 个标签(用于标题)、1 个选项卡,并在选项卡上添加 1 个文本区域(Text Area)组件(用于添加文本说明),如图 10.29(a)所示。

（2）在"组件浏览器"中修改组件的 Text 属性,添加界面标题和选项卡标题,单击"＋"可增加选项卡内容,双击选项卡上的文本区域即可添加文字说明,当文本内容超过 Text Area 时,系统会自动添加滚动条。

（3）分别在"时域分析""频域分析"和"根轨迹分析"选项卡中添加相应的文本,如图 10.29(b)所示。

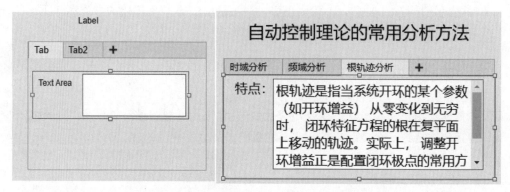

(a) 选项卡界面组件   (b) 修改属性添加文本

图 10.29　选项卡界面设计

（4）单击"运行"按钮,可在不同选项卡上查询相关内容,如图 10.30 所示。

图 10.30　不同选项卡显示结果

【例 10-6】　使用切换按钮组设计本教材的用户导读界面。

操作步骤如下:

（1）在画布上分别添加 1 个 Label(用于标题)、1 个 Date Picker 日期选择器、2 个 Edit Field(文本),1 个 Button Group(切换按钮组,默认 3 个选项按钮)和 1 个 Text Area,如

图 10.31 所示。

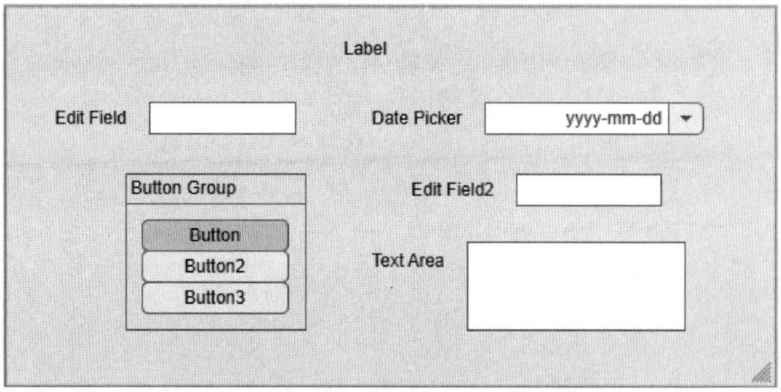

图 10.31　教材导读界面组件

（2）在"组件浏览器"中修改各个组件的 Text 属性，用于突出标题和选项说明。

（3）选中 Button Group 组件，右击，在弹出的快捷菜单中选择"复制"命令，增加一个选项按钮，用鼠标拖动到合适位置，并在"组件浏览器"中分别修改按钮组件的 Text 属性为教材主要内容的标题。

（4）选中 Button Group 组件，在"组件浏览器"中单击"回调"按钮，选择 SelectionChangeFcn，编写回调函数代码：

```
function ButtonGroupSelectionChanged(app, event)
    selectedButton = app.ButtonGroup.SelectedObject;
        switch selectedButton.Text
            case 'MATLAB 基础知识'
                set(app.TextArea,'value',"主要学习第 1 章")
            case '矩阵及工程计算'
                set(app.TextArea,'value',"主要学习第 2 - 3 章")
            case '控制理论应用'
                set(app.TextArea,'value',"主要学习第 4 - 6 章")
            case 'Simulink 仿真应用'
                set(app.TextArea,'value',"主要学习第 7 - 9 章")
            case 'APP 界面设计'
                set(app.TextArea,'value',"主要学习第 10 章")
            case 'MATLAB 建模应用'
                set(app.TextArea,'value',"主要学习第 11 章")
        end
end
```

（5）单击"运行"按钮，选择切换按钮组选项，输出指定内容，结果如图 10.32 所示。

【例 10-7】　使用单选按钮组、复选框及面板设计选项界面。

操作步骤如下：

（1）在画布上分别添加 1 个标签（用于标题）、2 个单选按钮组（分别用于性别和职业选

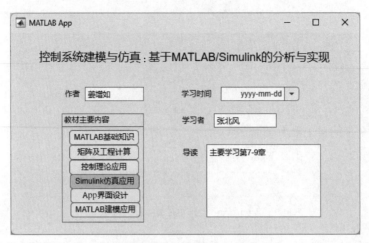

图 10.32　教材导读界面结果展示

择)、6 个复选框(用于选择 6 种不同颜色)、2 个编辑字段(文本)(分别用于显示提交的性别和职业)和 1 个面板。

(2) 单选按钮组默认为 3 个选项,选中"选择性别"单选按钮组的第 1 个选项,右击,并选择"删除"命令,删除第 1 个选项,在"组件浏览器"中,将剩下的 2 个选项的 Text 属性分别修改为"男"和"女";同理,选中"选择你的职业"单选按钮组的第 1 个选项,右击,并选择"复制"命令,添加 4 个选项,将 7 个选项的 Text 属性分别修改为 7 种职业名称,在面板上添加 6 个编辑字段(文本),用于显示提交的颜色,此时需要删除编辑字段的 Text 属性(标签),如图 10.33 所示。

(3) 为了便于编程,将提交性别的编辑字段的默认名称改为 app.sex,提交职业的编辑字段的默认名称改为 app.pro;将 6 个复选框按照不同颜色,分别修改名称为 app.blue(蓝色)、app.red(红色)、……、app.black(黑色);将面板上的 6 个编辑字段的默认名称(后缀名)分别修改为提交相应颜色的首字符,例如蓝色为 app.b、红色为 app.r、……、黑色为app.k。

(4) 选中图 10.33 中"选择性别"单选按钮组,在"组件浏览器"中修改组件的 Text 属性,选择 SelectionChangeFcn,编写回调函数代码:

```
selectedButton = app.ButtonGroup_2.SelectedObject;
  switch selectedButton.Text
    case '男'
    set(app.sex,"value","男生");
    case '女'
    set(app.sex,"value","女生");
  end
```

（5）同理，选中"选择你的职业"单选按钮组，选择 SelectionChangeFcn，编写回调函数代码：

```
selectedButton = app.ButtonGroup.SelectedObject;
    switch selectedButton.Text
      case '学生'
        set(app.sex,"value","学生");
      case '教师'
        set(app.sex,"value","教师");
      case '技术人员'
        set(app.sex,"value","技术人员");
      case '管理人员'
        set(app.pro,"value","管理人员");
      case '医生'
        set(app.pro,"value","医生");
      case '工人'
        set(app.pro,"value","工人");
      case '农民'
        set(app.pro,"value","农民");
    end
```

（6）在每个复选框（CheckBox）的属性 ValueChanged 中，添加回调函数代码。例如：蓝色复选框命名为 blue，黑色复选框命名为 black，……，蓝色提取的编辑字段命名为 app.b，黑色提取的编辑字段命名为 app.k，……，6 个复选框的回调函数代码：

```
function blueValueChanged(app, event)        % 蓝色复选框
    value = app.blue.Value;
    if value == 1
      set(app.b,"value","蓝色")
    end
end
    .
    .
    .
function blackValueChanged(app, event)        % 黑色复选框
    value = app.black.Value;
    if value == 1
      set(app.k,"value","黑色")
    end
end
```

（7）单击"运行"按钮，选中性别为"女"，并添加了 4 种选中的颜色，运行结果如图 10.33 所示。

图 10.33　选项测试运行结果

10.6　坐标区与图像组件

图像、坐标区组件是用于在 UI 上显示图像的方法,且能显示动画效果,坐标区的功能非常强大,绘制二维图形、三维图形大部分都使用它完成。

10.6.1　坐标区(UIAxes)

坐标区用作绘图和放置图像,在坐标区上不仅能绘制二维图形、三维图形、曲面图形、网格图形及特色图形,还可添加图片形成帧动画。

【例 10-8】　设计绘制子图 App 界面。

操作步骤如下:

(1) 在画布上添加 1 个标签、1 个坐标区和 1 个按钮组件,如图 10.34 所示。

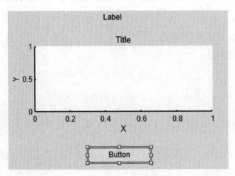

图 10.34　子图组件

（2）在"组件浏览器"中，修改 Label 的 Text 属性为标题"坐标区绘制子图"，并修改 Button 的 Text 属性为"开始绘图"，如图 10.35 所示。

（3）选中"绘图"按钮，在"组件浏览器"中选择 ButtonPushed，编写回调函数代码：

```
function ButtonPushed(app, event)
    app.UIFigure.AutoResizeChildren = 'off';          % 不可修改尺寸
    t = - 5 * pi:pi/20:5 * pi;
    ax1 = subplot(2,2,1,'Parent',app.UIFigure);       % 绘制 2 行 2 列的 4 个子图
    ax2 = subplot(2,2,2,'Parent',app.UIFigure);
    ax3 = subplot(2,2,3,'Parent',app.UIFigure);
    ax4 = subplot(2,2,4,'Parent',app.UIFigure);
    plot(ax1,t,sin(2 * pi * t). * exp( - t));grid(ax1,"on");
    plot3(ax2,t,sin(t) + sin(2 * t),exp(t) + exp(2 * t),' - r');;grid(ax2,"on");
    mesh(ax3,peaks);;grid(ax3,"on");
    surf(ax4,sphere);grid(ax4,"on");
end
```

说明：使用 App 将一个坐标区绘制多个子图，需要使用 subplot(行，列，图号，'Parent'，app.UIFigure)函数说明绘图个数、排列方式，并指定父类为 UI 窗口界面，且使用命令将 AutoResizeChildren 属性设置为'off'，子图不支持自动调整大小行为。

（4）单击"运行"按钮，绘制结果如图 10.35 所示。

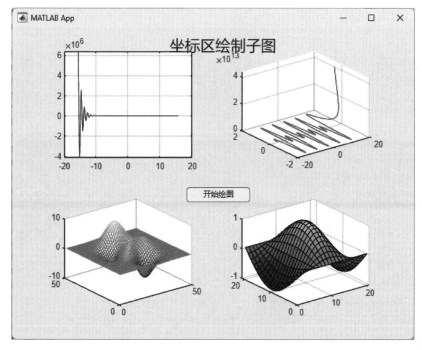

图 10.35　子图绘制结果

【例 10-9】 创建一个 App 界面,完成在界面上输入 x 阶数,绘制传递函数为纯延迟环节 $G(s)=\mathrm{e}^{-0.5t}$ 的有理函数近似阶跃响应曲线。

说明:使用 page()函数可将延迟环节近似成传递函数的分子和分母(pade)。

操作步骤如下:

(1) 在画布上拖动 1 个标签(添加标题)、2 个编辑字段(数值)(输入等价阶次)、2 个坐标区(分别添加不同参数绘制曲线),最后在每个图下面添加 2 个按钮组件,分别在"组件浏览器"上修改组件的 Text(标签)属性,用于显示标题和人-机交互数据标识,例如 2 个按钮的 Text 属性分别修改为"绘图"和"重置",如图 10.36 所示。

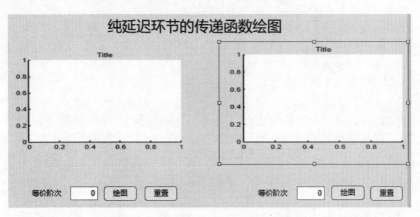

图 10.36 添加组件并修改显示属性

(2) 选中"绘图"按钮,在"组件浏览器"中单击"回调"按钮,选择 ButtonPushed,编写回调函数代码:

```
function ButtonPushed(app, event)
    n = app.EditField.Value;
    [num,den] = pade(0.5,n);
    G1 = tf(num,den);
    step(app.UIAxes,G1);
    grid(app.UIAxes,"on")
end
```

(3) 选中"绘图"按钮,在"组件浏览器"中单击"回调"按钮,选择 ButtonPushed,编写回调函数代码:

```
function Button_2Pushed(app, event)
    n1 = app.EditField.Value;
    [num,den] = pade(0.5,n1);
    G2 = tf(num,den);
    step(app.UIAxes2,g2);
    grid(app.UIAxes2,"on");
end
```

（4）同理，选中左侧"重置"按钮和右侧"重置"按钮，分别编写回调函数代码：

```
function Button_3Pushed(app, event)            % 左侧"重置"按钮
    cla(app.UIAxes);
    set(app.EditField,"value",0);
end
function Button_4Pushed(app, event)            % 右侧"重置"按钮
    cla(app.UIAxes);
    set(app.EditField,"value",0);
end
```

（5）单击"运行"按钮，加入等价阶次，绘图结果如图 10.37 所示。

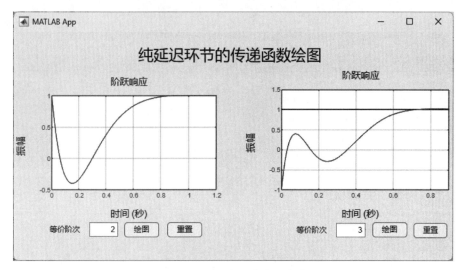

图 10.37　延迟环节阶跃响应

【例 10-10】　创建一个包含坐标区和普通按钮的图形窗口，单击按钮时，绘制不同几何图形。

操作步骤如下：

（1）在画布上添加 1 个标签、1 个坐标区和 4 个按钮组件，如图 10.38 所示。

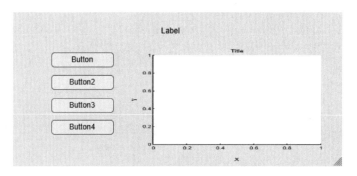

图 10.38　绘制几何图形组件

（2）在"组件浏览器"中，分别修改组件的 Text 属性，用于显示标题和人-机交互的数据标识，如图10.39所示。

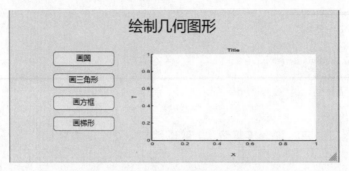

图10.39　修改几何图形组件属性

（3）选中"画圆"按钮，在"组件浏览器"中单击"回调"按钮，选择 ButtonPushed，编写回调函数代码：

```
function ButtonPushed(app, event)
    title(app.UIAxes,'画圆');
    x_circle = 3 * cos((0:10:360) * pi/180);
    y_circle = 3 * sin((0:10:360) * pi/180);
    plot(app.UIAxes,x_circle,y_circle,'rp');
    axis(app.UIAxes,[ - 4,4, - 4,4]);
    axis(app.UIAxes,'equal');
    grid(app.UIAxes,"on");
end
```

（4）在"画三角形"按钮上，编写回调函数代码：

```
function Button_2Pushed(app, event)
    title(app.UIAxes,'画三角形');
    x_triangle = 3 * cos([90,210,330,90] * pi/180);
    y_triangle = 3 * sin([90,210,330,90] * pi/180);
    plot(app.UIAxes,x_triangle,y_triangle,':bO');
    axis(app.UIAxes,[ - 4,4, - 4,4]);
    axis(app.UIAxes,'equal');
    grid(app.UIAxes,"on");
end
```

（5）在"画方框"按钮上，编写回调函数代码：

```
function Button_4Pushed(app, event)
    title(app.UIAxes,'画方框');
    x_square = [ - 3,3,3, - 3, - 3];
    y_square = [3,3, - 3, - 3,3];
    plot(app.UIAxes,x_square,y_square,' - kh');
    axis(app.UIAxes,[ - 4,4, - 4,4]);
```

```
  axis(app.UIAxes,'equal');
  grid(app.UIAxes,"on");
end
```

（6）在"画梯形"按钮上，编写回调函数代码：

```
function ButtonPushed(app, event)
  title(app.UIAxes,'画梯形');
  x_square = [ − 2,2,4, − 4, − 2];
   y_square = [3,3, − 3, − 3,3];
  plot(app.UIAxes,x_square,y_square,' − b');
  axis(app.UIAxes,[ − 4,4, − 4,4]);
 axis(app.UIAxes,'equal');
 grid(app.UIAxes,"on");
end
```

单击"运行"按钮，结果如图 10.40 所示。

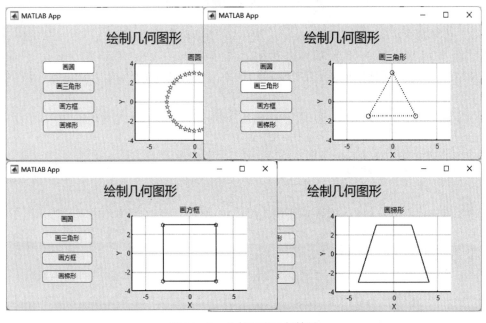

图 10.40　几何图形运行结果

10.6.2　图像（Image）

【例 10-11】　利用 App 绘制三维曲面图，在设计画布上添加 3 个图像，分别是添加背景图片、三维函数图片和 MATLAB 的 Logo 图片，在坐标区绘制函数 $Z = \dfrac{\sin\sqrt{x^2 + y^2}}{\sqrt{x^2 + y^2}}$ 的三维曲面图。

操作步骤如下：

(1) 在画布上添加 1 个标签、3 个图像、1 个坐标区和 2 个按钮组件，如图 10.41 所示。

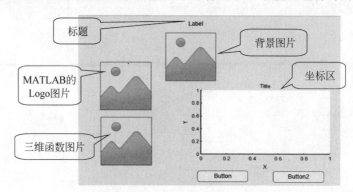

图 10.41　回调函数绘制曲面图

(2) 选中画布上的组件，在"组件浏览器"中分别修改组件的 Text 属性，包括字体、字号和颜色，例如将 Button 的 Text 属性修改为"绘图"，将 Button2 的 Text 属性修改为"重置"。

(3) 选中"绘图"按钮，单击"回调"按钮，选中 ButtonPushed，编写回调函数代码：

```
function ButtonPushed(app, event)
    [x,y] = meshgrid( - 8:0.5:8);
    z = sin(sqrt(x.^2 + y.^2))./sqrt(x.^2 + y.^2);
    mesh(app.UIAxes,x,y,z);
    axis(app.UIAxes,"off")
end
```

(4) 选中背景图片组件，单击添加背景图片，在属性中修改 ScaleMethod 为 fill(填充)，再拖动到适当的位置，将 Enable 属性取消勾选，然后单击三维函数图片和 MATLAB 的 Logo 图片组件，添加图像对象。

(5) 选中"重置"按钮，单击"回调"按钮，选中 ButtonPushed，编写回调函数代码：cla (app.UIAxes)。

(6) 单击"运行"按钮，结果如图 10.42 所示。

【例 10-12】 已知高级系统 PID 控制系统框图(见图 10.43)，使用试凑法设计 PID 参数的人-机交互界面。

要求：

(1) 通过不断试凑 K_p，T_i 和 T_d 参数，使得满足超调量小于 5%，稳态时间小于 40s。

(2) 输出超调量、稳态时间参数并绘制阶跃响应曲线。

说明：按照 PID 控制参数计算公式，将其变形为

$$\mathrm{PID}G_c = K_p\Big(1 + \frac{1}{T_i s} + T_d s\Big) = \frac{K_p T_i T_d s^2 + K_p T_i s + K_p}{T_i s}$$

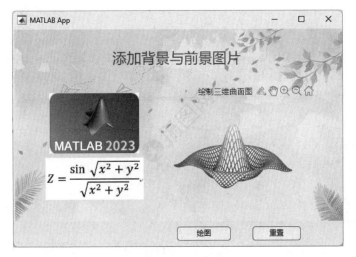

图 10.42　三维曲面图

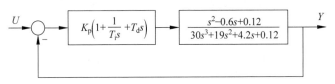

图 10.43　高级系统 PID 控制系统框图

操作步骤如下：

（1）在画布上添加 1 个标签、1 个图像、1 个坐标轴、1 个面板、3 个可编辑文本（数值）和 2 个按钮组件，如图 10.44 所示。

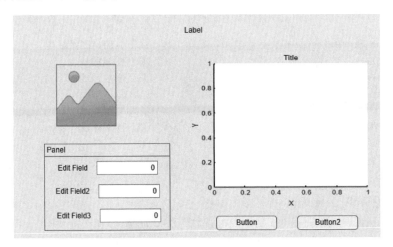

图 10.44　PID 控制编辑界面

(2) 分别修改 Label 为标题,编辑字段的 Text 属性为 Kp, Ti, Td 参数,同时修改按钮的显示标签和坐标区的标题和标尺,单击图像组件添加传递函数图片,如图 10.45 所示。

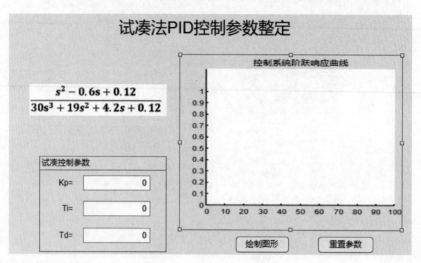

图 10.45　修改画布组件显示

(3) 选中"绘制图形"按钮,在"组件浏览器"中单击"回调"按钮,选择 ButtonPushed,编写回调函数代码:

```
function ButtonPushed(app, event)
  G = tf([1 - 0.6 0.12],[30 19 4.2 0.12])
  Kp = app. KpEditField. Value              % 取 Kp 的值
  Ti = app. TiEditField. Value              % 取 Ti 的值
  Td = app. TdEditField. Value              % 取 Td 的值
  PIDGc = tf([Kp * Ti * Td, Kp * Ti, Kp],[Ti, 0])   % PID 传递函数
  G1 = feedback(G, 1);                      % 不加 PID 的闭环系统传函
  G2 = feedback(PIDGc * G, 1)               % 加入 PID 的闭环系统传函
  [y, t] = step(G2) ;                       % 取阶跃曲线的横、纵坐标值
  [Y, k] = max(y);                          % 求阶跃响应曲线的最大值
  C = dcgain(G2);                           % C 是稳态值
  Mp = 100 * (Y - C)/C                      % 计算超调量
  i = length(t);                            % 计算时间的长度
  while (y(i) > 0.95 * C)&(y(i) < 1.05 * C) % 设置稳态条件为 5 %
    i = i - 1;
  end
  ts = t(i)                                 % 得到稳态时间
  t = 0:100;
  y2 = step(G1, t); y1 = step(G2, t); grid(app. UIAxes, "on");
  plot(app. UIAxes, t, y1, t, y2); grid(app. UIAxes, "on");
end
```

选中"重置参数"按钮,在"组件浏览器"中单击"回调"按钮,选择 ButtonPushed,编写回调函数代码：

```
function Button_2Pushed(app, event)
    set(app.KpEditField,'value',0);          % 清除 Kp 的值
    set(app.TiEditField,'value',0);          % 清除 Ti 的值
    set(app.TdEditField,'value',0);          % 清除 Td 的值
    cla(app.UIAxes);                         % 清除图形
end
```

（4）单击"运行"按钮，在 Kp，Ki，Kd 中填写参数，运行结果如图 10.46 所示。

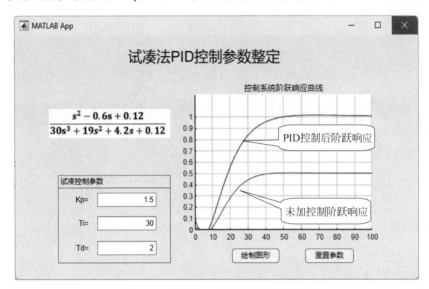

图 10.46　试凑 PID 控制参数运行结果

结论：试凑 PID 参数为 Kp＝1.7，Ti＝30，Td＝1.5 时，Mp ＝ 3.1299，ts ＝ 31.0381s，从输出曲线和结果看出，试凑的 PID 参数满足了系统性能指标。

【**例 10-13**】　创建一个"动态特性参数法 PID 控制器设计"的 App 界面，通过输入被控对象传递函数的 T、K、τ，自动计算 PID 控制参数，并实时显示控制后的阶跃响应曲线。动态特性参数法公式见表 7-1 和表 7-2。

操作步骤如下：

（1）在 MATLAB 主界面中单击 APP 选项卡，再单击"App 设计"按钮，打开"App 设计工具"首页，选择"可自动调整布局的两栏式 App"模板进行设计，二栏式设计视图（画布）如图 10.47 所示。

（2）根据"组件库"的常用组件，在画布左栏上拖动添加 2 个图像（用于添加框图和传递函数图片）、6 个编辑字段（数值）（用于添加参数）和 2 个按钮组件，在右栏上拖动添加 1 个标签（用于标题）和 1 个坐标区组件（用于绘图），如图 10.48 所示。

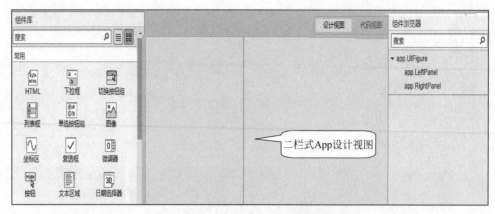

图 10.47　二栏式 App 设计视图界面

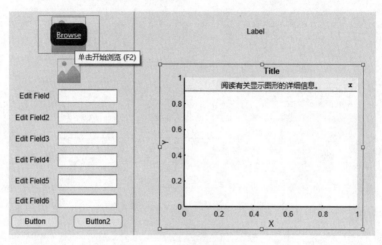

图 10.48　添加组件的界面

（3）分别选择 6 个编辑字段，在"组件浏览器"中设置输入数据的显示精度，如图 10.49 所示。

（4）修改画布上各个组件的 Text 属性，包括标题和 6 个编辑字段的显示标签，单击画布上 2 个图像组件，分别添加 PID 控制框图和传递函数图片，PID 界面设计如图 10.50 所示。

（5）选中"开始绘图"按钮，在"组件浏览器"中单击"回调"按钮，选择 ButtonPushed，编写回调函数代码：

```
function ButtonPushed(app, event)
    K = app.EditField.Value;            % 从编辑字段提取数据
    T = app.EditField_2.Value;
    tau = app.EditField_3.Value;
    G1 = tf(K,[T,1]);
```

图 10.49　信息录入 App 界面

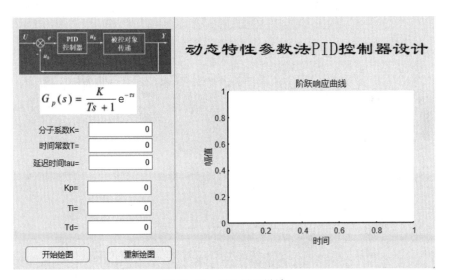

图 10.50　PID 界面设计

```
[n1,d1] = pade(tau,2);                  % 传递函数含有延迟环节 tau,使用 pade 函数等价 2 阶系统,
    G2 = tf(n1,d1); Gp = G1 * G2;
    Kp = (tau/T + 0.88)/(2.6 * K * (tau/T - 0.15));
    Ti = 0.81 * T + 0.19 * tau;
    Td = 0.25 * T;
    Gc = tf([Kp * Ti * Td,Kp * Ti,Kp],[Ti,0]);
    G = feedback(Gp * Gc,1);
```

```
    t = 0:0.01:300                        % 设置时间
    y = step(G, t);
  plot(app.UIAxes, t, y, 'LineWidth', 0.2);
app. EditField_4. Value = Kp;
app. EditField_5. Value = Ti;
app. EditField_6. Value = Td;
end
```

(6) 选中"重新绘图"按钮,在"组件浏览器"中单击"回调"按钮,选择 ButtonPushed,编写回调函数代码:

```
function Button_4Pushed(app, event)
    Set(app. EditField, 'Value', 0);            % 编辑字段清零
    set(app. EditField_2, 'Value', 0);          % 同上
    set(app. EditField_3, 'Value', 0);
    set(app. EditField_4, 'Value', 0);
    set(app. EditField_5, 'Value', 0);
    set(app. EditField_6, 'Value', 0);          % 同上
    cla(app. UIAxes);                           % 清除坐标区图形
end
```

(7) 单击"运行"按钮,运行结果如图 10.51 所示。

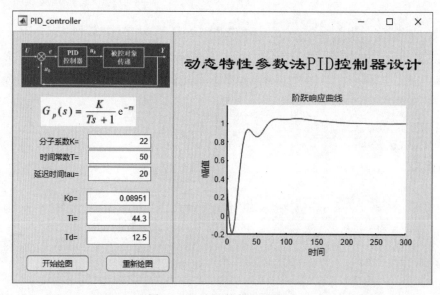

图 10.51　PID控制运行界面

结论:从运行结果看出和第 7 章 7.2.1 节的内容是吻合的。

【例 10-14】　利用 App 制作一张校园出入证。

操作步骤如下:

(1) 在画布上添加坐标区、标签、编辑字段(文本)、图像、按钮和 1 个文本区域,如图 10.52

所示。

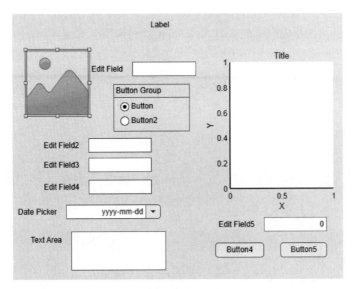

图 10.52 编辑校园出入证

（2）在"组件浏览器"中修改组件标签的显示属性，包括字体、字号和颜色，单击图像组件，添加 Logo，在编辑字段中添加文字，如图 10.53 所示。

图 10.53 修改校园出入证组件属性

（3）选中"提交照片"按钮，在"组件浏览器"中单击"回调"按钮，选择 ButtonPushed，编写回调函数代码：

```
function Button_Pushed(app, event)
   [filename, pathname] = uigetfile( '＊.jpg', '读一幅图片文件' );
    img = imread( [pathname, filename] );
```

```
    imshow(img, 'Parent', app.UIAxes);
end
```

选中"重置照片"按钮,在"组件浏览器"中单击"回调"按钮,选择 ButtonPushed,编写回调函数代码:

```
function Button_2Pushed(app, event)
    cla(app.UIAxes)                                % 清除坐标区图形
end
```

(4) 单击"运行"按钮,在界面上传照片,结果如图 10.54 所示。

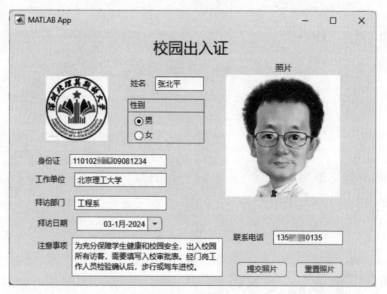

图 10.54　模拟出入证

【例 10-15】　利用切换按钮组选择绘制子图。

操作步骤如下:

(1) 在画布上添加 1 个标签、1 个坐标区和 1 个切换按钮组组件,如图 10.55 所示。

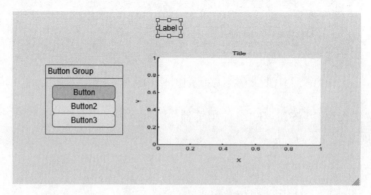

图 10.55　编辑显示图片

（2）在"组件浏览器"中修改组件的 Text 属性，将坐标区上的标签"刻度"和"标签"均删除，如图 10.56 所示。

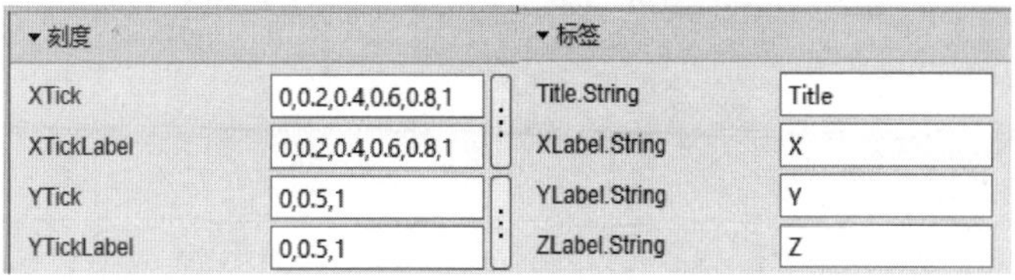

▼刻度			▼标签	
XTick	0,0.2,0.4,0.6,0.8,1		Title.String	Title
XTickLabel	0,0.2,0.4,0.6,0.8,1		XLabel.String	X
YTick	0,0.5,1		YLabel.String	Y
YTickLabel	0,0.5,1		ZLabel.String	Z

图 10.56　修改坐标区属性

（3）选中切换按钮组中的一个按钮右击，从弹出的快捷菜单中选中"复制"命令，增加一个按钮，在回调函数中添加代码，并修改相应的标题（title）和上传的图片文件名（file）。

（4）选中"切换按钮组"组件，在"组件浏览器"中单击"回调"按钮，选择 ButtonPushed，编写回调函数代码：

```
function APPButtonGroupSelectionChanged(app, event)
    selectedButton = app.APPButtonGroup.SelectedObject;
  switch selectedButton.Text
     case 'PID 控制仿真器'
       file = "control4.png";
       title(app.UIAxes,'PID 控制仿真器');
     case '窗体设计器'
       title(app.UIAxes,'窗体设计器');
       file = "control2.png";
     case '标准反馈配置'
       file = "control1.png";
       title(app.UIAxes,'标准反馈配置');
     case '波形生成器'
       file = "control3.png";
       title(app.UIAxes,'波形生成器');
  end
    im = imread(file);
    imshow(im,'Parent',app.UIAxes);
end
```

（5）单击不同的切换按钮，显示结果如图 10.57 和图 10.58 所示。

【例 10-16】　在 App 界面上将 boy1.png～boy8.png 共 8 幅静态图片显示为动画。

操作步骤如下：

（1）在画布上添加 1 个标签组件（用于标题），1 个坐标区组件（用于显示动画）和 1 个按钮组件（用于激活显示动画），boy1.png～boy8.png 的 8 幅图片如图 10.59 所示。

（2）修改组件属性后，结果如图 10.60 所示。

（3）选中"开始播放"按钮，在"组件浏览器"中单击"回调"按钮，选择 ButtonPushed，编写回调函数代码：

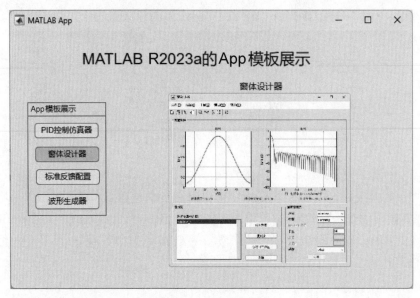

图 10.57　App 模板展示 1

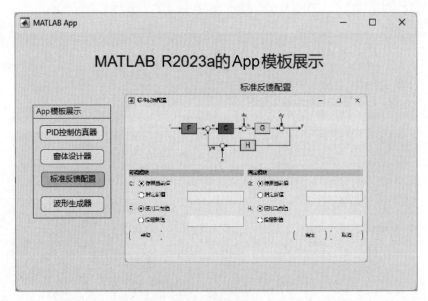

图 10.58　App 模板展示 2

图 10.59　动态图片编辑

```
function ButtonPushed(app, event)
  for i = 1:8
    c = strcat('boy', num2str(i));
    c = strcat(c, '.png');
    [n, cmap] = imread(c);                     % 读图像数据和色阵
    imshow(n, 'Parent', app.UIAxes);
    colormap(cmap);
    m(:, i) = getframe;                        % 保存画面
  end
  movie(m, 20)
  VideoWriter('m, boywark.avi');               % 保存为视频文件 boywark.avi
end
```

注意：boy1. png～boy8. png 的 8 幅图片要存储在当前目录下,否则编程需要添加路径。

(4) 单击"开始播放"按钮,截取的动画显示效果如图 10.61 所示。

图 10.60 组件属性修改

图 10.61 动态图片显示效果

10.7 列表框与下拉框组件

列表框和下拉框组件可以使 UI 更加紧凑,当存在多个可选项时,可以将选项限制为列表中的某一个,并确保用户输入正确格式,减少错误的发生。

10.7.1 列表框(ListBox)

列表框使用 ListBox 表示,它提供了一个从数据集合中快速选择某项值的方式,一般是从列表中选择一项,常配合 switch…end 语句使用。MATLAB 2023a 需要安装"Widgets Toolbox→MATLAB App Designer Components"组件才能使用列表框,拖动列表框到画布的步骤为:

(1) 将列表框组件拖动到画布上,列表框默认有 4 项列表,可使用"组件浏览器"进行修改,单击"+"按钮增加项数,单击"-"按钮减少项数,如图 10.62 所示。

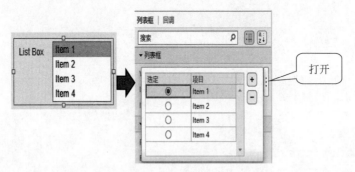

图 10.62　列表框属性

(2) 在列表框属性中可修改列表项标签,修改方法如图 10.63 所示。

图 10.63　列表框属性修改方法

(3) 单击列表框回调函数,有三项可选择,如图 10.64 示。

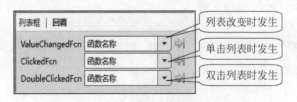

图 10.64　列表框回调函数

【例 10-17】 使用列表框绘制二阶系统特性时域分析曲线。

操作步骤如下：

（1）在画布上添加 1 个标签、1 个坐标区、1 个列表框、1 个图像和 2 个编辑字段（数值）组件，如图 10.65 所示。

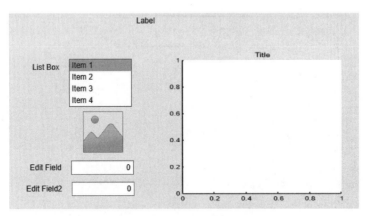

图 10.65　列表框组件

（2）选中画布上的各个组件，在"组件浏览器"中添加列表框组件的一个数据项，分别修改 Text 属性标签，然后单击图像组件添加传递函数图片，如图 10.66 所示。

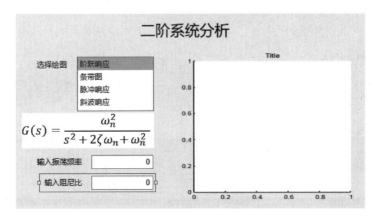

图 10.66　列表框属性修改

（3）选中列表框组件，在"组件浏览器"中单击"回调"按钮，选择 ListBoxValueChanged，编写回调函数代码：

```
function ListBoxValueChanged(app, event)
    w = app.EditField.Value;
    ksai = app.EditField_2.Value;
    G = tf(w^2,[1,2 * ksai * w,w^2])    % 添加传递函数
    value = app.ListBox.Value;
```

```
switch value
    case "阶跃响应"
        cla(app.UIAxes);                % 清除坐标区图形
        step(app.UIAxes,G)              % 在坐标区绘制阶跃响应曲线
        grid(app.UIAxes,"on")
    case "条带图"
        ribbon(app.UIAxes,step(G));     % ribbon(Y) 绘制 Y 列为宽度均匀的三维条带
        title(app.UIAxes,'二阶系统条带图');
        grid(app.UIAxes,"on")
    case "脉冲响应"
        cla(app.UIAxes);
        impulse(app.UIAxes,G);
        grid(app.UIAxes,"on")
    case "斜波响应"
        cla(app.UIAxes);
        t = 0:0.1:10;
        lsim(app.UIAxes,G,t,t);
        grid(app.UIAxes,"on")
    end
end
```

（4）单击"运行"按钮，结果如图 10.67 所示。

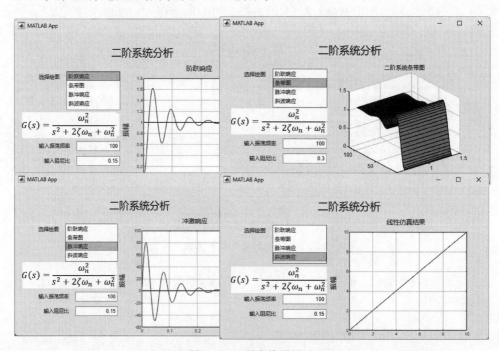

图 10.67   列表绘图展示

10.7.2 下拉框（DropDown）

下拉框组件与列表框组件功能相似，均是用于在多项列表中选择某一项，所不同的是，下拉框隐藏了列表项，仅显示第一项，单击右侧的箭头能显示所有列表项。列表框组件是默认情况下显示所有列表项。其中：Items 属性定义选项，ItemsDate 定义选项对应的数据，如果默认，则 Items 也作为数据。在回调函数中，常配合 switch...end 语句进行分支选择。

【例 10-18】 通过下拉框，选择控制系统时域和频域分析绘图。

操作步骤如下：

（1）在画布上添加 1 个标签（用于添加标题）、1 幅图像（用于添加传递函数图片）、1 个坐标区（用于绘图）和 1 个下拉框（选中绘图项）共 4 个组件，单击图像组件，添加传递函数图片，将坐标区的坐标轴去掉默认的标尺，如图 10.68 所示。

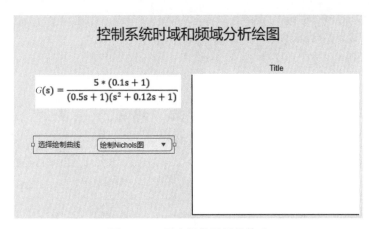

图 10.68 画布组件及属性修改

（2）选中下拉框组件，在"组件浏览器"中修改 Text 属性，添加标题，按照绘图项目添加数据项标签，如图 10.69 所示。

（3）选中列表框组件，在"组件浏览器"中单击"回调"按钮，选择 DropDownValueChanged，编写回调函数代码：

图 10.69 修改下拉框组件属性

```
function DropDownValueChanged(app, event)
    value = app.DropDown.Value;
    num = [0.5,5];
    d1 = [0.5,1];d2 = [1,0.12,1];        % 输入传递函数参数
    den = conv(d1,d2);
    G = tf(num,den);                     % 建立传递函数模型
```

```
switch value
    case "绘制根轨迹图"
        rlocus(app.UIAxes,G);              %绘制根轨迹图
        grid(app.UIAxes,"on");
    case "绘制阶跃响应曲线"
        [y,t] = step(G);                   %绘制阶跃响应曲线
        plot(app.UIAxes,t,y);
        grid(app.UIAxes,"on");
        title(app.UIAxes,"阶跃响应曲线")
    case "绘制 Bode 图"
        bode(app.UIAxes,G);                %绘制 Bode 图
        grid(app.UIAxes,"on");
    case "绘制 Nyquist 图"
        nyquist(app.UIAxes,G);
        grid(app.UIAxes,"on");
        case "绘制 Nichols 图"
        nichols(app.UIAxes,G);             %绘制 Nichols 图
    end
    end
```

（4）运行结果如图 10.70 所示。

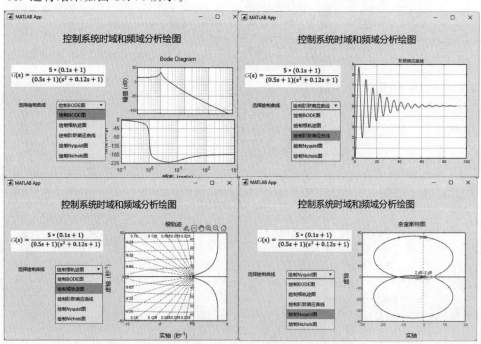

图 10.70　使用下拉框绘图

10.8 滑块与微调器组件

使用滑块组件可编写滚动条窗口,滑块常用于改变显示大小及显示比例。微调器一般和其他组件联合使用,用于加 1 和减 1 操作。

10.8.1 滑块(Slider)

滑块组件常用于仪表的刻度显示,通过拖动滑块改变刻度值,操作方便且直观。

【例 10-19】 滑块与编辑文本的联合使用。

操作步骤如下:

(1) 在画布上添加 1 个标签、1 个滑块和 1 个编辑字段(数值),在"组件浏览器"中修改组件的 Text 属性,并添加背景颜色。

(2) 选中滑块组件,在"组件浏览器"中单击"回调"按钮,选择 SliderValueChanged,编写回调函数代码:

```
function SliderValueChanged(app, event)
    value = app.Slider.Value;
    set(app.show,'value',value);
end
```

(3) 单击"运行"按钮,结果如图 10.71 所示。

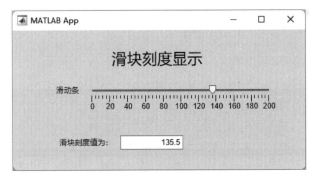

图 10.71　滑块结果

【例 10-20】 制作一个滑块与下拉框联动的界面。根据二阶系统标准传递函数,使用滑块改变自由振荡频率,在下拉框中选择阻尼比。通过滑块的频率值及下拉框阻尼比的值,绘制阶跃响应曲线,如图 10.72 所示。

操作步骤如下:

(1) 在画布中添加 1 个标签、1 幅图像、1 个下拉框、1 个编辑字段、1 个坐标区和 1 个滑块组件。

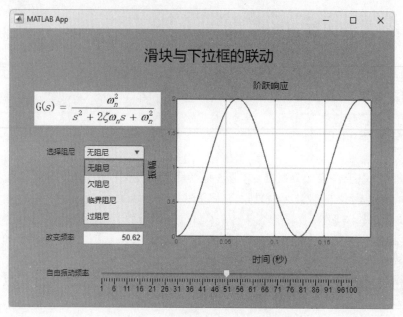

图 10.72　滑块与下拉框界面案例

（2）在"组件浏览器"中分别修改 Text 属性标签，包括标题和组件显示标签，单击图像组件添加传递函数图片，如图 10.72 所示。

（3）选中下拉框组件，在"组件浏览器"中单击"回调"按钮，选择 DropDownValueChanged，编写回调函数代码：

```
function DropDownValueChanged(app, event)
    cla(app.UIAxes);                          % 清除上次的图形
    w = app.EditField.Value;                  % 在编辑字段中取得频率值
    value = app.DropDown.Value;               % 选择阻尼值
    switch value
      case "无阻尼"
        ksai = 0;
        G = tf(w^2,[1,2 * ksai * w,w^2]);     % 由频率和阻尼值得到传递函数
        t = 0:0.01/w:10/w;                    % 根据频率值设置时间轴
        step(app.UIAxes,G,t);                 % 绘制阶跃响应曲线
        grid(app.UIAxes,"on");                % 加表格线
      case "欠阻尼"
        ksai = 0.7
      case "临界阻尼"
        ksai = 1;
      case "过阻尼"
        ksai = 2;
    end
    if ksai~ = 0
```

```
G = tf(w^2,[1,2*ksai*w,w^2]);        % 获取除了无阻尼之外的传递函数
step(app.UIAxes,G);                  % 根据传递函数绘制阶跃响应曲线
grid(app.UIAxes,"on");
    end
end
```

（4）在滑块的属性中设置 Max 为 100,Min 为 1,编写滑块的回调函数代码：

```
function SliderValueChanged(app, event)
value = app.Slider.Value;            % 获取滑块的值
w = value;
set(app.EditField,"value",w);        % 设置到编辑字段中
end
```

（5）在滑块中选择一个值,再选择不同阻尼,运行结果如图 10.72 所示。

10.8.2　微调器（Spinner）

微调器允许用户从某个范围值中选择微调节,常用于电气元件的可变电阻器（电位器）、可变电容器或可微调电感器,微调框是视觉指示器,单击微调器的上、下箭头用于加 1 和减 1 操作。

【例 10-21】　设计一个微调器、滑块联动改变参数的 App 界面,即改变两个组件的值均可同步改变二阶系统的阻尼比,并在编辑字段中显示当前的值,要求根据滑块值实时改变绘制的图形。

操作步骤如下：

（1）在画布上添加标签、图像、微调器、滑块、编辑字段（数值）和坐标区组件,在"组件浏览器"中修改各个组件的显示标签。

（2）在画布上选择"代码视图",从工具栏上选择"属性"→"私有属性",添加一个公共变量 V,便于多组件在界面上共同使用,当滑块或微调器的数据发生变化时,使用 app.V 传递到编辑字段,反之亦然,添加公共变量的方法是从"属性"的"私有属性"下添加变量名,如图 10.73 所示。

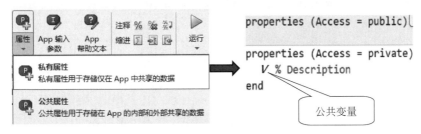

图 10.73　添加属性变量

（3）选中微调器组件,在"组件浏览器"中单击"回调"按钮,选择 SpinnerValueChanged,编写回调函数代码:

```
function SpinnerValueChanged(app, event)
    value = app.Spinner.Value;
    V = value;
    set(app.Slider,"value",V)            % 显示在滑块中
    set(app.EditField,"value",V)         % 显示在编辑字段中
end
```

（4）选中滑块组件,在"组件浏览器"上修改 Limits 属性为 0~1,单击"回调"按钮,选择 SliderValueChanged,编写回调函数代码:

```
function SliderValueChanged(app, event)
    cla(app.UIAxes);
    value = app.Slider.Value;
    V = value;
    set(app.Spinner,"value",V);
    set(app.EditField,"value",V);
    G = tf(1,[1,2 * V,1]);
    step(app.UIAxes,G);
    grid(app.UIAxes,"on");
end
```

（5）单击"运行"按钮,结果如图 10.74 所示。

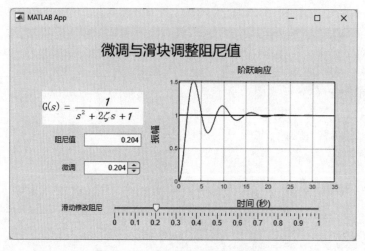

图 10.74　微调器与滑块联动展示

【例 10-22】　使用 App 设计一个调查 MATLAB 学习情况的界面。

操作步骤如下:

（1）在"App 设计工具"界面中单击"新建"按钮,打开 App 编辑画布,在画布中添加标

签、编辑字段(文本)、单选按钮组、复选框、列表框、下拉框、按钮和面板组件。

(2) 为了显示提交信息,在面板上添加了多个编辑字段(文本),如图 10.75 所示。

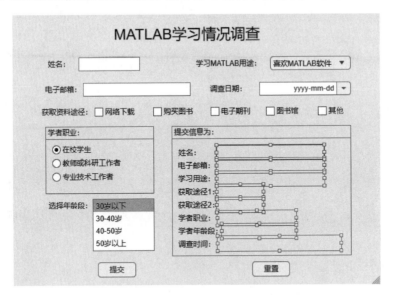

图 10.75 界面组件展示

(3) 选中"提交"按钮,在"组件浏览器"中单击"回调"按钮,选择 ButtonPushed,编写回调函数代码:

```
app.name.Text = app.nameEdit.Value;
app.email.Text = app.Editemail.Value;
app.use.Text = app.Used.Value;
if app.CheckBox.Value == 1
 app.obtain.Text = '网络下载';
end
if app.CheckBox2.Value == 1
 app.obtain2.Text = '购买图书';
end
if app.CheckBox3.Value == 1
 app.obtain3.Text = '电子期刊';
end
if app.CheckBox4.Value == 1
 app.obtain4.Text = '图书馆';
end
if app.CheckBox5.Value == 1
 app.obtain5.Text = '其他';
end
   if app.Button_2.Value == 1
       type = '学生';
   elseif app.Button_3.Value == 1
```

```
            type = '教师';
        else
            type = '技术工作者'
        end
        app.profesional.Text = type;
        app.age.Text = app.ListBox.Value;
        app.datetime.Text = datestr(app.DatePicker.Value);
    end
```

（4）同理，选中"重置"按钮，编写回调函数代码：

```
app.name.Text = '';
app.email.Text = '';
app.use.Text = '';
app.obtain.Text = '';
app.obtain2.Text = '';
app.obtain3.Text = '';
app.obtain4.Text = '';
app.obtain5.Text = '';
app.profesional.Text = '';
app.age.Text = '';
app.datetime.Text = '';                    % 以上均为清空编辑字段数据
```

（5）单击"运行"按钮，结果如图 10.76 所示。

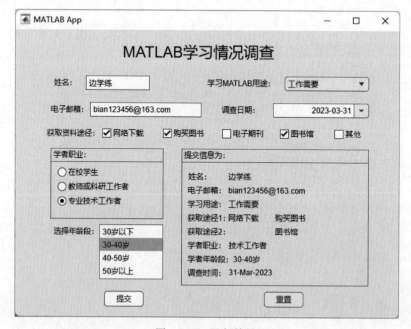

图 10.76　运行结果

10.9　表、超链接与树组件

　　用户界面上的表组件,可将数据按照行、列有序排列,其作用是将复杂的数据进行整合和细化,以便更好地管理和分析数据;超链接是 App 设计添加的新组件,可以从当前标题位置跳转到本界面其他位置或其他 App 界面,能提升用户传递数据的体验;树组件主要用来有层次地显示数据,就像一层一层的文件夹,使得层次清晰,便于快速查询。

10.9.1　表(UITable)

　　表能将 Excel 表中的数据显示在 App 画布上,且可在界面上增加、删除、修改表数据,最后能将 App 上的表存储到 Excel 中,实现 App 与 Excel 表的数据交互,其使用方法包括如下。

1. 基本语法

```
uit = uitable                              % 在当前图窗中创建表组件,并返回 Table UI 组件
uit = uitable(Name,Value)         % 使用一个或多个"名称 - 值"对组参数指定表 UI 组件的属性值
uit = uitable(parent,Name,Value)           % 指定父容器和一个或多个属性值
[file_data] = readtable(File_Name);        % 通过从文件中读取列向数据创建表
app.UITable.Data = file_data;              % 将数据显示在 UITable 中
```

例如:读一个 Excel 表格数据到表组件中:

```
data = readtable('Excel 文件名称.xlsx');
app.UITable.Data = data;
```

说明:若只读数据,不需要在 UI 创建表组件,则使用 xlsread 命令。

```
app.UITable.ColumnName = file_data.Properties.VariableNames;      % 复制 xlsx 的表头到 UITable 中
```

2. 在 App 上创建表

```
table1 = [row col];                        % row 为行数,col 为列数
varTypes = {'数据类型 1','数据类型 2',…};      % 每列的数据类型
varNames = {'字段名 1','字段名 2',…};          % 建立表头
T = table('Size',table1,'VariableTypes',varTypes,'VariableNames',varNames);
app.UITable.Data = T;                      % 将表大小、类型、名称赋给表数据
```

3. 增加表中行数据

可在属性中增加一个私有属性 t 变量,便于在画布上应用。

```
app.t = app.UITable.data;
nr = {[],[]};
app.UITable.Data = [app.t;nr];                    % 可反复增加行数
app.t = app.UITable.Data;
newData1 = app.t;
set(app.UITable'Data',newData1);
```

4. 删除行(row)

```
row = app.RownumberEditField.Value;
app.UITable.Data(row, :) = [];
```

5. 删除列(col)

```
row = app.RownumberEditField.Value;
app.UITable.Data(:,col) = [];
```

6. 程序初始化时,将表设置为可编辑的

```
set(app.UITable, 'ColumnEditable',true,'ColumnSortable',true)
```

7. 将 App 中的表数据写到 Excel 工作簿中

```
temp = '路径名\文件名.xlsx'
writetable(app.UITable.Data,temp,'Sheet',1)
```

【例 10-23】 在 App 上创建表,实现在界面上实时修改,并完成导出表数据到 Excel 文件。

操作步骤如下:

(1) 拖动 1 个标签、1 个表、3 个按钮和 4 个可编辑字段(数值)到画布中,修改显示标签属性,并将 4 个可编辑字段的名称分别改为 app. num、app. score、app. n1、app. s1,便于引用变量编程,如图 10.77 所示。

(2) 对应修改后的 MATLAB 录入成绩单界面如图 10.78 所示。

(3) 分别选中"创建表""添加行"和"修改"按钮,在"组件浏览器"中单击"回调"按钮,选择 ButtonPushed,编写回调函数代码如下:

图 10.77　修改编辑字段属性

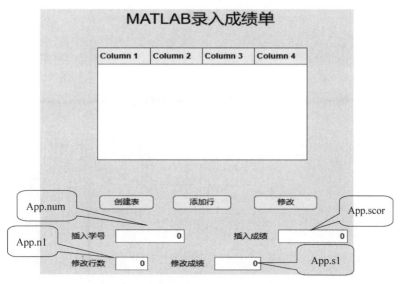

图 10.78　MATLAB 录入成绩单界面

① "创建表"按钮：

```
table1 = [4 2];                              % 行数为 4, 列数为 2
varTypes = {'double','double'};              % 每列的数据类型
varNames = {'num','score'};                  % 建立表头
T = table('Size',table1,'VariableTypes',varTypes,'VariableNames',varNames);
app.UITable.Data = T;
app.UITable.ColumnName = T.Properties.VariableNames;          % 读表头
set(app.UITable,'ColumnEditable',true,'ColumnSortable',true)  % 设置表可修改
```

② "添加行"按钮：

```
Data1 = app.UITable.Data;
n1 = app.num.Value;
n2 = app.score.Value;
n = {n1,n2};
app.UITable.Data = [Data1;n];
```

③ "修改"按钮：

```
nr = app.nr.Value;
sr = app.sr.Value;
t = app.UITable.Data;
t.score(nr) = sr;
app.UITable.Data = t;
```

（4）添加一个"导出到表"按钮，编程如下：

```
temp = 'd:\matlab_exp\dd.xlsx'
```

```
writetable(app.UITable.Data,temp,'Sheet',1)
```

单击"运行"按钮,结果如图10.79所示。

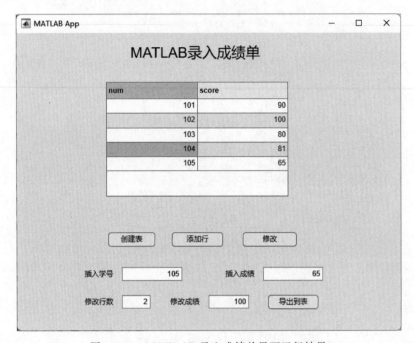

图 10.79　MATLAB 录入成绩单界面运行结果

导出结果到 Excel 表中,Excel 表用于保存数据,如表 10.11 所示。

【例 10-24】　根据学生成绩 Excel 表(d.xlsx),见表 10.12,使用 App 设计界面显示数据并绘制图形。

表 10.11　导出的 Excel 表

	A	B
1	num	score
2	101	90
3	102	100
4	103	80
5	104	81
6	105	65

表 10.12　学生成绩表

	A	B	C	D
1	序号	学号	姓名	成绩
2	1	474	何洁则	80
3	2	475	张仪	78
4	3	476	陈星星	98
5	4	477	范莉莉	60
6	5	478	胡明	50
7	6	479	江云群	89
8	7	480	美杞	70
9	8	481	李隆可	80
10	9	482	刘中鑫	81
11	10	483	牛强盛	69
12	11	484	潘臣发	88

操作步骤如下:

(1) 在画布上拖动 1 个标签、1 个表、1 个坐标区和 1 个按钮,在"组件浏览器"中修改各个组件 Text 属性,包括标题和按钮显示,修改后界面组件如图 10.80 所示。

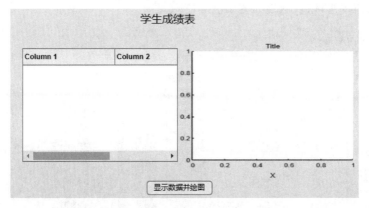

图 10.80 修改后界面组件

（2）选中表组件，在"组件浏览器"中修改表的"可编辑"和"可排序"属性，在相应的位置打勾并修改组件的显示标签，如图 10.81 所示。

图 10.81 修改表组件的属性

（3）选中"显示数据并绘图"按钮，在"组件浏览器"中单击"回调"按钮，选择 ButtonPushed，编写回调函数代码：

```
t = readtable("d.xlsx");                              % 读 Excel 表数据到变量 t 中
app.UITable.Data = t;                                % 将 t 赋给 App 上的表组件
app.UITable.ColumnName = t.Properties.VariableNames;  % 读表头
t.Properties.VariableNames{1} = '序号';
t.Properties.VariableNames{2} = '学号';
t.Properties.VariableNames{3} = '姓名';
t.Properties.VariableNames{4} = '成绩';
x = table2array(t(:, '学号'));
y = table2array(t(:, '成绩'));
bar(app.UIAxes, x, y);
grid(app.UIAxes, "on");
title(app.UIAxes, "学生成绩");
```

单击"运行"按钮,运行结果如图10.82所示。

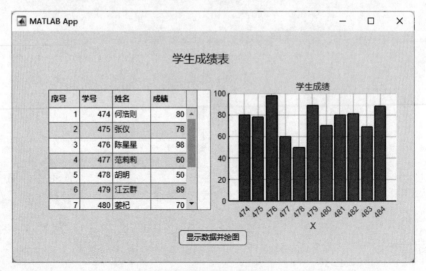

图10.82　运行结果

【例10-25】　创建表,添加表数据,绘制气泡图,并将数据存入Excel表格中。

操作步骤如下:

(1) 在画布上拖动添加1个标签、1个表、1个坐标区和4个按钮组件,如图10.83所示。

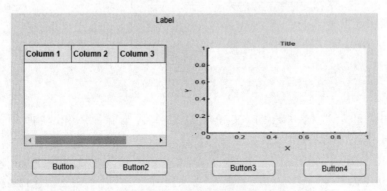

图10.83　在画布上添加组件

(2) 在"组件浏览器"中修改各个组件的Text属性,包括标题和按钮标签,如图10.84所示。

(3) 在App的"代码视图"中,选择工具栏的"属性",可以添加一个私有属性变量,这样在其他按钮引用表数据变量时,可使用app.t调用表数据,防止编译出错,添加属性变量的方法如图10.73所示。

(4) 分别选中图10.84的4个按钮,在"组件浏览器"上单击"回调"按钮,选择

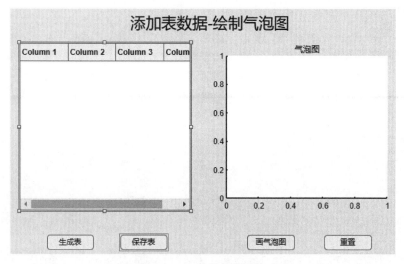

图 10.84　修改组件属性

ButtonPushed，编写回调函数代码如下。

① "生成表"按钮：

```
function ButtonPushed(app, event)
    table1 = [10,3];                                  % 行数(row)为10,列数(col)为3
        varTypes = {'int16','double','double'};       % 每列的数据类型
        varNames = {'横坐标','纵坐标','气泡大小'};      % 建立表头
        T1 = table('Size',table1,'VariableTypes',varTypes,'VariableNames',varNames);
        app.UITable.Data = T1;                        % 将表大小、类型、名称赋给表数据
        app.UITable.ColumnName = T1.Properties.VariableNames;    % 读表头
        set(app.UITable,'ColumnEditable',true,'ColumnSortable',true)    % 设置表可修改
        app.t = app.UITable.Data;
end
```

② "保存表"按钮：

```
temp = 'd:\MATLAB_exp\data1.xlsx'
writetable(app.UITable.Data,temp,'Sheet',1)
```

③ "画气泡图"按钮：

```
function Button_3Pushed(app, event)
    app.t = readtable("dd1.xlsx");
    app.t.Properties.VariableNames{1} = '横坐标';
    app.t.Properties.VariableNames{2} = '纵坐标';
    app.t.Properties.VariableNames{3} = '气泡大小';
    x1 = table2array(app.t(:,'横坐标'));
    y1 = table2array(app.t(:,'纵坐标'));
    z1 = table2array(app.t(:,'气泡大小'));
```

```
        bubblechart(app.UIAxes,x1,y1,z1,'red');
    end
```

④ "重置"按钮：

```
function Button_4Pushed3(app, event)
    Cla(app.UIAxes)
end
```

运行结果如图 10.85 所示。

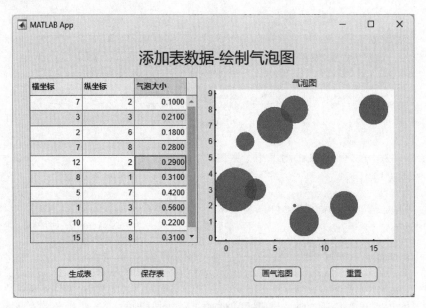

图 10.85　根据数据绘制结果

10.9.2　超链接(UIHyperlink)

超链接是各个页面之间的桥梁,不仅可使多个位置数据实时交互,也可方便用户浏览、阅读更多相关内容。

语法格式：

```
(1) hlink = uihyperlink              % 创建一个超链接组件,返回 Hyperlink 对象
(2) hlink = uihyperlink(parent)      % 在指定的父容器中创建超链接.父容器可以是使用
                                     % uifigure 函数创建的图形窗口或其子容器之一
```

例如：

```
fig = uifigure;                      % 创建图形窗口
hlink = uihyperlink(fig, ,'Position',[x1,y1,x2,y2],'FontSiz',字号);    % 设置标签显示属性
hlink.Text = '超链接文本标签';
```

```
hlink.URL = '网站地址';
```

发送邮件,代码如下：

```
email = 'myaddress@provider.ext';      % 设置邮箱地址
hlink.URL = ['mailto:' email];
hlink.URL = ['file:///' htmlFile];      % 设置链接的路径和文件名
```

说明：链接的文件可以是邮箱地址、图片文件、文档文件、App文件等。

【例 10-26】　利用脚本编程,创建一个链接网站地址、邮箱、图片及 App 的界面。

编程代码如下：

```
fig = uifigure;
lbl = uilabel(fig,'Position',[100,380,300,30],'FontSiz',26);      % 设置标题标签
lbl.Text = '超链接的使用方法';
hlink = uihyperlink(fig,'Position',[100 300 300 30],'FontSiz',16);      % 设置网站标签
hlink.Text = '链接 MathWorks 网站获得技术支持';
hlink.URL = 'https://www.mathworks.com/';
hlink1 = uihyperlink(fig,'Position',[100 250 230 30],'FontSiz',16);      % 设置邮箱标签
hlink1.Text = '联系我们,发送到我的邮箱';
email = '6420210053@smbu.edu.cn';
hlink1.URL = ['mailto:' email];
hlink2 = uihyperlink(fig,'Position',[100 200 300 30],'FontSiz',16);      % 设置图片标签
hlink2.Text = '链接液位模型图片';
htmlFile = 'd:\matlab_exp\1.jpg';
hlink2.URL = ['file:///' htmlFile];
hlink3 = uihyperlink(fig,'Position',[100 150 300 30],'FontSiz',16);
hlink3.Text = '试凑法设计 PID 控制器';
htmlFile1 = 'd:\matlab_exp\controller.mlapp';
hlink3.URL = ['file:///' htmlFile1];
```

运行结果如图 10.86 所示。

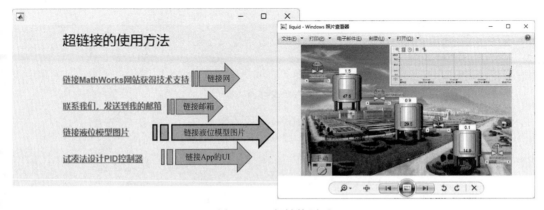

图 10.86　超链接页面

10.9.3 树(Tree)

树是表示 App 层次结构项目中列表的一种 UI 组件,可通过属性控制树的外观和行为。树组件的每个顶层节点表示一个文件夹,每个子节点表示一个文件,通过树组件能方便地查看所有节点。MATLAB 的 App 提供了两种树组件,分别是标准树(app.Tree2)和复选框树(app.Tree),用于表示项目的列表和复选框的列表。

语法格式:

```
t = uitree;                 % 在新图形窗口中创建一个标准树,并返回 Tree 对象
t = uitree(style);      % 创建指定样式的树,将 style 指定为 checkbox 以创建复选框树,而不是标准树
t = uitree(parent);      % 在指定的父容器中创建标准树
t = uitree(parent,style);  % 在指定的父容器中创建指定样式的树
```

【例 10-27】 利用脚本编程,创建标准树和复选框树程序。

编程代码如下:

```
fig = uifigure;                                % 创建 App 图形窗口
t1 = uitree(fig,'Position',[200,220,220,100]);  % 在指定位置创建标准树
parent = uitreenode(t1,'Text','数学模型的常用表示方法');
child1 = uitreenode(parent,'Text','微分方程');
child2 = uitreenode(parent,'Text','传递函数');
child3 = uitreenode(parent,'Text','动态结构图');
t = uitree(fig,'checkbox');                    % 在指定位置创建编辑字段树
parent = uitreenode(t,'Text','你常用的建模方法');
child1 = uitreenode(parent,'Text','线性规划');
child2 = uitreenode(parent,'Text','非线性规划');
child3 = uitreenode(parent,'Text','动态规划');
child4 = uitreenode(parent,'Text','多目标规划');
expand(t)
```

运行结果如图 10.87 所示。

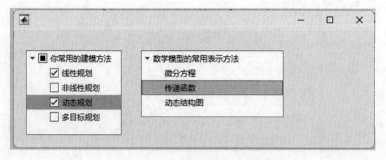

图 10.87　标准树与复选框树

【例 10-28】 利用脚本编程，创建二级树结构。

编程代码如下：

```
fig = uifigure;                                    % 创建 App 图形窗口
lbl = uilabel(fig);
lbl.Text = "基于 MATLAB 中 App 的界面设计导读";      % 添加标题
lbl.FontSize = 28;
lbl.Position = [30 320 500 100];                   % 标题位置
% t = uitree(fig);
 t = uitree(fig,'Position',[60 20 380 320]);       % 树的相对位置
 % Parent Menu 主菜单
n1 = uitreenode(t,"Text","App 基本组件的使用")
n2 = uitreenode(t,"Text","App 仪器组件的使用")
n3 = uitreenode(t,"Text","App 菜单设计的使用")
% Child Menu 子菜单
n11 = uitreenode(n1,"Text","标签、按钮编辑字段");
n12 = uitreenode(n1,"Text","单选按钮组、切换按钮组、复选框、面板与选项卡组件");
n13 = uitreenode(n1,"Text","坐标区和图像组件");
n14 = uitreenode(n1,"Text","列表框与下拉框组件");
n15 = uitreenode(n1,"Text","滑块与微调器组件");
n16 = uitreenode(n1,"Text","表与树组件");
n21 = uitreenode(n2,"Text","信号灯与旋钮组件");
n21 = uitreenode(n2,"Text","直角与半圆仪表组件");
n31 = uitreenode(n3,"Text","菜单设计");
n32 = uitreenode(n3,"Text","对话框设计");
expand(t)
```

运行结果如图 10.88 所示。

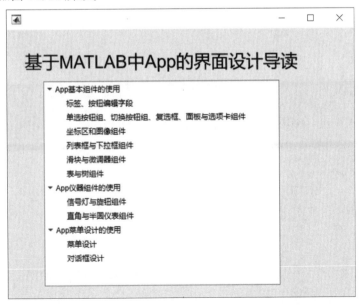

图 10.88 基于 MATLAB 中 App 的界面设计导读

10.10　仪器组件

使用 App 中的仪器组件,可模拟工作间的操作盘进行设计,能实时仿真真实场景,包括设置仪器的显示方式、测试结果、显示曲线、启动方式,可按用户使用情况选择单位和精度。

【例 10-29】　利用仪器组件,创建电控信号监测界面。

操作步骤如下:

(1) 在画布上添加 1 个标签、1 个旋钮、1 个信号灯和 1 个编辑字段(文本),如图 10.89 所示。

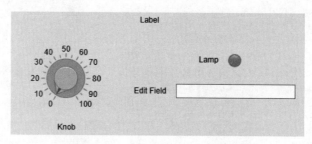

图 10.89　电控信号监测界面组件

(2) 在"组件浏览器"中,修改组件的 Text 属性,包括标题和组件的显示标签。

(3) 选中 Knob(旋钮)组件,在"组件浏览器"中单击"回调"按钮,选择 ValueChanged,编写回调函数代码:

```
function KnobValueChanged(app, event)          % 系统自动提供的旋钮改变事件框架
        value = app.Knob.Value;
    if value >= 240                            % 电压≥240
        app.Lamp.Color = 'red'                 % 信号灯变红色
        set(app.EditField,"value","电压超过预警值")
    elseif value < 200
        app.Lamp.Color = 'yellow'              % 信号灯为黄色
        set(app.EditField,"value","电压低不能正常启动")
    else
        app.Lamp.Color = 'green'               % 恢复信号灯为绿色
        set(app.EditField,"value","电压在正常范围内")
    end
end
```

(4) 单击"运行"按钮,结果如图 10.90 所示。

【例 10-30】　创建一个模拟工作台操作界面,要求:

(1) 滑块到达 80% 时显示提示信息并使信号灯变成红色;

(2) 根据选择频率和设定的偏移量绘制正弦曲线,设角频率变量是 x,则幅度变量 $y = \sin(x + x1)$,其中 $x1$ 为设置的偏移量,如图 10.91 所示。

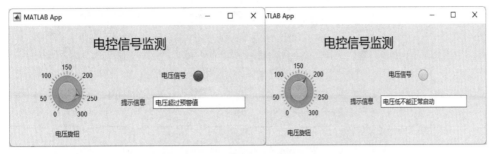

图 10.90　电控信号监测运行结果

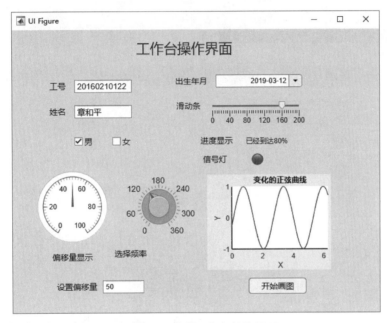

图 10.91　模拟工作台操作界面

操作步骤如下：

（1）在画布上添加 1 个标题标签、2 个编辑字段（文本）和 1 个日期选择器组件，如图 10.92 所示。

（2）选中 Label，在"组件浏览器"中修改其 Text 属性和 FontSize 属性，如图 10.93 所示。

（3）拖动滑块组件到画布合适的区域，在"组件浏览器"中修改其 Text 属性为"滑动条"，并在 limits 属性中修改值为"0,200"，如图 10.94 所示。

（4）继续在画布上依次拖动添加 2 个复选框、2 个标签、1 个信号灯、1 个仪表、1 个旋钮、1 个坐标区、1 个编辑字段和 1 个按钮组件，在"组件浏览器"中修改 Label 为标题，如图 10.95 所示。

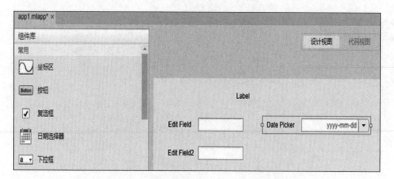

图 10.92　编辑模拟工作台操作界面组件

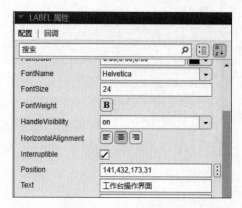

图 10.93　属性设置界面

图 10.94　滑动条编辑

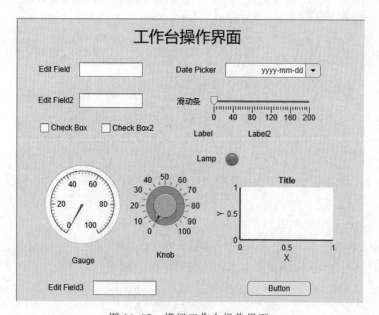

图 10.95　模拟工作台操作界面

（5）选中滑块，在"组件浏览器"中单击"回调"按钮，选择 SliderValueChanged（滑块值改变）事件，如图 10.96 所示。

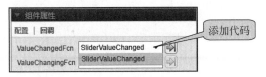

图 10.96　滑块回调函数事件

（6）根据滑块值达到满刻度的 80％时，在图 10.95 上的 Label2 中显示"已经到达 80％"，同时，将信号灯（Lamp）点亮，选中滑块组件，在"组件浏览器"中单击"回调"按钮，选择 ValueChangedFcn，编写回调函数代码：

```
function SliderValueChanged(app, event)
    value = app.Slider.Value;                    % 取滑动条值
    if value == 160                              % 满足给定条件
        app.Label_12.Text = '已经到达 80％';      % 标签显示
        app.Lamp.Color = 'red'                   % 信号灯变红色
    end
end
```

（7）依据图 10.95，在"组件浏览器"中分别修改各个组件的 Text 属性，将 Lamp 修改为"信号灯"，label1 修改为"进度显示"，Gauge 修改为"偏移量显示"，Knob 修改为"选择频率"，Edit Field3 修改为"设置偏移量"，Button 修改为"开始画图"，最终界面如图 10.91 所示。

（8）选中图 10.91 的"开始画图"按钮，在"组件浏览器"中单击"回调"按钮，选择 ButtonPushed，编写回调函数代码：

```
function ButtonPushed(app, event)
    f = app.Knob.Value;                          % 取旋钮的值
    theta = f/180 * pi;                          % 变成弧度
    x = linspace(0,2 * pi,60);                   % 构建横坐标
  app.Gauge.Value = str2num(app.EditField_3.Value);  % 取设置的偏移量
    x1 = app.Gauge.Value;                        % 取偏移量
    y = sin(theta * x + x1);                     % 求正弦输出
    plot(app.UIAxes, x, y,'LineWidth', 0.2);     % 绘图
    end
end
```

（9）单击"运行"按钮，结果如图 10.91 所示。

【例 10-31】　设计一个模拟稳压电源的 App 界面。

操作步骤如下：

（1）在画布上先添加一个选项卡组件，如图 10.97 所示。

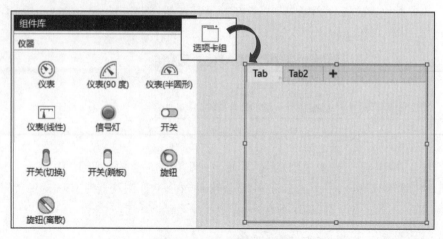

图 10.97　添加列表项数据

(2) 继续添加 1 个仪表(90°)、1 个仪表(半圆形)、1 个仪表(线性)、1 个旋钮、1 个旋钮(离散)、1 个开关和 3 个信号灯组件到画布上,并进行合理布局;在"组件浏览器"中修改组件的 Text 属性,将选项卡标签 Tab 和 Tab2 分别修改为"稳压电源"和"示波器",将其他仪表组件修改为相应的名称,如图 10.98 所示。

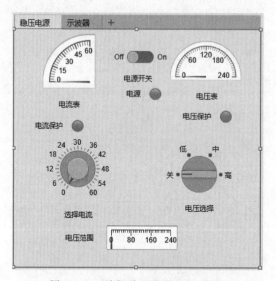

图 10.98　编辑稳压电源 App 界面

(3) 选中"开关"组件,在"组件浏览器"中单击"回调"按钮,选择 TabSizeChanged,编写回调函数代码:

```
Callback function: Switch, Tab
        function TabSizeChanged(app, event)
```

```
            app.Lamp_3.Color = 'red';
        end
```

（4）选中"选择电流"旋钮组件，根据旋钮（默认名称为 app. Knob）的位置改变"电流表"90°仪表（默认名称为 app. Gauge_2）的指针值，依照电流超过 30 时将"电流保护"信号灯（默认名称为 app. Lamp）点亮原则，单击"回调"按钮，选择 ValueChangeFcn（旋钮改变值）事件，编写回调函数代码：

```
function KnobValueChanged(app, event)
value = app.Knob.Value;                    % 取旋钮 app.Knob 的值
    if value >= 30                         % 满足电流表大于或等于 30 的条件
      app.Lamp.Color = 'red'               % 信号灯变红色
        else
      app.Lamp.Color = 'green'             % 恢复信号灯为绿色
    end
```

（5）选中"电压选择"分档旋钮组件（默认名称为 app. Knob-2），根据取值改变"电压表"半圆形仪表（默认名称为 app. Gauge）指针值和"电压范围"线性仪表（默认名称为 app. Gauge_3）指针值，依照分档旋钮达到"高"时，"电压保护"灯（默认名称为 app. Lamp_2）点亮原则，在"组件浏览器"中单击"回调"按钮，选择 Knob-2ValueChanged（分档旋钮改变）事件，编写回调函数代码：

```
function Knob-2ValueChanged(app, event)
    value1 = app.Knob_2.Value;            % 取分档旋钮值
      if value1 == '低'
          app.Lamp_2.Color = 'green'
      app.Gauge.Value = 80
       app.Gauge_3.Value = 80
     elseif value1 == '中'
     app.Gauge.Value = 160
     app.Gauge_3.Value = 160
      elseif value1 == '高'
          app.Gauge.Value = 240
          app.Gauge_3.Value = 240
          app.Lamp_2.Color = 'red'
          else
          app.Gauge.Value = 0
          app.Gauge_3.Value = 0
           app.Lamp_2.Color = 'green'
        end
end
```

（6）单击"运行"按钮，结果如图 10.99 所示。

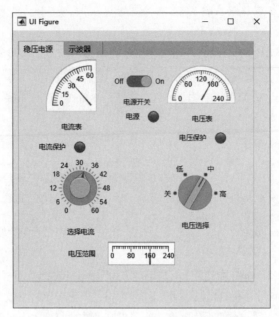

图 10.99　稳压电源 App 的运行界面

10.11　菜单设计

菜单能使操作更加简单易用,用户使用时能对包含的一个或多个项目执行一次或多次操作,菜单设计帮助用户快速找到所需功能。

10.11.1　使用"菜单栏"创建菜单

【例 10-32】　使用菜单栏创建菜单,完成选择绘制多种三维立体图。

操作步骤如下:

(1) 在画布上,拖动"图窗工具"中的"菜单栏"组件,即可建立一个菜单界面,如图 10.100 所示,其中不同位置的"＋"按钮用于增加菜单项,可增加主菜单和子菜单,系统命名是按照 menu、menu1、menu2…扩充,选中其中一项,同时在"组件浏览器"上出现菜单窗口命名,如图 10.100 所示。

(2) 选中不同菜单项,在"组件浏览器"上修改相应的菜单项标签,如图 10.101 所示。

(3) 按照设计要求修改不同的菜单项标签,单击"＋"按钮增加菜单项,如图 10.102 所示。

(4) 设计绘图菜单,修改菜单项标签,如图 10.103 所示。

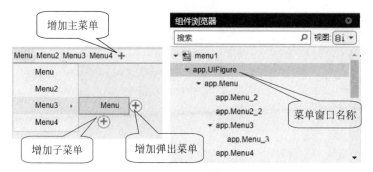

图 10.100　设置下拉菜单属性

图 10.101　设置菜单项标签

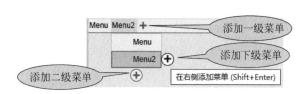

图 10.102　设置添加菜单项

图 10.103　主菜单与子菜单标签

（5）在不同的菜单项上完成指定的任务，编写相应的程序。选中"绘制参数网格图"菜单下的"绘制 $z=x.*\exp(-x.^2 - y.^2)$ 网格图"菜单项，在"组件浏览器"中单击"回调"按钮，选择 Menu_xSelected，编写回调函数代码：

```
function Menu_1Selected(app, event)          % 绘制函数 x.*exp(-x.^2 - y.^2)图
    ax = axes(app.UIFigure);                 % 指定在该菜单界面上绘图
    [x,y] = meshgrid(-2:0.2:2, -2:0.2:2);
    z = x.*exp(-x.^2 - y.^2);
```

```
    surf(ax,x,y,z);
end
```

(6) 按照步骤(5)分别选择"绘制 z=x^4+y^5 网格图""单叶双曲面图"和"变换的柱面图"菜单项,编写回调函数代码:

```
function Menu_2Selected(app, event)              % 绘制函数 x.^4 + y.^5 图
    ax = axes(app.UIFigure);
    x = -4:0.2:4;
    [X,Y] = meshgrid(x,x);
    Z = X.^4 + X.^5;
   mesh(ax, Z);                                  % 添加 ax 的指定位置
end
 function Menu_3Selected(app, event)             % 绘制单叶双曲面图
    ax = axes(app.UIFigure);
    ezsurf(ax,'4 * sec(u) * cos(v)','2. * sec(u) * sin(v)','3. * tan(u)',[-pi./2,pi./2,0,2 * pi]);
    grid (ax,"on");
    grid (ax,"on");
    xlabel(ax,'x 轴');
    ylabel(ax,'y 轴');
    zlabel(ax,'z 轴');
    title(ax,'单叶双曲面');
end
    function Menu_4Selected(app, event)          % 绘制变换的柱面图
    ax = axes(app.UIFigure);
    t = 0:pi/20:2 * pi;
    [x,y,z] = cylinder(2 + sin(t),30);
    surf(ax,x,y,z);
end
```

单击"运行"按钮,结果如图 10.104 和图 10.105 所示。

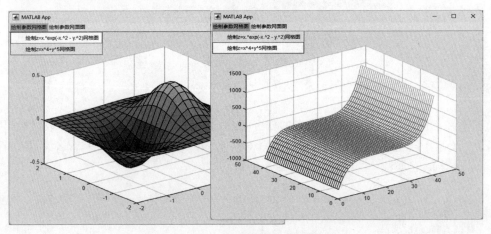

图 10.104　利用菜单绘制网格图

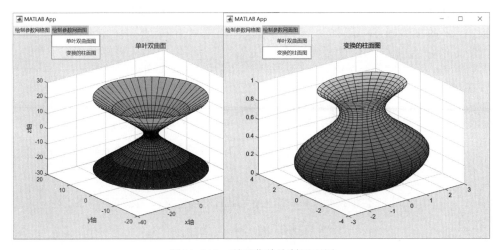

图 10.105　利用菜单绘制网面图

10.11.2　使用"工具栏"创建菜单

【例 10-33】　创建工具栏菜单，根据选项绘制不同图形。

操作步骤如下：

（1）拖动"工具栏"组件到画布上，即可建立一个工具栏菜单界面，单击"＋"按钮增加工具栏菜单项，系统命名是按照 PushTool1、PushTool2、PushTool3…扩充，选中某项，同时在"组件浏览器"上出现该工具栏菜单项属性框，如图 10.106 所示。

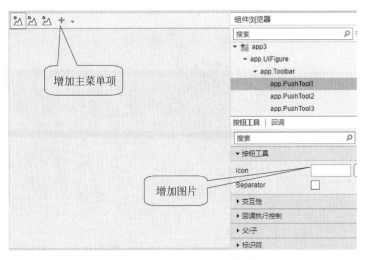

图 10.106　创建工具栏菜单

(2) 选中不同菜单项,在"组件浏览器"上修改相应的菜单项图标,默认的 icon(图形标志)是 3×3 的图片文件,添加 3 项菜单的 icon,选中第 1 项,单击"回调"按钮,选择 PushToolClick,如图 10.107 所示。

图 10.107　设置图片菜单属性

(3) 在打开的代码视图上,编写回调函数代码:

```
ax = axes(app.UIFigure);
a = −30:1:30;                          % 指定绘图区域
b = −30:1:30;
[x,y] = meshgrid(a,b);                 % 设置 x,y 坐标网格坐标
z = atan(x./y);                        % z = argctg(x/y)
plot3(ax,x,y,z)                        % 绘制三维图
grid(ax,"on");
```

(4) 单击工具栏菜单第一项图标,运行结果如图 10.108 所示。

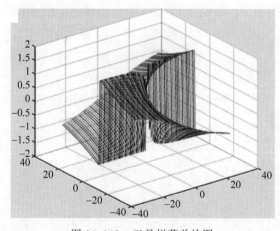

图 10.108　工具栏菜单绘图

(5) 根据操作步骤(2)～(4)分别添加剩余工具栏菜单项绘图的回调函数,即可完成工具栏菜单选择绘制不同的图形。

10.11.3 使用命令创建级联菜单

菜单设计一方面使用 App 设计中提供的菜单栏和工具栏组件,另一方面使用程序命令直接创建。使用程序命令创建菜单与编写程序文件的方法相同,在 MATLAB 主界面选择"新建"→"脚本"命令,在打开的"脚本编辑器"界面中添加代码即可。操作步骤如下:

首先使用命令建立图形窗口,它是创建图形用户界面的"父"容器对象,相当于创建一个空白画布,在其上可添加菜单项,父容器可使用 uifigure 或 figure 函数创建,uifigure 是 App 设计工具使用的图形窗口类型。

(1) 使用 uifigure 函数创建父容器,语法格式如下:

```
直接输入:uifigure;                  % 创建一个图形窗口,所有参数采用默认
直接输入:uifigure(s);               % s 为大于 0 的数值变量,表示第几幅图形
直接输入:uifigure('属性名',属性值);   % 设置父容器的属性
```

例如:

```
handle1 = uifigure('name','样例')    % 表示创建一个标题名为"样例"的图形窗口,并赋
                                     % 给句柄变量 handle1
uifigure('menubar','none')           % 表示创建一个隐藏的图形窗口
```

(2) 使用 uimenu 函数建立一级菜单项,设一级菜单句柄为 handle1,语法格式如下:

```
handle1 = uimenu(图形窗口句柄,属性名 1,属性值 1,属性名 2,属性值 2,…)
```

(3) 使用 uimenu 函数建立子菜单项,设子菜单句柄为 handle2,语法格式如下:

```
handel2 = uimenu(一级菜单项句柄,属性名 1,属性值 1,属性名 2,属性值 2,…)
```

说明:菜单项(uimenu)使用句柄来操作窗口,通过对属性的操作改变图形窗口的形式;在菜单项内添加属性名为 label 或 Text,表示添加菜单项名称,其值为字符串。

例如:创建一个标题名为"样例"、位置坐标为(200,300),宽为 400 和高为 500 的窗口菜单。

```
f1 = uifigure('name','样例','position',[200,300,400,500])     % 建立图形窗口(父容器)f1
m1 = uimenu('Text','一级菜单项');           % 添加一级菜单句柄 m1
mitem = uimenu(m,'Text','子菜单项');        % 添加子菜单句柄 mitem
close(f1)                                   % 关闭图形窗口 f1
```

(4) 使用 callback 属性描述命令的字符串或函数句柄,当选中菜单时,系统将自动执行字符串描述的命令或调用句柄指定的函数,实施相关操作。回调函数的定义格式:

```
function 函数名(src, event)
  ⋮
end
```

(5) 使用 MenuSelectedFcn 函数选定菜单触发回调函数,语法格式如下:

句柄.MenuSelectedFcn = @回调函数名;

例如:使用 MenuSelectedFcn 函数,触发的 importmenu 回调函数代码如下:

```
function importmenu                      % 先创建一个函数(自定义函数名)
    fig = uifigure;                      % 建立父容器(图形窗口)
    m = uimenu(fig,'Text','一级菜单项');
    mitem = uimenu(m,'Text','子菜单项');
    mitem.MenuSelectedFcn = @MSelected;  % 触发回调函数
    function MSelected(src,event)         % 被触发的函数需要添加(src,event)
        pie3([300,456,872,123]);
    end
end
```

(6) 使用 Checked 属性设置菜单复选标记指示器,属性值为 on/off(逻辑值),使用方法:

菜单复选标记指示符,指定为 'off' 或 'on',或者指定为数值或逻辑值 1(true)或 0(false)。'on' 等效于 true,'off' 等效于 false,当属性设置为 on 时,会在相应菜单项旁边放置一个复选标记,设置为 off 可移除复选标记,此功能显示启用或禁用应用程序功能的菜单项状态。

【例 10-34】 利用脚本编写程序完成菜单设计,使用 MenuSelectedFcn 调用回调函数,完成标准二阶系统阶跃响应绘图,并保存文件为 menu1.m。二阶标准传递函数为:

$$G(s) = \frac{\omega_n^2}{s^2 + 2\xi\omega_n s + \omega_n^2}$$

其中:$\omega_n = 1$,ξ 为 0.15、1、2,分别代表欠阻尼、临界阻尼和过阻尼。

编程代码如下:

```
function plotsys
fig = uifigure;
ax = uiaxes(fig);
m = uimenu(fig,'Text','& 绘制阶跃曲线');        % 建立一级菜单句柄
mitem1 = uimenu(m,'Text','标准二阶系统欠阻尼情况','Checked','on');        % 建立二级菜单句柄
mitem2 = uimenu(m,'Text','标准二阶系统临界阻尼情况','Checked','on');
mitem3 = uimenu(m,'Text','标准二阶系统过阻尼情况','Checked','on');
mitem1.MenuSelectedFcn = @S1;                  % 调用菜单函数 S1
mitem2.MenuSelectedFcn = @S2;
mitem3.MenuSelectedFcn = @S3;
    function S1(src,event)                     % 标准二阶系统欠阻尼情况
        cla(ax);
        G = tf(1,[1,0.3,1]);
        step(ax,G);
        grid(ax,"on");
```

```
        end
    function S2(src,event)                           % 标准二阶系统临界阻尼情况
        cla(ax);
            G = tf(1,[1,2,1]);
            step(ax,G);
            grid(ax,"on");
        end
    function S3(src,event)                           % 标准二阶系统过阻尼情况
        cla(ax);
            G = tf(1,[1,4,1]);
            step(ax,G);
            grid(ax,"on");
            end
        end
    end
```

运行菜单,分别调用"标准二阶系统欠阻尼情况"和"标准二阶系统临界阻尼情况",效果如图 10.109 所示。

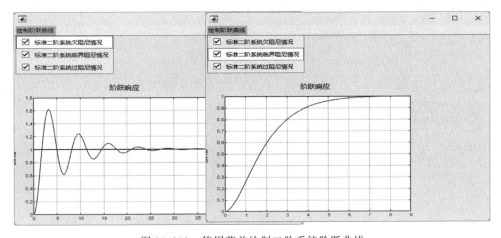

图 10.109　使用菜单绘制二阶系统阶跃曲线

【例 10-35】　利用脚本编写程序完成菜单设计,使用 callback 直接调用命令字符串,完成绘图选项,并保存文件为 menu2.m。绘图包括绘制二维图、三维图,绘图函数见代码。
编程代码如下:

```
figure('menubar','none')
h1 = uimenu(gcf,'label','画平面图');   % 定义一级菜单
hm1 = uimenu(h1,'label','画出正弦曲线','callback',['cla;','plot(sin(0:0.01:2 * pi));'])
hm1 = uimenu(h1,'label','画出圆','callback',['cla;','ezplot(''sin(x)'',''cos(y)'',[ - 4 * pi,4 *
pi]);'])
h2 = uimenu(gcf,'label','画三维图');   % 定义一级菜单
hm2 = uimenu(h2,'label','画 n = 30 的球','callback',['cla;','sphere(30);'])
hm3 = uimenu(h2,'label','画个山峰网面图','callback',['cla;','peaks(30);'])
h3 = uimenu(gcf,'label','画立体图');   % 定义一级菜单
```

```
hm4 = uimenu(h3,'label','单叶双曲面','callback',['cla;','p'])        % p 代表函数文件
hm4 = uimenu(h3,'label','双曲抛物面','callback',['cla;','p1'])       % p1 代表函数文件
```

% p.m 文件

```
function p()
 ezsurf('4 * sec(u) * cos(v)', '2. * sec(u) * sin(v)','3. * tan(u)',[ - pi./2,pi./2,0,2 * pi]);
 axis equal;grid on;xlabel('x 轴');
ylabel('y 轴');
zlabel('z 轴');title('单叶双曲面');
end
```

% p1.m 文件

```
function p1()
[X,Y] = meshgrid( - 7:0.1:7);
Z = X.^2./9. + Y.^2./6;
meshc(X,Y,Z);view(85,20)
axis('square');xlabel('x 轴');ylabel('y 轴');
zlabel('z 轴');title('双曲抛物面')
end
```

运行菜单,分别调用"画出圆"和"双曲抛物面",效果如图 10.110 所示。

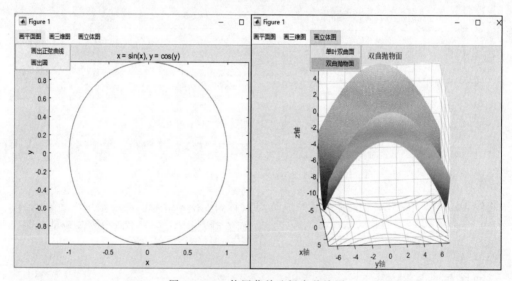

图 10.110　使用菜单选择多种绘图

10.11.4　使用命令创建下拉框菜单

创建下拉框菜单常配合网格布局管理器使用,这样可设定菜单沿一个不可见网格的行和列定位 UI 组件。

（1）使用 uidropdown 函数在图形窗口中创建一个下拉框菜单，需要先使用 uifigure 函数创建一个图形窗口（简称图窗），创建的下拉框菜单可以在任意位置单击打开，语法格式如下：

```
fig = uifigure;                      % 创建图窗,fig 为图窗句柄
dd = uidropdown                      % 默认在创建的图窗中创建下拉框菜单
dd = uidropdown(parent)              % 在指定父容器中创建下拉框菜单.父容器可以是使用 uifigure 函数
                                     % 创建图窗,dd 为下拉框句柄
dd = uidropdown(parent,Name,Value)   % Name,Value 分别是属性名和属性值,可以是一对,也可
                                     % 以是多对
```

（2）使用 uigridlayout 函数可对下拉框菜单进行网格布局，它是在创建图形窗口的基础上，建立 2×2 网格布局，并返回一个表格位置（Layout）对象，语法格式：

```
g = uigridlayout(parent)     % 创建网格布局句柄 g,parent(父容器)是 uifigure 函数创建的图形窗口
```

说明：若创建了句柄 g，可使用 g.ColumnWidth 和 g.RowHeight 指定列宽和行高，其值一般使用元胞数组、字符数组或数值数组设定（例如 ["1x" "2x" "1x"]或[100 200 50]），MATLAB 自动将行高和列宽设置为 '1x'，'1x'表示可变，此时，当父容器调整大小时，行高、列宽将跟随变化；若设定行高、列宽为数值数组，则为固定值，不随父容器改变。

例如，创建一个图窗和 1×2 网格，左列具有 150 像素的固定宽度，而右列具有可变宽度，生成两个下拉菜单的设置方法如下：

```
fig = uifigure;
grid1 = uigridlayout(fig,[1 2]);
grid1.ColumnWidth = {150,'1x'};      % 可变列宽
grid1.RowHeight = {30,30}            % 建立 2 个下拉框菜单,行高为 30
dd = uidropdown(grid1);              % 建立下拉框菜单 1
dd = uidropdown(grid1);              % 建立下拉框菜单 2
dd.Layout.Row = 1;                   % 设置第 2 个下拉框菜单的位置
dd.Layout.Column = 2;
```

运行结果如图 10.111 所示。

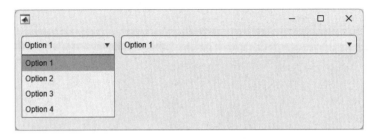

图 10.111　默认下拉框菜单选项

【例 10-36】　使用脚本编辑器编写下拉框菜单程序，并根据选项绘制三种图形。三种图形函数分别为：

(1) $x = \cos(s + t)$

  $y = \sin(s + t)$ $(-\pi \leqslant x, y \leqslant \pi)$

  $z = \sin(s) * \cos(t)$

(2) $z = (x.^2/4^2 - y.^2/5^2);$ $(-8 \leqslant x, y \leqslant 8)$

(3) $z = x.^2 - y.^2$ $(0 \leqslant x, y \leqslant 5)$

编程代码如下：

```
fig = uifigure;                              % 建立图窗
fig.Name = "下拉框菜单";                       % 图窗标题
gl = uigridlayout(fig);                      % 使用表格布局 UI
gl.RowHeight = {30,'1x'};                    % 设定表格行高和列宽
gl.ColumnWidth = {80,'1x'};                  % 设定表格列宽
lbl = uilabel(gl);                           % 设计菜单标题
dd = uidropdown(gl);                         % 设定菜单
ax = uiaxes(gl);                             % 设定坐标轴
ax.Layout.Row = 2;                           % 设定表格行数
ax.Layout.Column = 2;                        % 设定表格列数
% 创建菜单项
lbl.Text = "选择绘图选项:";                     % 菜单标签
dd.Items = ["绘制函数曲面图" "函数幕布网格图" "函数等高线图"];       % 菜单项
dd.ValueChangedFcn = {@changePlotType,ax};   % 调用函数实现菜单功能
function changePlotType(src,event,ax)        % 建立绘图函数
 type = event.Value;
  switch type
    case "绘制函数曲面图"
     % mesh(ax,sphere);
     syms s t;
     x = cos(s + t);
     y = sin(s + t);
    z = sin(s) * cos(t);
    fsurf(ax,x,y,z,[- pi,pi]);
    grid(ax,"on");
    case "函数幕布网格图"
     x = - 8:8;y = x;
    [X,Y] = meshgrid(x,y);
    Z = (X.^2/4^2 - Y.^2/5^2);
    meshz(ax,X,Y,Z)
    grid(ax,"on");
    case "函数等高线图"
    n = 11
t = linspace(0,5,n);
[x,y] = meshgrid(0:0.5:5);
z = x.^2 - y.^2;
meshc(ax,x,y,z);
grid(ax,"on");
```

```
        end
    end
```

下拉框菜单程序,运行结果如图 10.112 所示。

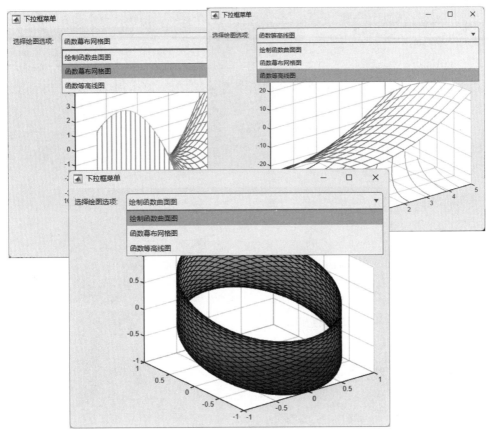

图 10.112　采用下拉框绘图

10.11.5　使用命令创建上下文菜单

上下文菜单是右击图形窗体弹出的菜单,该菜单出现的位置是不固定的,且总和某个图形对象相联系。在 MATLAB 中,可以使用三种方法建立上下文菜单:

(1) 利用 uicontextmenu 函数建立上下文菜单。

利用 uicontextmenu 函数和图形对象的 UIContextMenu 属性建立上下文菜单,格式为:

```
hc = uicontextmenu        % 建立上下文菜单,并将句柄值赋给变量 hc
```

（2）利用 uimenu 函数为上下文菜单建立菜单项。

其格式为：

uimenu('上下文菜单名',属性名,属性值,…);

功能：为创建的上下文菜单赋值，其中属性名和属性值构成属性二元对象。

例如：uimenu('Text','选项1');

　　　uimenu('Text','选项2');

上下文菜单必须在 uifigure 函数下创建图窗子级，显示时必须至少有一个用 uimenu 函数创建的菜单项。

（3）利用回调函数 Callback 实现菜单功能。

【例 10-37】 利用脚本编程，创建上下文菜单。

编程代码如下：

```
fig = uifigure;
fig.Name = "创建上下文菜单";                        % 图窗标题
ax = uiaxes(fig);
hc = uicontextmenu(fig);
m1 = uimenu(hc,'Text','绘制山峰网格图','Callback','mesh(ax,peaks)');
m2 = uimenu(hc,'Text','绘制山峰网面图','Callback','surf(ax,peaks)');
m3 = uimenu(hc,'Text','绘制球体网格图','Callback','mesh(ax,sphere)');
fig.ContextMenu = hc;
```

运行结果如图 10.113 所示。

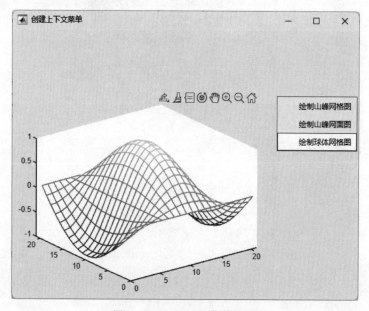

图 10.113　上下文菜单绘图

【例 10-38】　利用图窗工具,创建一个绘制多种图形的上下文菜单,并实现下面 4 个函数的曲面显示。

(1) $z=f(x,y)=x^2+2y^2$; (2) $z=f(x,y)=x^2-y^2$; (3) $z=\dfrac{\sin(\sqrt{x^2+y^2})}{\sqrt{x^2+y^2}}$;

(4) $f(x,y)=3(1-x)^2\mathrm{e}^{-x^2-(y+1)^2}-10\left(\dfrac{x}{5}-x^3-y^5\right)\mathrm{e}^{-r^2-y^2}-\dfrac{1}{3}\mathrm{e}^{-(x+1)^2-y^2}$。

操作步骤如下:

(1) 拖动"图窗工具"中的"上下文菜单"组件到画布,出现上下文菜单 Menu 和 Menu2,并自动弹出"创建上下文菜单并将其分配给 app.UIFigure"的提示,如图 10.114 所示。

图 10.114　拖动上下文菜单

(2) 双击 Menu 组件并移动到中心,可单击"+"按钮增加纵向和横向菜单项,且在右侧"组件浏览器中"中的"Text"属性中修改菜单名称,如图 10.115 所示。

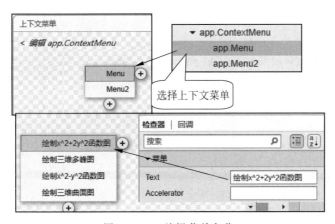

图 10.115　编辑菜单名称

(3) 拖动 1 个标签(作为标题)和 4 个坐标区组件到画布中,并修改标题文字及坐标区标题,如图 10.116 所示。

(4) 单击"回调"按钮,选择 MenuSelected(菜单选择)事件,打开代码视图,编写程序:

```
function x22y2MenuSelected(app, event)          % 绘制 x² + 2y² 函数图
```

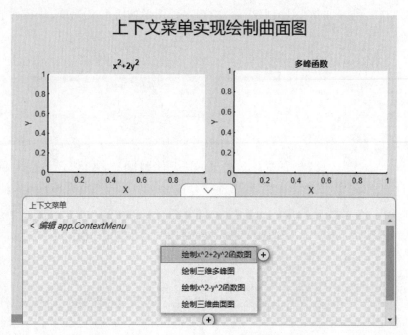

图 10.116　编辑坐标及标题

```
xx = linspace( - 1,1,50);
yy = linspace( - 2,2,100);
[x,y] = meshgrid(xx,yy);
z = x.^2 + 2 * y.^2;
plot3(app.UIAxes,x,y,z);
end
function Menu_2Selected(app, event)          % 绘制多峰函数图
    plot(app.UIAxes2,peaks);
end
function Menu_4Selected(app, event)          % 绘制 sin(sqrt(x² + y²)/x² + y²)函数图
x = - 10:0.5:10
[x,y] = meshgrid(x);
R = sqrt(x.^2 + y.^2);
z = sin(R)./R;
plot3(app.UIAxes4,x,y,z);
end
function x2y2MenuSelected(app, event)        % 绘制 x² - y² 函数图
x = - 10:0.1:10
[xx,yy] = meshgrid(x);
zz = xx .^2 - yy .^2;
plot3(app.UIAxes3,xx,yy,zz);
end
```

(5) 单击"运行"按钮,在画布空白处右击,出现上下文菜单,分别单击4个菜单项,运行

结果如图 10.117 所示。

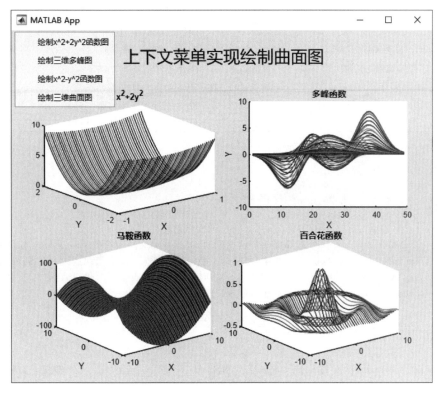

图 10.117　上下文菜单运行结果

10.12　对话框设计

对话框一般是在 UI 中发生人-机交互时弹出的窗口,常用于信息提示、信息确认等。

10.12.1　对话框操作

1. 对话框常用函数

对话框常用函数如表 10.13 所示。

表 10.13　对话框常用函数

函 数 名 称	功　　能
uialert	创建警告对话框
uiconfirm	创建确认对话框
uiprogressdlg	创建进度对话框

函 数 名 称	功　　能
uisetcolor	设置对话框颜色
uigetfile	打开文件对话框
uiputfile	保存文件对话框
uigetdir	选择对话框打开的路径
uiopen	将打开的文件对话框加载到工作区中
uisave	打开保存工作区变量的对话框

2. 对话框的编辑

打开文件对话框的函数 uigetfile 的语法格式：

```
uigetfile;                % 弹出打开文件对话框,列出当前文件夹下所有.m文件
uigetfile('FS') ;         % 弹出打开文件对话框同时,列出当前文件夹下的所有由FS指定类型的文件
uigetfile('FS','dlgname') ;      % 弹出打开文件对话框同时,设置打开文件对话框的标题dlgname
uigetfile('FS','dlgname',x,y) ;  % 弹出打开文件对话框同时,确定打开文件对话框的位置,即x,y坐标
[fname,pname] = uigetfile(…) ;   % 返回打开文件的文件名和路径
```

例如：打开一个.m文件,获得文件名和路径。
编程代码如下：

```
[filename, pathname] = uigetfile('*.m', 'Myfile');    % 打开Myfile文件夹下的所有.m文件
if isequal(filename,0)
disp('用户选择终止')
else
disp(['用户选择', fullfile(pathname, filename)])
end
```

3. 对话框颜色设置

颜色设置函数 uisetcolor 的语法格式：

```
c = uisetcolor(hcolor,'dlgname')     % hcolor可以是一个图形对象的句柄,或一个三色RGB矢量,
                                     % dlgname为颜色设置对话框的标题
```

4. 字体设置对话框

字体设置函数 uisetfont 的语法格式：

```
uisetfont;                % 打开字体设置对话框,返回所选择字体的属性
uisetfont(h) ;            % h为图形对象句柄,设置h指定对象的字体属性
uisetfont(S) ;            % S为字体属性结构变量,S中包含的属性有FontName、FontUnits、
                          % FontSize、FontWeight、FontAngle,返回重新设置的属性值
uisetfont(h,'dlgname') ;  % 同时, 由dlgname设置对话框的标题
```

```
S = uisetfont( … ) ;                    % 返回字体属性值,保存在结构变量 S 中
```

5. 保存文件对话框

保存文件对话框函数 uiputfile 的语法格式:

```
uiputfile;                    % 弹出保存文件对话框,列出当前文件夹下所有.m 文件
uiputfile('IFile') ;          % 弹出保存文件对话框同时,列出当前文件夹下所有由'IFile'指定
                              % 类型的文件
uiputfile('IFile','dlgname') ; % 弹出保存文件对话框同时,设置保存文件对话框的标题为 dlgname
uiputfile('IFile','dlgname',x,y) ;  % 弹出保存文件对话框同时,确定保存文件对话框的位置为 x,y
[fname,pname] = uiputfile( … ) ;% 返回保存文件的文件名和路径
```

6. 预览/打印对话框

(1) 预览对话框函数 printpreview 的语法格式

```
printpreview;                 % 打印预览当前图形窗口
printpreview(f) ;             % 打印预览指定句柄为 f 的图形窗口
```

(2) 打印对话框函数 printdlg 的语法格式

```
printdlg;                     % 打印当前打开的 Windows 窗口
printdlg(h) ;                 % 打印句柄为 h 的图形窗口
```

10.12.2 专用对话框

MATLAB 除了使用公共对话框外,还提供了一些专用对话框,包括错误信息对话框、帮助对话框、信息提示对话框、警告信息对话框等。

1. 错误信息对话框

错误信息函数 errordlg 的语法格式:

```
errordlg;                           % 打开默认的错误信息对话框
errordlg('errorstring') ;           % 打开由 errorstring 指定的错误信息对话框
errordlg('errorstring','dlgname') ; % 同时,由 dlgname 指定对话框标题
errordlg('errorstring','dlgname','on') ; % 同时,添加 on 表示将对话框显示在最前端
h = errodlg( … ) ;                  % 返回对话框句柄 h
```

2. 帮助对话框

帮助信息函数 helpdlg 的语法格式:

```
helpdlg;                            % 打开默认的帮助对话框
```

```
helpdlg('helpstring') ;                          % 打开指定 help string 信息的帮助对话框
helpdlg('helpstring','dlgname') ;                % 同时,由 dlgname 指定对话框标题
h = helpdlg(…) ;                                 % 返回对话框句柄
```

3. 输入对话框

输入信息函数 inputdlg 的语法格式:

```
answer = inputdlg(prompt) ;                       % 打开输入对话框,prompt 为自定义输入框的提示信
                                                  % 息,answer 为存储输入数据的单元数组
answer = inputdlg(prompt, dlgname) ;              % 同时,由 dlgname 确定对话框的标题
answer = inputdlg(prompt, dlgname,lineNo) ;
```

其中:lineNo 可以是标量、列矢量或 m×2 阶矩阵,若为标量,表示每个输入框的行数均为 lineNo;若为列矢量,则每个输入框的行数由列矢量 lineNo 的每个元素确定;若为矩阵,每个元素对应一个输入框,每行第一列为输入框的行数,第二列为输入框的宽度。

```
answer = inputdlg(prompt, dlgname,lineNo,defAns) ;
```

其中:defans 为一个单元数组,存储每个输入数据的默认值,元素个数必须与 prompt 所定义的输入框相同,所有元素必须是字符串。

```
answer = inputdlg(prompt, dlgname,lineNo,defAns,Resize) ;    % resize 取值 on/off,确定输入框
                                                             % 的大小能否被调整
```

4. 列表选择对话框

列表选择对话框函数 listdlg 的语法格式:

```
[selection,ok] = listdlg(prompt,'SelectionMode', 'ListString','ListSize','Name', 'OKString',
'CancelString');
```

其中:selection 为输出参数,存储所选择的列表项索引号,ok 为选项序号;prompt 为列表提示信息;SelectionMode 为模式选择,取值 single/multiple(默认值)为选定的列表框项目,当设置为 single 时,指定为标量索引值,当设置为 multiple 时,指定为索引向量。索引指示当对话框打开时,列表框中的哪些行处于选中状态;ListString 为字符数组表示列表项;ListSize 为列表框大小(以像素为单位),使用[width height]表示;Name 为对话框标题;如果 InitialValue 设置为 3,则当对话框打开时,列表中上起第三个项目处于选中状态;OKString 为确定按钮;CancelString 为取消按钮;除 Liststring 属性外,其他均为可选项。

【例 10-39】 建立一个选择绘图列表对话框。

编程代码如下:

```
str = {'示例内容';'绘制二维图形';'绘制三维图形';'绘制网格图';'绘制网面图'};    % 指定列表项
```

```
[selection,ok] = listdlg('PromptString','选择一种绘图:','SelectionMode','single', 'ListString',
str,'OKString','确认','CancelString','重置')
if ok == 1
    msgbox("你单击了确定按钮")
else
    msgbox("你单击了重置按钮")
end
```

单击"确定"按钮,结果如图 10.118 所示。

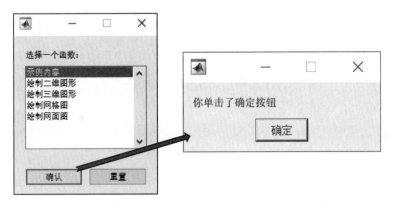

图 10.118　列表设计结果

5. 信息提示对话框

信息提示函数 msgbox 的语法格式:

```
msgbox(message);                       % 打开信息提示对话框,显示 message 信息
msgbox(message,dlgname);               % 同时,dlgname 确定对话框标题
msgbox(message, dlgname,'icon');
```

其中,icon 用于显示图标,图标显示含义如表 10.14 所示。

表 10.14　icon 图标含义

值	图　　标	说　　　明
none		无图标,默认值
error	❗	错误图标
help	ℹ️	帮助图标
warn	⚠️	警告图标
custom		用户定义图标

```
msgbox(message, dlgname,'custom',icondata,iconcmap);
```

其中：当用户定义图标时，iconData 为定义图标的图像数据，iconCmap 为图像的色彩图。

```
msgbox(…,'creatmode');                    % 创建模式选择信息框
```

其中：createmode 是 non-modal(非模式)，指定参数创建一个新的非模态消息框，若存在相同标题消息框，则继续保留；modal(模式)为指定参数创建模态对话框，替换最近创建的或单击过具有相同标题的消息框；replace(替代)指定参数用非模态消息框替换最近创建或单击过具有指定标题的消息框，MATLAB 将删除其他所有具有相同标题的消息框，被替代的消息框可以是模态消息框，也可以是非模态消息框。

```
h = msgbox(…);                            % 返回对话框句柄
```

【例 10-40】 建立一个信息提示框并加入颜色阵图标。

编程代码如下：

```
data = 1:64;                              % 64 种颜色
data = (data.*data)/64;                   % 设置色彩图
h = msgbox('这是一个信息对话框!','用户定义图标','custom',data,hot(64))
                                          % 创建颜色图标信息提示对话框
waitfor(h)                                % 阻止下面语句执行,直到指定对象被关闭(删除)
myicon = imread("box.png");               % 添加图片图标
msgbox("安装已经结束","安装","custom",myicon);    % 创建图片提示对话框
```

运行结果如图 10.119 所示。

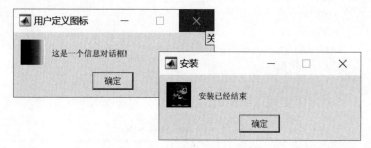

图 10.119 信息提示对话框

6. 问题提示对话框

问题提示函数 questdlg 的语法格式：

```
button = questdlg('qstring');             % 打开问题提示对话框,它有 Yes、No 和 Cancel 三个
                                          % 按钮,questdlg 为提示信息
button = questdlg('qstring','dlgname');   % dlgname 确定对话框标题
button = questdlg('qstring''dlgname','default');    % default 必须是 Yes、No 或 Cancel 之一
button = questdlg('qstring','dlgname','str1','str2','default');
```

其中：打开问题提示对话框，有二个按钮，分别由 str1 和 str2 字符串确定，default 必须是 str1 或 str2 之一。

```
button = questdlg('qstring', 'dlgname','str1','str2','str3','default');
```

其中：打开问题提示对话框，有三个按钮，分别由 str1、str2 和 str3 字符串确定，default 必须是 str1，str2 或 str3 之一。

例如：建立三个按钮的问题提示对话框。

在命令窗口的"＞＞"的提示符下键入一行命令如下：

```
>> h = questdlg('需要建立一个问题提示对话框','问题提示','继续','暂停','中断','暂停')
```

运行结果如图 10.120 所示。

7. 等待条

显示等待条函数 waitbar 的语法格式：

```
h = waitbar(x,'dlgname') ;          % 创建等待条信息对话框
```

图 10.120　问题提示对话框显示结果

其中：x 取值 0~1，表示等待条比例长度，dlgname 指定对话框标题，h 为返回的等待条对象句柄。

```
waitbar(x,'dlgname','CreatCancelBtn','button_callback') ;          % 创建等待条信息对话框
```

其中：CreatCancelBtn 创建一个撤销按钮，在进程中按下撤销按钮将调用 button_callback 函数。

```
waitbar(…,property_name,property_value,…) ;          % property_name 定义的参数值由
                                                      % property_value 指定
```

【例 10-41】　建立一个等待条对话框，设置 3 段分别显示调用、处理和完成信息。

编程代码如下：

```
function waitbar1
f = waitbar(0,'请等待...');                    % 等待条开始
pause(1)                                        % 设置等待时间 1s
waitbar(.33,f,'正在调用数据...');               % 等待条开始到 33% 处
pause(1)
waitbar(.67,f,'正在处理数据...');               % 等待条开始到 67% 处
pause(1)
waitbar(1,f,'处理结束');                        % 等待条结束
pause(1)
close(f)                                        % 关闭等待条
end
```

运行结果如图 10.121 所示。

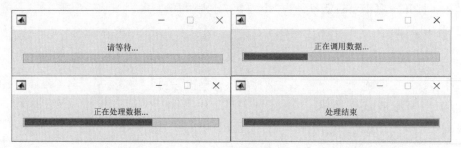

图 10.121 等待条显示

8. 警告信息对话框

提示警告信息函数 warndlg 的语法格式：

```
h = warndlg('warningstring','dlgname')              %打开警告信息对话框
```

其中：显示指定 warningstring 信息，dlgname 确定对话框标题，h 为返回对话框的句柄。

【例 10-42】 建立 4 种对话框并进行显示。

编程代码如下：

```
errordlg('输入错误,请重新输入','错误信息');
helpdlg('帮助对话框', '帮助信息');
warndlg('商场的所有地方不能吸烟','警告信息');
prompt = {'请输入你的名字','请输入你的年龄'};
title = '信息';
lines = [2 1]';
def = {'卓玛尼娅','35'};
answer = inputdlg(prompt,title,lines,def);
```

对话框显示效果如图 10.122 所示。

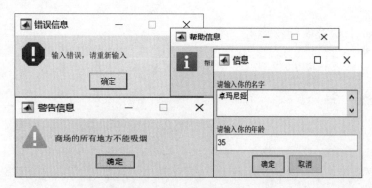

图 10.122 对话框显示

10.12.3　创建标准对话框

1. 打开文件对话框

语法格式：

```
[FileName,PathName,FilterIndex] = uigetfile(FilterSpec,dlgname,DefaultName)
```

其中：Filename 为打开的文件名；PathName 为文件所在路径名；FilterIndex 为设置文件类型，可设置一种或多种文件类型；dlgname 指定对话框的标题；DefaultName 为默认指向的文件名。

2. 保存文件对话框

语法格式：

```
[filename ,pathname] = uiputfile(FilterIndex,dlgname);
```

其中：filename 为获取保存数据的名称；pathname 为获取保存数据路径；FilterIndex 为设置保存文件类型；dlgname 指定对话框的标题。

3. 颜色设置对话框

语法格式：

```
c = uisetcolor;                    % 打开颜色设置对话框
c = uisetcolor([r g b])            % 打开指定颜色设置对话框,其中 r、g、b 取值为 0~1
c = uisetcolor(h)                  % 打开指定句柄为 h 的颜色设置对话框
c = uisetcolor(...,'dlgname')或 c = uisetcolor(c0);      % 添加颜色设置对话框标题
```

例如：打开指定蓝色设置对话框。
在命令窗口的"＞＞"的提示符下输入下面的一行命令：

```
>> uisetcolor([0,0,1],'选择一个颜色')
```

运行结果如图 10.123 所示。

4. 字体设置对话框

语法格式：

```
h = uisetfont(h,dlgname);          % h 为改变的字符句柄,dlgname 指定对话框标题
```

例如：打开字体设置对话框。

在命令窗口">>"提示符下,输入下面的一行命令:

```
>> uisetfont('选择字体设置')
```

运行结果如图 10.124 所示。

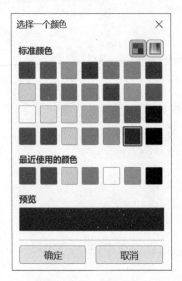

图 10.123　指定蓝色

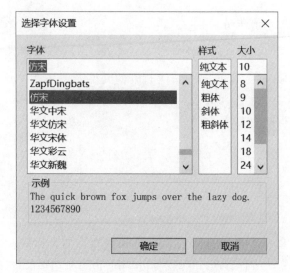

图 10.124　选择字体

【例 10-43】　列表选择对话框与信息对话框的混合设计。

编程代码如下:

```
str = {'工业自动化','信息通信工程','机械与车辆工程'};              % 设置列表项
[s,v] = listdlg('PromptString','双击选择图形格式','SelectionMode','single','ListString',str,
'Name','专业选择列表','InitialValue',1,'ListSize',[230,100]);
imgExt = str{s};
if s == 1
   msgbox("你选择的是工业自动化");
end
if s == 2
   msgbox("你选择的是信息通信工程");
end
if s == 3
   msgbox("你选择的是机械与车辆工程");
end
```

分别选择第一项和第三项,结果如图 10.125 所示。

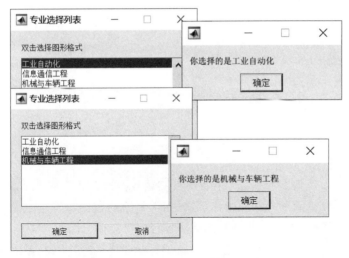

图 10.125　二种对话框混合设计

借助 MATLAB 提供的高效数值计算和绘图功能,使得各类复杂的计算问题变得非常简单,采用工具箱的数值计算函数及多样化图形处理函数,能够实现计算结果和编程的可视化。因此,MATLAB 的数学建模不仅应用非常广泛,还提高了数学建模的效率与精度。本章根据自动控制理论中常用的力学、电学、液位等实际问题,对电机、倒立摆、RLC 谐振电路及液位系统进行了传递函数的建模推导及 MATLAB 编程实现。

11.1 建立数学模型概述

建立数学模型(建模)就是把实际问题经过分析、抽象、概括,用数学语言概念、数学符号或图形表述成数学问题,目的是使用数学理论及算法解决应用问题。由于数学建模是一种比较复杂的创造性活动,目前不仅有全国及美国大学生数学建模竞赛,同时各个大学也定期开展数学建模比赛。MATLAB 在数学建模中经常应用的函数库包括数据处理(数据预处理、数值计算、数据拟合)、绘制图形、模型预测、深度学习和机器学习等。

11.1.1 建模的作用

1. 建模的意义

建模的意义包括分析与设计、预报与决策、控制与优化、规划与管理等。例如:描述生物多样性时空分布新数学模型,有效地描述了不同时空菌群多样性的三维动态变化,用于探索环境微生物菌群动态对于人们健康的影响。还有近年对新型冠状病毒的监测,建立基于新型冠状病毒感染初期累计感染病例数、分布地区的数学模型,可帮助国家防疫部门采取一定的有效措施,建立力学、电学的数学模型可对其进行不同算法的控制。

建模主要用于分析和设计,在工程上分析设计一个新系统时,通常先进行数学仿真和物理仿真实验,最后再到现场作实物实验。数学仿真比物理仿真简单、易行。用数学仿真分析和设计一个实际系统时,必须有一个描述系统特征的数学模型,建模与实际问题的关系如图 11.1 所示。

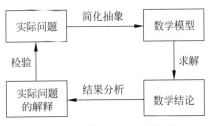

图 11.1　建模与实际问题的关系

2. 什么是建模

建立描述性能过程的数学模型称为建模,即凡是用模型描述系统的因果关系或相互关系的过程都属于建模。为了理解事物变化过程,对其做出一种抽象的无歧义书面描述,称为模型化。建模是研究系统的重要手段和前提,通过对数学模型进行求解,再根据结果去解决实际问题。

例如:针对倒立摆的控制系统,首先要了解问题的实际背景,明确建模目的,搜集倒立摆电机反电势常数、电枢电路电阻、摆杆质量、长度信息等各种信息,弄清对象的特征,才能达到控制效果,应进行的步骤为:

(1) 搭建对象(倒立摆)控制系统实物,如图 11.2 所示。

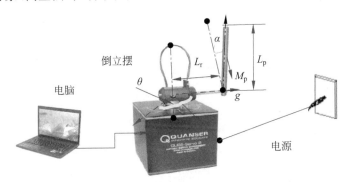

图 11.2　倒立摆控制系统实物

(2) 分析控制系统的组成元素,查找生产商的说明书,了解电机各个物理量参数,倒立摆控制系统组成框图如图 11.3 所示。

(3) 使用控制算法优化控制该系统,必须建立倒立摆的数学模型,要让计算机理解问题是什么,就需要建立现实问题的数学模型,否则一切算法无法实现。若建立了被控对象(倒

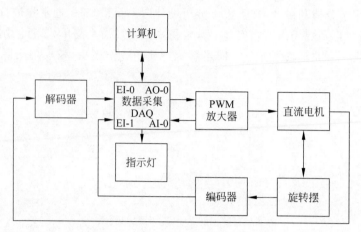

图 11.3　倒立摆控制系统组成框图

立摆对象)的数学模型,才能使用计算机作为控制器,添加各种控制算法,包括传统的 PID、模糊控制、神经网络控制、自适应控制方法,控制倒立摆的起摆、稳摆等。PID 闭环控制系统如图 11.4 所示。

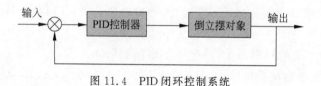

图 11.4　PID 闭环控制系统

3. 建模的条件

数学模型是实际事物的一种数学简化,它以某种意义上接近实际事物的抽象形式存在,但又和真实的事物有着本质的区别。建立数学模型是沟通实际问题与数学工具之间联系的一座必不可少的桥梁。一个理想的数学模型,应尽可能满足以下两个条件:

(1) 模型的可靠性:在误差允许范围内,能正确反映客观实际;

(2) 模型的可解性:模型能够通过数学计算,得到可行解。

一个实际问题往往很复杂的,影响因素也有很多,要解决实际问题,就要将实际问题抽象简化、合理假设,确定变量和参数,建立合适的数学模型并求解。模型的可靠性和可解性通常互相矛盾,一般总是在模型可解性的前提下力争较满意的可靠性。

4. 数学模型的常用表示方法

时域中常使用的数学模型用微分方程(连续)、差分方程(离散)表示;复域中常用的数学模型用传递函数、结构图表示,此外还有信号流图的形式表示。

(1) 微分方程

微分方程模型一般适用于动态连续模型,当描述实际对象的某些特性随时间或空间而演变时,一般使用微分模型优化问题。运用变化规律来列出方程及求解条件的过程,预测它的未来性态。对于比较直接的数学、物理、化学等具有较强的规律性的问题,可以直接使用微分方程列写平衡等式,导出微分方程模型。例如利用力学的受力分析、电学的流入电流、电压及热学的伯努利方程等,根据这些平衡等式可从建立的微分方程中进一步导出传递函数。

(2) 传递函数

传递函数是在零初始条件下,线性系统响应(输出)量 Y(s)的拉普拉斯变换与激励(输入)量 U(s)的拉普拉斯变换之比,常用 G(s)=Y(s)/U(s)表示,它用来描述线性特性对象输入与输出间的关系,是多年来研究经典控制理论的主要工具之一。传递函数与描述其运动规律的微分方程是对应的。可根据组成系统各单元的传递函数和它们之间的关系导出整体系统的传递函数,并用它分析系统的动态特性、稳定性,或根据不同被控对象给定要求,设计满意的控制器。

(3) 信号流图

信号流图是表示线性方程组变量间关系的一种图示方法,将信号流图用于控制理论中,可不必求解方程就得到各变量之间的关系,使得各变量间关系既直观又形象。当系统方框图比较复杂时,可以将它转化为信号流图,它是复杂系统中变量间相互关系的一种图示方法。

11.1.2　建模的方法

建模方法主要有两类:一类是通过系统本身的运动规律,根据生产过程发生的变化机理列写平衡方程,如物质平衡、能量平衡、动量平衡及反映流体流动、传动、化学反应等基本规律的运动方程,从中获得所需数学模型,这种方法称为机理建模法,它适合简单的控制对象;另一类是通过系统的先验知识或实验统计数据建模,称为实验建模法。从数学的角度,按建立模型的数学方法分类,模型分为几何模型、代数模型、规划模型、优化模型、微分方程模型、统计模型、概率模型、图论模型、决策模型等。在工程应用中,常用的建模是将数学理论与实际应用结合,方法描述如下。

1. 类比法

类比法是在分析实际问题及存在因素的基础上,通过联想、归纳对各因素进行分析,并与已知模型比较,把未知关系转化为已知关系,在不同的对象或不相关的对象中找出相似关系,与已知模型的结论类比,得到解决该问题的数学方法,最终建立模型。

2. 量纲分析法

量纲分析法是在经验和实验的基础上,利用物理定律的量纲指标,确定各物理量之间的等量关系。通过量纲分析、化简及等量代换整理出来,形成一个完整的表达式。一般使用质量、长度、时间、电流、温度、光强度和物质的量表示单位,这些称为基本量纲。

3. 差分法

差分法是通过 Taylor(台劳)级数展开的方法,把控制方程中的导数用网格节点上函数值的差、商代替进行离散,建立以网格节点上的值为未知数方程组,将微分问题转化为代数问题,建立离散动态系统数学模型。基本差分算法有一阶向前差分、一阶向后差分、一阶中心差分和二阶中心差分等,通过对时间和空间这几种不同差分格式的组合,可以组合成不同的差分计算格式。差分法的解题步骤为:建立微分方程、构造差分格式、求解差分方程、精度分析和检验。

4. 变分法

变分法是解决函数的泛函和普通微积分问题,通过未知函数的积分和导数来构造,最终寻求极值函数建立数学模型。现实中很多现象均可表达为泛函极小(变分)问题,使用古典变分法和最优控制论变分法解决计算问题。

5. 图论法

图论法是指对一些抽象事物进行抽象、化简,并用图来描述事物特征及内在联系的过程。图论是使用图中的节点表示对象,其对象之间的连线具有先后、胜负、传递和连接关系。将先验知识或实验统计数据用二元关系图来模拟,最终使用流程图、信号流图等建立数学模型。图论是研究自然科学、工程技术、经济问题、管理及其他社会问题的一个重要现代数学工具,也是数学建模的一个必备工具。

11.1.3　数学模型的特点及分类

数学模型具有逼真性、可行性、渐进性、强健性、可转移性、条理性、技艺性,同时还有非预制性和局限性等特点。

数学模型可以按照不同的方式分类。

(1) 按照应用领域分类,数学模型可分为人口模型、交通模型、环境模型、生态模型、城镇规划模型、水资源模型、再生资源利用模型、污染案模型等。

(2) 按照建立模型的数学方法分类,数学建模可分为初等模型、几何模型、微分方程模型、统计回归模型、数学规划模型。

(3) 按照模型的表现特征分类,数学模型可分为确定性模型和随机性模型、静态模型和动态模型、线性模型和非线性模型、离散模型和连续模型。

(4) 按照建模目的分类,数学模型可分为描述模型、预报模型、优化模型、决策模型、控制模型等。

(5) 按照对模型的了解程度分类,数学模型可分为白箱模型、灰箱模型、黑箱模型。

11.2 建立数学模型案例

【例 11-1】 物体下落建模和仿真

试对空气中在重力作用下不同质量物体的下落过程进行建模和仿真。已知重力加速度 $G = 9.8\text{m}/\text{s}^2$，在初始时刻 $T_0 = 0\text{s}$ 时物体由静止开始坠落。空气对落体的影响可以忽略不计。

编程代码如下：

```
clear all;
g = 9.8;                                    % 重力加速度
v = 0;                                      % 设定初始速度条件
s = 0;                                      % 设定初始位移条件
t = 0;                                      % 设定起始时间
dta = 0.1;                                  % 设置计算步长
N = 25;                                     % 设置仿真递推次数. 仿真时间等于 N 与 dt 的乘积
for k = 1:N
v = v + g * dta;                            % 计算新时刻的速度
s(k + 1) = s(k) + v * dta;                  % 新位移
t(k + 1) = t(k) + dta;                      % 时间更新
end
% 理论计算, 以便与仿真结果对照
t_theory = 0:0.01:N * dta;                  % 设置解析计算的时间点
v_theory = g * t_theory;                    % 解析计算的瞬时速度
s_theory = 1/2 * g * t_theory.^2;           % 解析计算的瞬时位移
t = 0:dta:N * dta;
plot(t,s,'rp', t_theory,s_theory, 'b - ');  % 仿真与解析结果对比
xlabel('时间 t'); ylabel('位移 s');
legend('仿真结果','理论结果');
```

运行结果如图 11.5 所示。

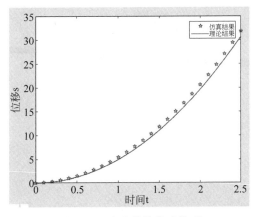

图 11.5 自由落体仿真模型

【例 11-2】 机械平移系统的建模

设重力块 m 的质量为 0.1kg、弹簧系数 k 为 0.2N/mm,黏滞摩擦系数 f 为 0.01N(s/mm),弹簧受力如图 11.6 所示,根据力学平衡建立弹簧受力的传递函数。

分析与建模步骤如下:

(1) 通过受力分析,建立力学平衡方程

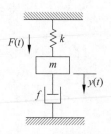

图 11.6 弹簧受力图

根据机械系统的受力分析,建立平衡等式得到微分方程,通过微分方程进行拉普拉斯变换,再将输出比输入计算传递函数,即

当外力 $F(t)=0$ 时,物体的平衡位置位移 y 的零点,物体 m 受到外力 $F(t)$、弹力 F_k、阻尼力 F_b 和重力共计 4 个力的作用,若不考虑重力因素,则

$$F = ma = m\frac{\mathrm{d}^2 y(t)}{\mathrm{d}t^2}$$

变形得

$$F(t) - F_k - F_b = ma = m\frac{\mathrm{d}^2 y(t)}{\mathrm{d}t^2} \tag{11-1}$$

$$F_b = f\frac{\mathrm{d}y(t)}{\mathrm{d}t} \tag{11-2}$$

$$F_k = ky(t) \tag{11-3}$$

其中,k 为弹簧系数

将式(11-2)和式(11-3)代入式(11-1),得到

$$F(t) = m\frac{\mathrm{d}^2 y(t)}{\mathrm{d}t^2} + f\frac{\mathrm{d}y(t)}{\mathrm{d}t} + ky(t) \tag{11-4}$$

说明:由于传递函数反映系统自身固有特性,与输入和初始条件无关,传递函数将微分方程运算符 $\mathrm{d}/\mathrm{d}t$ 用复数 s 置换,可以得到传递函数,即

$$G(s) = \frac{y(s)}{F(s)} = \frac{1}{MS^2 + FS + K} \tag{11-5}$$

(2) 由式(11-5)输入参数,即可建立数学模型。代码如下:

```
m = input("物体的质量 m = ?");
k = input("为弹簧系数 k = ?");
f = input("黏滞摩擦系数 f = ?");
G = tf(1,[m,f,k])
step(G)
```

运行结果:

```
物体的质量 m = ?0.1
为弹簧系数 k = ?0.2
黏滞摩擦系数 f = ?0.01
```

```
G =
                             1
        -------------------------
        0.1 s^2 + 0.01 s + 0.2
```

阶跃响应曲线如图 11.7 所示。

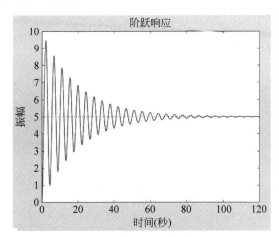

图 11.7　弹簧模型的阶跃响应曲线

【例 11-3】 串联谐振电路建模

已知串联谐振电路 RLC 如图 11.8 所示,输入电阻 R 为 12Ω、电容为 $1.12\mu F$ 和电感 L 为 0.95mH 的值,根据基尔霍夫定律,建立传递函数模型并绘制阶跃响应曲线。

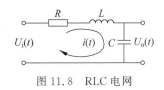

图 11.8　RLC 电网

分析与建模步骤如下:

(1) 根据输入、输出电压,建立电路平衡方程

电网一般是通过基尔霍夫定律建立等式,消去中间变量,从而得到微分方程。由流经 RLC 的电流,得到电压的平衡等式:

$$U_L(t) + U_R(t) + U_C(t) = U_i(t)$$

即

$$L\frac{di(t)}{dt} + R_i + U_o = U_i \tag{11-6}$$

$$i = C\frac{dU_o(t)}{dt} \tag{11-7}$$

将式(11-7)代入式(11-6),得到

$$LC\frac{d^2 U_o(t)}{dt^2} + RC\frac{dU_o(t)}{dt} + U_o = U_i \tag{11-8}$$

d/dt 用复数 s 置换得到传递函数

$$G(s) = \frac{U_o(s)}{U_i(s)} = \frac{1}{LCS^2 + RCS + 1} \tag{11-9}$$

（2）由式(11-9)输入参数，即可建立串联谐振电路数学模型，代码如下：

```
R = input("输入电阻 R = ?");
C = input("输入电容 C = ?");
L = input("输入电感 L = ?");
G = tf(1,[L * C,R * C,1])
step(G)
```

运行结果为：

```
输入电阻 R = ?
12
输入电容 C = ?
0.00112
输入电感 L = ?
0.00095
G =                      1
        -------------------------------
        1.064e - 06 s^2 + 0.01344 s + 1
```

RLC 电网模型阶跃响应曲线如图 11.9 所示。

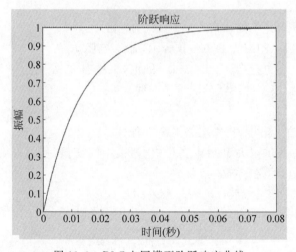

图 11.9　RLC 电网模型阶跃响应曲线

【例 11-4】　二级液位的机理建模

根据图 11.10 二级液位系统，被控参数是液位高度 $h2$，控制参数为流入量 $Q2$，若流入量和流出量相等，水罐液位不变，平衡后当流入阀门压力增大时，导致流入量大于流出量，液位 $h2$ 上升，反之液位会下降，并最终稳定在另一个高度上。通过控制电动调节阀门开度，使得流入量随流出量变化，达到控制液位 $h2$ 恒定目的；二级液位的数学模型与实际装置有关，参数定义如下：

（1）二个水罐容积相等，高均为 5m，底面积为 $0.2m^2$；

（2）电磁阀门控制电压为 $0\sim5\mathrm{V}$；

（3）电磁阀门开度 u 范围为 $0\sim1$，对应控制电压为 $0\sim5\mathrm{V}$；

（4）二个阀门的水阻均为 $R=300\mathrm{s/m^2}$。

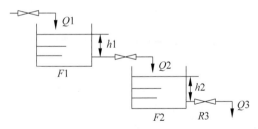

图 11.10　二级液位示意图

分析与建模步骤如下：

（1）根据机理建立平衡方程。

对于水罐 1、2 可得到平衡方程

$$\begin{cases} \dfrac{\mathrm{d}h1}{\mathrm{d}t}=\dfrac{1}{F1}(Q1-Q2) \\[2mm] \dfrac{\mathrm{d}h2}{\mathrm{d}t}=\dfrac{1}{F2}(Q2-Q3) \end{cases} \tag{11-10}$$

其中：$Q1$、$Q2$ 分别为水罐 1、2 之间进水量，$h1$、$h2$ 分别为二个水罐的液位，$F1$，$F2$ 分别为二个水罐的横截面积，即 $F1=F2=0.2\mathrm{m^2}$，其流量与液位的关系

$$\begin{cases} Q1=k_u u \\[2mm] Q2=\dfrac{1}{R1}(h1-h2) \\[2mm] Q3=\dfrac{1}{R2}h2 \end{cases} \tag{11-11}$$

$R1$、$R2$、$R3$ 分别代表线性化水阻，按照流体力学原理，水罐流出量 $Q3$ 与出口静压和阀门水阻有关，流体在一般流动条件下，液位与流量之间的关系是非线性的，为了简化通常做线性化处理，使得水阻 R 是常数，流体在一般流动条件下，即二个水罐的水阻相等，将式（11-11）代入式（11-10）消去中间变量 $h1$、$h2$，可得到数学模型为

$$T1\frac{\mathrm{d}h1}{\mathrm{d}t}+h1-h2=k_u R1 u \tag{11-12}$$

$$T2\frac{\mathrm{d}h2}{\mathrm{d}t}+h2-rh1=0 \tag{11-13}$$

解式（11-12）、式（11-13）并联立方程组得到微分方程

$$T1T2\frac{\mathrm{d}^2 h2}{\mathrm{d}t^2}+(T1+T2)\frac{\mathrm{d}h2}{\mathrm{d}t}+(1-r)h2=rk_u R1 u \tag{11-14}$$

其中：$T1$、$T2$ 为二个水罐的时间常数，r 是与 k_u、u 水罐有关的参数。

$$\begin{cases} T1 = F1R1 \\ T2 = F2\dfrac{R1R2}{R1+R2} \\ r = \dfrac{R2}{R1+R2} \end{cases} \tag{11-15}$$

对式(11-15)在零初始条件下,将输出量与其输入量的拉普拉斯变换之比称为系统的传递函数,即

$$G(s) = \frac{H2(s)}{U(s)} = \frac{rk_uR1u}{T1T2s^2 + (T1+T2)s + (1-r)} \tag{11-16}$$

(2) 根据输入信号 0~5V 对应开度 0~100%,可知阀门比例系数 $k_u = 1/5$,开度 u 为 Q1 阀门最大开度进水流量(u 取 $1\text{mm}^3/\text{s}$)。编程代码如下:

```
ku = 1/5;
u = 1;
R1 = 300;
R2 = 300;
F1 = 0.2;
F2 = 0.2;
T1 = F1 * R1;
T2 = F2 * R1 * R2/(R1 + R2);
r = R2/(R1 + R2);
G = tf(r * ku * R1 * u,[T1 * T2,T1 + T2,1 - r])
Step(G)
```

传递函数如为:

```
              30
G =  ---------------------------
        1800 s^2 + 90 s + 0.5
```

阶跃响应曲线如图 11.11 所示。

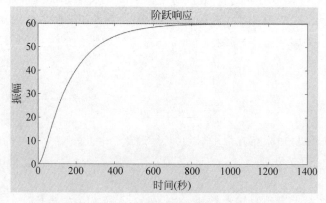

图 11.11　二级液位模型阶跃响应曲线

【例 11-5】 二阶液位的实验建模

根据液位实验测试数据表 11.1 表,建立二阶惯性环节的数学模型。要求输出建立的传递函数数学模型,并画出建立的数学模型阶跃响应和实测数据曲线,对比输出,观测二者的区别。

表 11.1 液位实验测试数据

时间	10	20	40	60	80	100	140	180	250	300	400	500	600	700	800
液位	0	0.2	0.8	2.0	3.6	5.4	8.8	11.8	14.4	16.5	18.4	18.4	19.2	19.8	20

分析与建模步骤如下:

(1) 采用二级液位常规传递函数,即

$$G(s) = \frac{K}{(T1s+1)(T2s+1)} \quad (T1 > T2)$$

由拉普拉斯反变换得到阶跃响应

$$y(t) = 1 - \frac{t1}{t1-t2}e^{-\frac{1}{t1}}\frac{t2}{t2-t1}e^{-\frac{1}{t2}} \quad (11\text{-}17)$$

由式(11-17)确定 $T1$ 和 $T2$ 的方法是:通常选择 $y(t1)=0.4, y(t2)=0.8$ 两个点进行计算,在实验测得的曲线上,选取达到稳态的 40% 和 80% 的坐标得到 $t1$ 和 $t2$,即

$$\begin{cases} \dfrac{T1}{T1-T2}e^{-\frac{t1}{T1}} - \dfrac{T2}{T2-T1}e^{-\frac{t1}{T2}} = 0.6 \\ \dfrac{T1}{T1-T2}e^{-\frac{t2}{T1}} - \dfrac{T2}{T2-T1}e^{-\frac{t2}{T2}} = 0.2 \end{cases} \quad (11\text{-}18)$$

当 $0.32 < \dfrac{t1}{t2} < 0.46$ 时,计算公式

$$\begin{cases} \dfrac{T1T2}{(T1+T2)^2} \approx \left(1.74\dfrac{t1}{t2} - 0.55\right) \\ T1+T2 \approx \dfrac{1}{2.16}(t1+t2) \end{cases} \quad (11\text{-}19)$$

当 $\dfrac{t1}{t2} < 0.32$ 时,计算公式

$$T1 \approx \frac{1}{2.12}(t1+t2), \quad T2 = 0 \quad (11\text{-}20)$$

(2) 根据式(11-19)和式(11-20)推导结果,编写代码如下:

```
clc;
tao = 10;K = 20/20;
t = [10 20 40 60 80 100 140 180 250 300 400 500 600 700 800] - tao;
h = [0 0.2 0.8 2.0 3.6 5.4 8.8 11.8 14.4 16.5 18.4 19.2 19.6 19.8 20];
hh = h/h(length(h));
subplot(1,2,1);plot(t,hh);
title("液位测试曲线")
```

```
xlabel("时间(秒)");
ylabel("振幅");
h1 = 0.4;t1 = interp1(hh,t,h1);                          % 取稳态的40%为t1
h2 = 0.8;t2 = interp1(hh,t,h2);                          % 取稳态的80%为t2
if(t1/t2 < 0.46)
        if(t1/t2 < 0.32)
              T1 = (t1 + t2)/2.12;T2 = 0;
               G = tf(K,[T1,1])
               t1 = 1:800;
               subplot(1,2,2);step(G,t1);
        else
              T12 = (t1 + t2)/2.16;                      %  T12 = T1 + T2T =
               T1T2 = (1.74 * (t1/t2) - 0.55) * T12^2;   % T1T2 = T1 * T2
               T2 = roots([1, - T12,T1T2]);
               T2 = T2(1,:);
               T1 = T12 - T2;
               k = K/(T1 * T2);z = [];
               p = [ - 1/T1, - 1/T2];
               G = zpk(z,p,k)
               t1 = 1:800;
               subplot(1,2,2);step(G,t1);
               title("模型阶跃响应曲线")
        end
else
        disp('t1/t2 > 0.46,系统比较复杂,要用高阶惯性表示')
end
```

运行结果为:

```
         0.00014353
G = ───────────────────────────────
     (s + 0.0189) (s + 0.007595)
```

测试与实验建模阶跃响应曲线对比结果如图 11.12 所示。

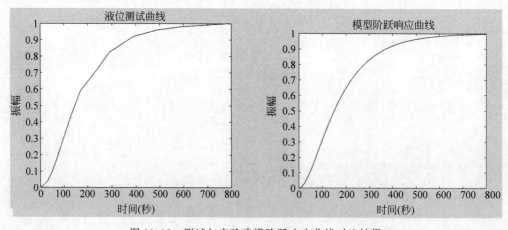

图 11.12　测试与实验建模阶跃响应曲线对比结果

【例 11-6】 一阶惯性加延迟的实验建模

根据液位实验测试数据表 11.2,建立一阶惯性加延迟环节的数学模型。要求输出建立的传递函数数学模型,并画出建立的数学模型阶跃响应和实测数据曲线,对比输出观测二者的区别。

表 11.2 　液位实验测试数据

时间	0	10	20	40	60	80	100	150	200	300	400	500
液位	0	0.04	0.15	0.41	0.61	0.75	0.86	1.05	1.14	1.23	1.26	1.27

分析与建模步骤如下:

(1)采用液位传递函数形式

$$G(s) = \frac{K}{(Ts+1)} e^{-\tau s}$$

即使用一阶惯性加延迟去拟合。

由拉普拉斯反变换得到阶跃响应

$$y^*(t) = \begin{cases} 0 & (t < \tau) \\ 1 - \exp\left(-\dfrac{t-\tau}{T}\right) & (t \geqslant \tau) \end{cases} \tag{11-21}$$

根据式(11-21),得

$$\begin{cases} y(t1) = 1 - \exp\left(-\dfrac{t1-\tau}{T}\right) \\ y(t2) = 1 - \exp\left(-\dfrac{t2-\tau}{T}\right) \end{cases} \tag{11-22}$$

由式(11-22)确定 T 和 τ 的方法如下:

$$\begin{cases} T = \dfrac{t2-t1}{\ln[1-y^*(t1)] - \ln[1-y^*(t2)]} \\ \tau = \dfrac{t2\ln[1-y^*(t1)] - t1\ln[1-y^*(t2)]}{\ln[1-y^*(t1)] - \ln[1-y^*(t2)]} \end{cases} \tag{11-23}$$

为便于计算,对式(11-23)选择 $y(t1)=0.39, y(t2)=0.63$ 两个点,代入式(11-23)推导,得到

$$\begin{cases} T = 2(t2-t1) \\ \tau = 2t1-t2 \end{cases} \tag{11-24}$$

(2)根据式(11-24)推导结果,编程代码如下:

```
K = 1.27;
syms s;
t = [0 10 20 40 60 80 100 150 200 300 400 500];
h = [0.0 0.04 0.15 0.41 0.61 0.75 0.86 1.05 1.14 1.23 1.26 1.27];
```

```
subplot(1,2,1);plot(t,h)                              % 绘制实验数据曲线
title("实验测试曲线")
xlabel("时间(秒)");
ylabel("振幅")
hh = h/h(length(h));
h1 = 0.39;t1 = interp1(hh,t,h1)                       % 求 t1
h2 = 0.63;t2 = interp1(hh,t,h2)                       % 求 t2
T = 2 * (t2 - t1)                                     % 计算延迟参数 τ
tao = 2 * t1 - t2                                     % 计算延迟参数 T
G1 = tf(K,[T,1])                                      % 惯性环节传递函数
[num,den] = pade(tao,2);                              % 延迟环节使用 2 阶替代
 G2 = tf(num,den);
G = G1 * G2
t1 = 1:500;
subplot(1,2,2); step(G,t1)                            % 绘制建立模型阶跃响应曲线
title("模型阶跃响应曲线")
```

运行结果如为：

```
G =        1.27 s^2 - 0.9584 s + 0.2411
      ---------------------------------------
      81.16 s^3 + 62.24 s^2 + 16.16 s + 0.1898
```

实验测试曲线与模型阶跃响应曲线对比结果如图 11.13 所示。

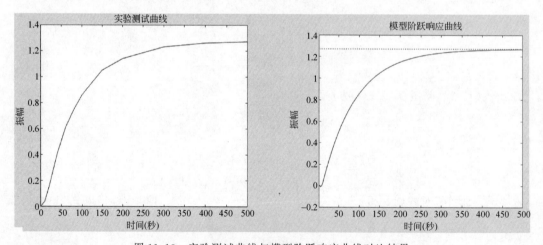

图 11.13　实验测试曲线与模型阶跃响应曲线对比结果

【例 11-7】　小车倒立摆的建模

已知小车倒立摆的实际参数包括：

小车质量：　　　　$M = 1.12\text{kg}$；

摆杆质量：　　　　$m = 0.11\text{kg}$；

摆杆长度(2L)　　　$L = 0.25\text{m}$

转动惯量 $\qquad I = 0.003 \text{mr}^2$

小车倒立摆受力分析如图 11.14 所示。

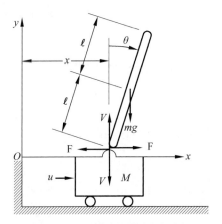

图 11.14 小车倒立摆受力分析

分析与建模步骤如下：

（1）对小车进行受力分析，水平方向外力 F 为

$$F = ma, \quad a = \frac{\text{d}^2}{\text{d}t^2}(x + l\sin\theta)$$

$$M\ddot{x} + F = u$$

等价于

$$F = m\frac{\text{d}^2}{\text{d}t^2}(x + l\sin\theta)$$

变形后，为

$$F = m\ddot{x} + ml(\theta\cos\ddot{\theta} - \dot{\theta}^2\sin\theta) \tag{11-25}$$

垂直方向有

$$V - mg = m\frac{\text{d}^2}{\text{d}t^2}l\cos\theta$$

即

$$V = mg - ml(\ddot{\theta}\sin\theta + \dot{\theta}^2\cos\theta) \tag{11-26}$$

（2）对摆应用动力矩定理，以 θ 顺时针方向旋转为正，加入转动惯量 I，则

$$VI\sin\theta - Hl\cos\theta = I\ddot{\theta} \tag{11-27}$$

整理式（11-25）、式（11-26）和式（11-27），消去 V、H，得

$$(M + m)\ddot{x} + ml\ddot{\theta}\cos\theta - ml\dot{\theta}^2\sin\theta = u$$

$$ml\ddot{x}\cos\theta + (I + ml^2)\ddot{\theta} - mgl\sin\theta = 0 \tag{11-28}$$

(3) 为了使用线性系统理论的知识对系统进行分析和控制,需要对上述的非线性系统在平衡点附近进行线性化。倒立摆的平衡位置 $\theta = \pi$,且倒立摆只在平衡位置下小范围内摆动。用 ϕ 代表倒立摆与平衡位置的角度偏差,那么倒立摆在任意时刻的位置 $\theta = \pi + \phi$。由此线性化假设可以得

$$
\begin{cases}
\cos \theta = \cos(\pi + \phi) \approx -1 \\
\sin \theta = \sin(\pi + \phi) \approx -\phi \\
\dot{\theta}^2 = \dot{\phi}^2 \approx 0
\end{cases}
$$

从而得到一阶倒立摆系统在平衡点附近的线性化方程

$$
\begin{cases}
(M + m)\ddot{x} + b\dot{x} - ml\ddot{\phi} = u \\
(I + ml^2)\ddot{\phi} - mgl\phi = ml\ddot{x}
\end{cases}
\tag{11-29}
$$

对式(11-29)进行拉普拉斯变换,得

$$
\begin{cases}
(M + m)X(s)s^2 - ml\Phi(s)s^2 = U(s) \\
(I + ml^2)\Phi(s)s^2 + mgl\Phi(s) = mlX(s)s^2
\end{cases}
\tag{11-30}
$$

要得到输入 $U(s)$ 与输出 $\Phi(s)$ 的比(传递函数),需要消掉 $X(s)$,经过化简及等量代换,最终得到的传递函数状态空间表示,定义系统的状态变量

$$
(x_1, x_2, x_3, x_4) = (x, \dot{x}, \theta, \dot{\theta})
$$

(4) 系统的输入量为小车外力 u,系统输出为小车的位移 x,则可得系统的状态空间方程

$$
\begin{bmatrix} \dot{x} \\ \ddot{x} \\ \dot{\theta} \\ \ddot{\theta} \end{bmatrix} = \begin{bmatrix} 0 & 1 & 0 & 0 \\ 0 & 0 & \dfrac{m^2 g l^2}{I(M+m)+Mml^2} & 0 \\ 0 & 0 & 0 & 1 \\ 0 & 0 & \dfrac{mgl(M+m)}{I(M+m)+Mml^2} & 0 \end{bmatrix} \begin{bmatrix} x \\ \dot{x} \\ \phi \\ \dot{\phi} \end{bmatrix} + \begin{bmatrix} 0 \\ \dfrac{I+ml^2}{I(M+m)+Mml^2} \\ 0 \\ \dfrac{ml}{I(M+m)+Mml^2} \end{bmatrix} u
\tag{11-31}
$$

$$
y = \begin{bmatrix} 1 & 0 & 0 & 0 \\ 0 & 0 & 1 & 0 \end{bmatrix} \begin{bmatrix} x \\ \dot{x} \\ \phi \\ \dot{\phi} \end{bmatrix} + \begin{bmatrix} 0 \\ 0 \end{bmatrix} u
\tag{11-32}
$$

由标准的状态空间表示

$$
\begin{cases}
\dot{x} = Ax + Bu \\
y = Cx + Du
\end{cases}
\tag{11-33}
$$

系统能控的充要条件是系统的能控性矩阵为行满秩阵

$$
\text{rank}(\begin{bmatrix} B & AB & A^2 B & \cdots & A^{n-1} B \end{bmatrix}) = n
\tag{11-34}
$$

（5）由式（11-24）～式（11-34）推导结果，编写代码如下：

```
M = 1.12;                %输入小车参数
m = 0.11;
g = 9.8;
l = 0.25;
Jh = 0.003;              %为便于编程用 Jh 表示转动惯量 I
A12 = m^2 * g * l^2/(Jh * (m + M) + M * m * l^2);
A32 = m * g * l * (M + m)/(Jh * (m + M) + M * m * l^2);
B1 = (Jh + m * l^2)/(Jh * (m + M) + M * m * l^2);
B3 = m * l/(Jh * (m + M) + M * m * l^2);
%构建状态 A 矩阵、控制矩阵 B 和输出矩阵 C
A = [0, 1, 0 ,0;
     0, 0 ,A12, 0;
     0, 0 ,0, 1;
     0, 0, A32, 0];
B = [0,B1, 0, B3]';
C = [1,0,0,0;0,0,1,0];
D = [0,0]';
N = [B,A * B,A^2 * B,A^3 * B];          %构建系统的可控性判别矩阵
if rank(N) == 4                         %判断是否满秩
   fprintf('该系统的秩 = %d\n', rank(N));
    disp("此系统是可控制的,系统的可控性判别矩阵为：");
      N
      disp("建立的系统数学模型 -- 传递函数为：");
     [num,den] = ss2tf(A,B,C,D);        %转换传递函数形式
     G = tf(num(1,:),den)
else
   disp("此系统是可控制的");
   end
```

运行结果：

```
该系统的秩 = 4
```

此系统是可控制的，系统的可控性判别矩阵为：

```
N =
          0    0.8670         0    1.5710
     0.8670         0    1.5710         0
          0    2.4144         0   70.2666
     2.4144         0   70.2666         0
```

建立的系统传递函数（数学模型）为

```
          0.867 s^2 + 7.7e-16 s - 23.66
G = ---------------------------------------------
          s^4 + 8.882e-16 s^3 - 29.1 s^2
```

【例 11-8】 惯性圆盘的建模

已知直流电机为一个惯性圆盘,如图 11.15 所示,等效电路如图 11.16 所示。其中:电枢电路电感 $L=1.16\text{mH}$;电枢电路电阻 $R_\text{m}=8.4\Omega$;E 为电动机电枢端反电动势($E=Km\omega$),ω 为电动机的角速度,K_m 为电机的反电势常数,$K_\text{m}=0.042\text{V}\cdot\text{s/rad}$,它与电流方向相反。$I$ 为电动机电枢电流;电动机轴上的转动惯量 $J_\text{m}=4\times10^{-6}$,直流电机轴与负载轮轴相连,轴半径 $r_\text{h}=0.0111\text{m}$,它的质量 $m_\text{h}=0.0106\text{kg}$,转动惯量为 J_h,轮轴带动一个金属盘(也可连接旋转摆),金属盘质量 $m_\text{d}=0.053\text{kg}$,半径为 $r_\text{d}=0.0248\text{m}$,转动惯量为 J_d,总转动惯量 $J=J_\text{m}+J_\text{h}+J_\text{d}$。电磁力矩常数 $K_\text{t}=0.042\text{N}\cdot\text{m/A}$,建立该电机系统的传递函数数学模型。

图 11.15 惯性圆盘

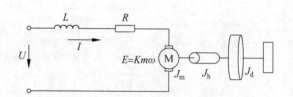

图 11.16 惯性圆盘电机等效电路

分析与建模步骤如下:

(1) 列写出直流电机电压平衡方程

$$\begin{cases} U=L\dfrac{\text{d}I}{\text{d}t}+IR_\text{m}+E & \text{电动式平衡方程}\\[2mm] & \text{转矩平衡方程}(K_\text{m}\text{ 为电动势常数})\\[1mm] E=K_\text{m}\omega & E\text{ 为电动势}\\[2mm] J\dfrac{\text{d}\omega}{\text{d}t}=K_\text{t}I & J\text{ 为总转动惯量},K_\text{t}\text{ 为电磁力矩常数} \end{cases}$$

(2) 解上面联立方程并代入参数,得

$$J=J_\text{m}+J_\text{h}+J_\text{d},\quad J_\text{h}=\frac{1}{2}m_\text{h}r_\text{h}^2,\quad J_\text{d}=\frac{1}{2}m_\text{d}r_\text{d}^2$$

化简并合并同类项,得

$$U=L\frac{\text{d}I}{\text{d}t}+\frac{JR_\text{m}}{K_\text{t}}\frac{\text{d}\omega}{\text{d}t}+K_\text{m}\omega$$

因为电枢绕阻的电感 L 很小,忽略第一项,得

$$U = \frac{JR_{\mathrm{m}}}{K_{\mathrm{t}}} \frac{\mathrm{d}\omega}{\mathrm{d}t} + K_{\mathrm{m}}\omega \tag{11-35}$$

（3）令初始条件为零，两边进行拉普拉斯变换，得

$$U(s) = \left(\frac{JR_{\mathrm{m}}}{K_{\mathrm{t}}}s + K_{\mathrm{m}}\right)\omega(s) \tag{11-36}$$

用输出 $U(s)$ 与输入 $\omega(s)$ 的比，推导传递函数（数学模型）$G(s)$

$$G(s) = \frac{\omega(s)}{U(s)} = \frac{K_{\mathrm{t}}}{JR_{\mathrm{m}}s + K_{\mathrm{m}}K_{\mathrm{t}}} \tag{11-37}$$

（4）简化传递函数为一阶惯性环节，得

$$G(s) = \frac{1/K_{\mathrm{m}}}{\dfrac{JR_{\mathrm{m}}}{K_{\mathrm{m}}K_{\mathrm{t}}}s + 1} = \frac{K}{Ts + 1} \tag{11-38}$$

其中：
$$K = \frac{1}{K_{\mathrm{m}}} \quad T = \frac{JR_{\mathrm{m}}}{K_{\mathrm{t}}K_{\mathrm{m}}} \tag{11-39}$$

（5）由式（11-38）、式（11-39）推导结果，代入给定参数值，建立传递函数的代码如下：

```
Km = 0.042; Kt = 0.042;
Rm = 8.4;Jm = 4E - 6;
md = 0.053;rd = 0.0248;
mh = 0.0106;rh = 0.0111;
Jh = 0.5 * mh * rh^2;
Jd = 0.5 * md * rd^2;
J = Jm + Jh + Jd;
K = 1/Km;
T = (J * Rm)/(Kt * Km);
G = tf(K,[T,1])
step(G);
```

传递函数结果为

```
        23.81
G = ---------------------
      0.09977 s + 1
```

得到的阶跃响应曲线如图 11.17 所示。

【例 11-9】　旋转倒立摆的建模

旋转倒立摆模型如图 11.18 所示。已知电机反电势常数 $k_{\mathrm{m}} = 0.042\mathrm{V} \cdot \mathrm{s/rad}$，电枢电路电阻 $R_{\mathrm{m}} = 8.4\Omega$，旋转臂转轴连接至系统并被驱动。摆杆臂长 $L_{\mathrm{r}} = 0.085\mathrm{m}$，其逆时针旋转时，转角 θ 正增加。摆杆连接至旋转臂的末端，总长为 $L_{\mathrm{p}} = 0.129\mathrm{m}$，摆杆质量为 $M_{\mathrm{p}} = 0.024\mathrm{kg}$，旋转臂质量为 $M_{\mathrm{p}} = 0.095\mathrm{kg}$，重心位于摆杆中心位置，且绕其质心的转动惯量为 J_{p}，旋转臂黏滞系数 $D_{\mathrm{r}} = 0.0015\mathrm{N} \cdot \mathrm{m} \cdot \mathrm{s/rad}$，摆的阻尼系数 $D_{\mathrm{p}} = 0.0005\mathrm{N} \cdot \mathrm{m} \cdot \mathrm{s/rad}$，

旋转臂转动惯量为 J_r，重力加速度 $g = 9.8\mathrm{m/s^2}$。要求根据给定参数，建立状态空间数学模型。

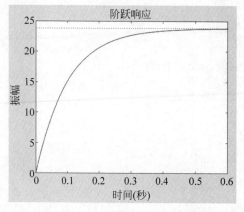

图 11.17　电机模型阶跃响应曲线

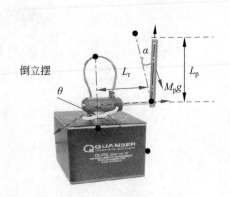

图 11.18　旋转倒立摆

分析与建模步骤如下：

(1) 使用量纲分析法，分析倒立摆摆杆的长度、重量、旋转角、旋转速度、转动惯量等因素，建立电动势平衡方程；α 为倒立摆转角，当倒立摆在垂直位置时，$\alpha = 0$，计算公式

$$\alpha = \alpha_{\text{full}} \bmod 2\pi - \pi$$

其中：mod 为取余数，α_{full} 为编码器测得的摆角，根据非线性运动方程

$$\left(m_p L_r^2 + \frac{1}{4}m_p L_p^2 - \frac{1}{4}m_p L_p^2 \cos(\alpha)^2 + J_r\right)\ddot{\theta} - \left(\frac{1}{2}m_p L_p L_r \cos(\alpha)\right)\ddot{\alpha} +$$

$$\left(\frac{1}{2}m_p L_p^2 \sin(\alpha)\cos(\alpha)\right)\dot{\theta}\dot{\alpha} + \left(\frac{1}{2}m_p L_p L_r \sin(\alpha)\right)\dot{\alpha}^2 = \tau - D_r\dot{\theta} \tag{11-40}$$

$$\frac{1}{2}m_p L_p L_r \cos(\alpha)\ddot{\theta} + \left(J_p + \frac{1}{4}m_p L_p^2\right)\ddot{\alpha} - \frac{1}{4}m_p L_p^2 \cos(\alpha)\sin(\alpha)\dot{\theta}^2 +$$

$$\frac{1}{2}m_p L_p g \sin(\alpha) = -D_p\dot{\alpha} \tag{11-41}$$

其驱动扭矩由位于旋转臂基座的伺服电机输出动力方程

$$\tau = \frac{k_m(V_m - k_m\dot{\theta})}{R_m} \tag{11-42}$$

对非线性运动方程在工作点附近进行局部线性化，最终得倒立摆线性运动方程

$$(m_p L_r^2 + J_r)\ddot{\theta} - \frac{1}{2}m_p L_p L_r\ddot{\alpha} = \tau - D_r\dot{\theta} \tag{11-43}$$

$$\frac{1}{2}m_p L_p L_r\ddot{\theta} + \left(J_p + \frac{1}{4}m_p L_p^2\right)\ddot{\alpha} + \frac{1}{2}m_p L_p g\alpha = -D_p\dot{\alpha} \tag{11-44}$$

求解加速度项得：

$$\ddot{\theta} = \frac{1}{J_T} \left(- \left(J_p + \frac{1}{4} m_p L_p^2 \right) D_r \dot{\theta} + \frac{1}{2} m_p L_p L_r D_p \dot{\alpha} + \frac{1}{4} m_p^2 L_p^2 L_r g \alpha + \left(J_p + \frac{1}{4} m_p L_p^2 \right) \tau \right)$$

$$(11\text{-}45)$$

$$\ddot{\alpha} = \frac{1}{J_T} \left(\frac{1}{2} m_p L_p L_r D_r \dot{\theta} - (J_r + m_p L_r^2) D_p \dot{\alpha} - \frac{1}{2} m_p L_p g (J_r + m_p L_r^2) \alpha - \frac{1}{2} m_p L_p L_r \tau \right)$$

$$(11\text{-}46)$$

其中：
$$J_T = J_p m_p L_r^2 + J_r J_p + \frac{1}{4} J_r m_p L_P^2 \qquad (11\text{-}47)$$

根据线性状态空间方程

$$\begin{cases} \dot{x} = Ax + Bu \\ y = Cx + Du \end{cases} \qquad (11\text{-}48)$$

其中，x 为状态，u 为控制输入，A、B、C 和 D 为状态空间矩阵。对于旋转摆系统，定义状态和输出，得

$$x^T = \begin{bmatrix} \theta & \alpha & \dot{\theta} & \dot{\alpha} \end{bmatrix} \qquad (11\text{-}49)$$

$$y^T = \begin{bmatrix} x_1 & x_2 \end{bmatrix} \qquad (11\text{-}50)$$

（2）由定义的状态空间模型，得

$$\dot{x}_1 = x_3 \text{ 和 } \dot{x}_2 = x_4$$

将状态 x 代入运动方程中，由式（11-49）和式（11-50）推导出 $\theta = x_1$、$\alpha = x_2$、$\dot{\theta} = x_3$、$\dot{\alpha} = x_4$，即可求出 $\dot{x} = Ax + Bu$ 中的状态矩阵 A 和控制矩阵 B，再将状态 x 代入式（11-45）、式（11-46）得

$$\dot{x}_3 = \frac{1}{J_T} \left(- \left(J_p + \frac{1}{4} m_p L_p^2 \right) D_r x_3 + \frac{1}{2} m_p L_p L_r D_p x_4 + \frac{1}{4} m_p^2 L_p^2 L_r g x_2 + \left(J_p + \frac{1}{4} m_p L_p^2 \right) u \right)$$

$$(11\text{-}51)$$

$$\dot{x}_4 = \frac{1}{J_T} \left(\frac{1}{2} m_p L_p L_r D_r x_3 - (J_r + m_p L_r^2) D_p x_4 - \frac{1}{2} m_p L_p g (J_r + m_p L_r^2) x_2 - \frac{1}{2} m_p L_p L_r u \right)$$

$$(11\text{-}52)$$

（3）旋转臂和摆杆转动惯量 J_r 和 J_p 计算公式为

$$\begin{cases} J_r = \dfrac{M_r (L_r)^2}{12} \\ J_p = \dfrac{M_p (L_p)^2}{12} \end{cases} \qquad (11\text{-}53)$$

（4）方程中的矩阵 A 和 B 计算公式为

$$\dot{x} = Ax + Bu \qquad (11\text{-}54)$$

其中：

$$\boldsymbol{A} = \frac{1}{J_T}\begin{bmatrix} 0 & 0 & J_T & 0 \\ 0 & 0 & 0 & J_T \\ 0 & \frac{1}{4}m_p^2 L_p^2 L_r g & -\left(J_p + \frac{1}{4}m_p L_p^2\right)D_r & \frac{1}{2}m_p L_p L_r D_p \\ 0 & -\frac{1}{2}m_p L_p g(J_r + m_p L_r^2) & \frac{1}{2}m_p L_p L_r D_r & -(J_r + m_p L_r^2)D_p \end{bmatrix}$$

$$\boldsymbol{B} = \frac{K_m}{J_T R_m}\begin{bmatrix} 0 \\ 0 \\ J_p + \frac{1}{4}m_p L_p^2 \\ -\frac{1}{2}m_p L_p L_r \end{bmatrix} \tag{11-55}$$

在输出方程中,由于倒立摆系统中只有伺服位置和关节角度传感器可被检测,因此,输出方程中 $\boldsymbol{C}$ 和 $\boldsymbol{D}$ 两个矩阵

$$\boldsymbol{C} = \begin{bmatrix} 1,0,0,0 \\ 0,1,0,0 \end{bmatrix}$$

$$\boldsymbol{D} = \begin{bmatrix} 0 \\ 0 \end{bmatrix} \tag{11-56}$$

(5) 由式(11-55)、式(11-56)推导结果,代入给定的参数,编写代码如下:

```
clc;
Lr = 0.085;Lp = 0.129;Mp = 0.024;Mr = 0.095; % 加入倒立摆参数
Jp = Mp * Lp^2/12;Jr = Mr * Lr^2/12;
Rm = 8.4;Km = 0.042;
Dr = 0.0015;Dp = 0.0005;
g = 9.8;
Jt = Jp * Mp * Lr^2 + Jr * Jp + Jr * Mp * Lp^2/4;
temp = Mp * Lp/2;
% 构建状态 A 矩阵、控制矩阵 B 和输出矩阵 C
A = 1/Jt * [0, 0, Jt , 0 ;
 0, 0, 0, Jt;
0, temp^2 * Lr * g, - (Jp + Mp * Lp^2/4) * Dr, temp * Lr * Dp;
      0, - temp * g * (Jr + Mp * Lr^2), temp * Lr * Dr, - (Jr + Mp * Lr^2) * Dp]
B = Km./(Jt * Rm). * [0;0;Jp + temp^2/Mp; - temp * Lr]
C = [1,0,0,0;0,1,0,0];
D = [0,0]';
N = [B,A * B,A^2 * B,A^3 * B];               % 构建系统的可控性判别矩阵
if rank(N) == 4
   fprintf('该系统的秩 = %d\n', rank(N));
    disp("此系统是可控制的,系统的可控性判别矩阵为: ");
     N
     disp("建立的系统模型传递函数为: ");
```

```
        [num,den] = ss2tf(A,B,C,D);
        G = tf(num(1,:),den)
else
    disp("此系统是可控制的");
    end
```

结果为：

```
A =
         0              0        1.0000           0
         0              0             0       1.0000
         0       149.1229      -14.9183      4.9149
         0      -261.3424       14.7448     -8.6136
B =
         0
         0
   49.7275
  -49.1493
该系统的秩 = 4
```

此系统是可控制的，系统的可控性判别矩阵为：

```
N =
  1.0e+04 *
         0      0.0050      -0.0983      1.3026
         0     -0.0049       0.1157     -1.1618
    0.0050     -0.0983       1.3026     -7.8954
   -0.0049      0.1157      -1.1618     -1.0126
```

建立的系统模型传递函数为：

```
G =

        49.73 s^2 + 186.8 s + 5667
    ------------------------------------
    s^4 + 23.53 s^3 + 317.4 s^2 + 1700 s
```

倒立摆模型阶跃响应曲线如图 11.19 所示。

【例 11-10】　三级液位的机理建模

根据第 4 章中图 4.1 三级液位自动控制示意图，被控参数是 $h3$ 液位高度，控制参数为 Q_i 流入量，若流入量和流出量相等，水罐液位不变，平衡后当流入阀门压力增大时，导致流入量大于流出量，液位 $h3$ 上升，反之液位会下降，并最终稳定在另一个高度上。通过控制电动调节阀门开度，使得流入量随流出量变化，达到控制液位 h3 恒定目的。

建立三级液位的数学模型与实际装置有关，参数定义如下：

（1）三个水罐容积相等，高均为 5m，底面积为 $0.2m^2$；

（2）电磁阀门控制电压为 0～5V；

（3）电磁阀门开度 u 的范围为 0～1，对应控制电压为 0～5V；

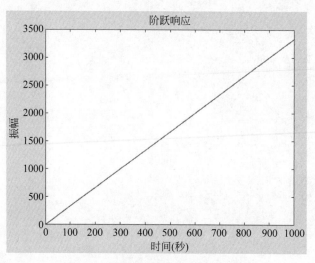

图 11.19　倒立摆模型阶跃响应曲线

(4) 三个阀门的水阻均为 $R = 300\mathrm{s/m^2}$。

分析与建模步骤如下：

(1) 对于水罐1、2、3,可得到平衡方程

$$
\begin{cases}
\dfrac{\mathrm{d}h1}{\mathrm{d}t} = \dfrac{1}{A1}(Q_i - Q_{12}) \\[2mm]
\dfrac{\mathrm{d}h2}{\mathrm{d}t} = \dfrac{1}{A2}(Q_{12} - Q_{23}) \\[2mm]
\dfrac{\mathrm{d}h3}{\mathrm{d}t} = \dfrac{1}{A3}(Q_{23} - Q_o)
\end{cases}
\tag{11-57}
$$

其中：Q_{12}、Q_{23} 分别为水罐1、2 和水罐2、3 之间进水量,$h1$、$h2$、$h3$ 分别为三个水罐的液位,$A1$、$A2$、$A3$ 分别为三个水罐的横截面积,即 $A1 = A2 = A3 = 0.2\mathrm{m^2}$,其流量与液位的关系为

$$
\begin{cases}
Q_i = ku \\[2mm]
Q_{12} = \dfrac{1}{R1}(h1 - h2) \\[2mm]
Q_{23} = \dfrac{1}{R2}(h2 - h3) \\[2mm]
Q_o = \dfrac{1}{R3}h3
\end{cases}
\tag{11-58}
$$

按照流体力学原理,水罐流出量 Q_o 与出口静压和阀门水阻有关,流体在一般流动条件下,液位与流量之间的关系是非线性的,为了简化通常做线性化处理,使得水阻 R 是常数,流体在一般流动条件下,即三个水罐的水阻相等：$R1 = R2 = R3 = R = 300$,这里 $Q_i = h_i / R_i$,将式(11-58)代入式(11-57),消去中间变量 $h1$、$h2$,可得到数学模型为

$$G(s) = \frac{h3(s)}{Q_i(s)} = \frac{K}{(T1s+1)(T2s+1)(T3s+1)} \tag{11-59}$$

其中，$T1$、$T2$、$T3$ 为三个水罐的时间常数，$T1=A1R1$，$T2=A2R2$，$T3=A3R3$。k 是与 ku、$R3$ 有关的参数，即

$$k = ku \times R3 \tag{11-60}$$

（2）根据输入信号 $0\sim5\text{V}$ 对应开度 $0\sim100\%$，阀门开度 u 为 $Q1$ 阀门最大开度进水流量（ku 取 $1\text{mm}^3/\text{s}$），由式（11-59）和式（11-60）推导结果，编写代码如下：

```
clc;
ku = 1;
z = [];
u = 1;
R1 = 300;R2 = 300;R3 = 300;
F1 = 0.2;F2 = 0.2;F3 = 0.2;
T1 = F1 * R1;
T2 = F2 * R2;
T3 = F3 * R3;
r = R3/(R1 + R2 + R3);
K = ku * R3/(T1 * T2 * T3);
% K = r * ku * u * R3/(T1 * T2 * T3)
G = zpk(z,[ - 1/T1, - 1/T2, - 1/T3],K)
step(G)
```

三级液位数学模型传递函数

```
       0.0013889
G =  ---------------------
     (s + 0.01667)^3
```

三级液位模型阶跃响应曲线结果如图 11.20 所示。

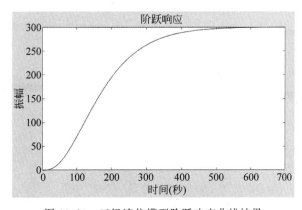

图 11.20　三级液位模型阶跃响应曲线结果

参 考 文 献

［1］ 姜增如. MATLAB 在自动化工程中的应用［M］. 北京：机械工业出版社，2018.

［2］ 胡寿松. 自动控制原理［M］. 6 版. 北京：科学出版社，2013.

［3］ OGATA K. 控制理论 MATLAB 教程［M］. 王诗宓，王峻，译. 北京：电子工业出版社，2012.

［4］ 关于 MathWorks 技术支持与帮助信息［Z］. (2020-4-10)［2020-5-6］. https：//www. mathworks. com/support. html?s_tid＝gn_supp.

［5］ DORF R C, BISHOP R H. 现代控制系统［M］. 12 版. 谢红卫，译. 北京：电子工业出版社，2015.

［6］ 姜增如. MATLAB 基础应用案例教程［M］. 北京：北京理工大学出版社，2019.